陈泉心理学考研系列

# 心理学考研教材通
# 知识全解读

普通心理学

主编 陈 泉 许 冰

北京邮电大学出版社
www.buptpress.com

图书在版编目（CIP）数据

普通心理学 / 陈泉，许冰主编. -- 北京：北京邮电大学出版社，2025.7
（心理学考研教材通——知识全解读；1）
ISBN 978-7-5635-6977-9

Ⅰ. ①普… Ⅱ. ①陈… ②许… Ⅲ. ①普通心理学 Ⅳ. ① B84

中国国家版本馆 CIP 数据核字 (2023) 第 143825 号

| 策划编辑：彭怀洲 | 责任编辑：孙宏颖 | 责任校对：张会良 | 封面设计：海图博雅 |

出版发行：北京邮电大学出版社
社　　址：北京市海淀区西土城路 10 号
邮政编码：100876
发 行 部：电话：010-62282185　传真：010-62283578
E-mail：publish@bupt.edu.cn
经　　销：各地新华书店
印　　刷：保定市中画美凯印刷有限公司
开　　本：889 mm×1 194 mm　1/16
印　　张：68.25
字　　数：1895 千字
版　　次：2025 年 7 月第 1 版
印　　次：2025 年 7 月第 1 次印刷

ISBN 978-7-5635-6977-9　　　　　　　　　　　　　　定价：228.00 元（共 7 册）

·如有印装质量问题，请与北京邮电大学出版社发行部联系·

# 学习导读

## 学科介绍

《普通心理学》介绍了心理学的发展历史、基本原理、主要理论、研究方法、前沿进展以及实际应用,相当于给心理学画了一个"科目地图",让读者了解以下问题的答案:真正的心理学是什么?心理学研究的内容包括哪些?如何用这些内容解释生活现象?心理学研究是如何进行的?心理学的发展史是怎样的?所以,本书所涉及的内容是非常丰富的。

## 科目框架

本教材用四部分十二章系统地介绍了心理学的历史、研究对象和方法,以及各种心理过程的行为表现和生理机制,如图1所示。此外,普通心理学的内容还包括"活动与发展"部分,其中有学习与人生全程发展两章内容,将在《教育心理学》和《发展心理学》中进行介绍。

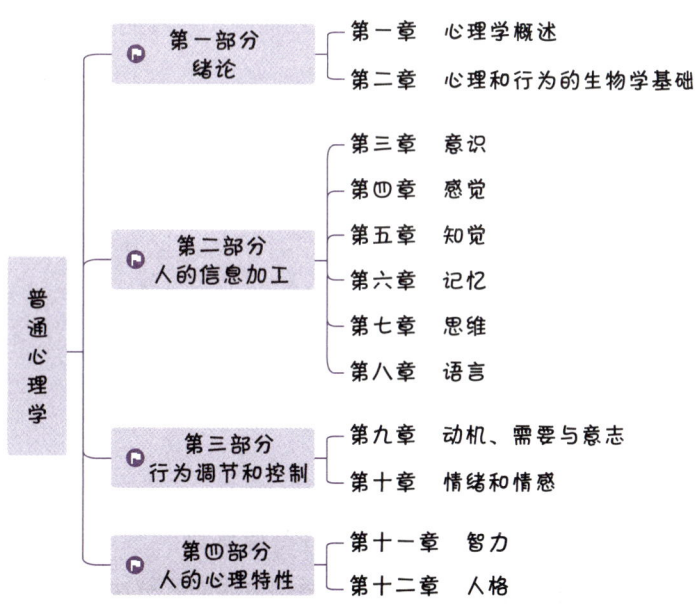

图1 普通心理学科目框架(旗帜标注处为重点内容)

## 考查目标

①理解并掌握心理学的基本事实、基本概念和基本理论,了解普通心理学的发展趋势。
②能够运用普通心理学的基本理论和方法,分析并解决有关实际问题。

## 考查特点

### （一）单项选择题

考查要点：基本概念（定义、区分）、基本理论（代表人物、内容）、基本特征。

1. 丘脑情绪理论是由（　　）提出的。
   A. 阿德勒和拉扎拉斯　　　　　　　B. 坎农和巴德
   C. 沙赫特　　　　　　　　　　　　D. 詹姆斯和兰格
2. 小张阅读《西游记》时，根据文字描述在头脑中呈现出孙悟空的形象，这是（　　）。
   A. 创造想象　　　B. 再造想象　　　C. 无意想象　　　D. 幻想

### （二）多项选择题

考查要点：概念区分、基本理论内容、基本特征、影响因素。

1. 斯滕伯格爱情理论的基本要素包括（　　）。
   A. 信任　　　　　B. 亲密　　　　　C. 激情　　　　　D. 承诺
2. 影响注意广度的因素有（　　）。
   A. 知觉对象的特点　　B. 活动任务　　　C. 神经过程的灵活性　　D. 知识经验

### （三）名词解释题

考查要点：重要名词。

1. 内隐记忆

内隐记忆是指个体在无意识的情况下，过去经验对当前作业产生影响的，关于技术、过程或如何做的记忆。内隐记忆一般没有意识过程的参与，具有自动和无意识的特点。其形成和提取不依赖于有意识的认知过程，一般不能用语言表达。

2. 实验的信度与效度

实验的信度是指实验结论的可靠性和一致性程度。实验的效度是指实验方法能达到实验目的的程度，也就是实验结果的准确性和有效性程度。

### （四）简答题

考查要点：理论内容、特征和原则、影响因素。

1. 简述知觉的组织原则。
2. 简述加德纳的多元智力理论。
3. 简述影响遗忘的因素。

### （五）论述题

考查要点：理论对比、理论应用以及结合理论分析社会现象。

1. 用认知心理学的观点，阐述什么是问题解决，并举例说明问题解决的策略。
2. 比较构造主义、行为主义和精神分析学派的主要研究内容、研究方法和主要观点，并说明各学派对心理学发展的主要贡献。
3. 在现实生活中人们经常可以发现，智商高的人在婚姻关系、子女养育、职场适应等方面并不一定成功。请根据萨罗维和梅耶的"情绪智力（情商）"观点加以分析与阐述。

### （一）理解教材知识

在第一轮的复习过程中，最重要的是通过阅读教材，理解教材上的知识点。这是我们学习普通心理学的第一步，也是非常关键的一步。本教材所涉及的概念也是相关心理学科目的基础，如果不对教材的概念进行理解，就更不要谈记忆和使用了。理解教材知识不仅要知道知识点的含义，还要了解知识的原理及其应用，也就是我们需要知道这个知识点讲的"是什么—为什么—怎么样"。总而言之，虽然教材上的概念是书面化的表述，但是心理学当中的很多概念都是与我们的生活息息相关的，因此我们要结合生活实例和具体实践对知识点重新进行加工，形成自己的理解。那怎样才算做到了真正理解知识点呢？我们可以在学习完某一个知识点之后在头脑中描绘一个生活中的类似现象，也可以尝试着用自己的语言把这个知识点表述出来，可以把自己的表述录下来，然后自己听一遍，看看是否表述准确；也可以直接讲给同学或友人听，如果他们能够听懂，那就说明你已经真正理解了相应的知识点。有些同学可能会说，看书觉得很费劲，自己理解有困难，针对这种情况，可以先把不理解的地方标记出来，再通过听相关课程来帮助自己理解知识点，这样听课时也会更加有针对性。

### （二）形成知识网络

在阅读一遍教材，完成第一轮复习后，我们需要对自己所学习过的内容进行总结和归纳，在自己的大脑里构建起知识网络，让教材上的知识在脑海里按照一定的逻辑顺序存储起来。这样，可以加深我们对一轮复习知识点的印象，也可以为后续的背诵打下扎实的基础。

这里我们主要通过思维框架图的方式去构建知识网络，可以自己绘制思维框架图，也可以用相关软件，如 X-mind、幕布等构建思维框架图。第一轮的思维框架图不用做得特别详细，但也不要沦为形式主义。做思维框架图只是一种手段，我们的目的是借助这个工具梳理清楚整本教材的逻辑框架、每个章节的逻辑框架、知识点和知识点之间的逻辑关系。所以，在做思维框架图的过程中，我们一定要边思考边总结，然后将自己思考和总结好的内容以思维框架图的形式呈现出来。

在做思维框架图时，切记不要把所有内容都复制上去，对于知识点，把关键点提炼出来即可。例如，关于绝对感觉阈限，教材上会介绍其定义是什么，并通过举例来解释其定义的含义，而我们在做思维框架图时，只需要提炼出它的关键词"刚刚引起感觉的最小差异量"，这样提炼的过程也是对知识点进行深度加工的过程，有助于我们更好地理解和消化知识点。通过做思维框架图形成知识网络，我们可以让教材上的知识逐步内化成自己的知识，这个过程虽然漫长，但却是知识学习中非常重要的一环。

### （三）循环巩固学习

在形成自己对普通心理学这个科目知识的认知网络之后，我们便可以进入第三轮复习，也就是对内容进行背诵和记忆。要想让这些知识点进入我们的长时记忆中，并减少遗忘，就需要进行精细的复述。因此，不断地重复我们学过的内容，及时复习，就能让这些知识点深刻地印在脑海中。当我们把普通心理学的知识点复述5遍以上时，对这些内容就可以形成长时记忆了。当然背诵也是一个艰苦的过程，大部分人都是在"背诵—遗忘—背诵"这样循环反复的过程中将知识点一点一点地记住的。当然，在背诵的过程中，我们也可以借助一定的背诵技巧，如睡前半小时背书、利用口诀法来帮助自己记忆等。此外，我们还可以通过做题来检验自己对知识点的掌握情况。在刷题的过程中，我们可能会发现对一些知识点很容易混淆或者理解不到位，或者只知道理论而不会应用，这时候可以返回第一步，对教材知识点进行二次理解学习，在理解的过程中将易混淆知识点、相关理论通过表格或者图示的方式进行对比学习，攻克自己的知识薄弱点。例如，对于经典条件反射和操作条件反射，在做题时容易混淆，可以自己做表格总结对比如下：

| 对比内容 | 经典条件反射 | 操作条件反射 |
| --- | --- | --- |
| 刺激与行为的顺序 | 先刺激再行为（S—R） | 先行为再刺激（R—S） |
| 形成条件 | 条件刺激与无条件刺激伴随呈现 | 及时强化 |

这样这个知识点的对比就一目了然了，再寻找这个知识点对应的习题进行检验，这样每做一道题，也是对知识点的一次巩固学习。

普通心理学的内容虽然繁多，但如果我们能够很好地理解教材上的知识，并构建起自己的知识网络，不断地循环巩固学习，定能将各个知识点攻克，在考试中取得优异的成绩，在实际生活中熟练运用。

# 目录

## 第一章 心理学概述

知识导读 ································································································· 001
知识地图 ································································································· 001
知识精讲 ································································································· 002

### 第一节 心理学的含义、研究对象和性质 ································· 002
知识点 1 心理学的含义 ········································································ 002
知识点 2 心理学的研究对象 ································································ 002
知识点 3 心理学的学科性质 ································································ 003

### 第二节 心理学的基本任务和研究领域 ································· 003
知识点 1 心理学的基本任务 ································································ 003
知识点 2 心理学的研究领域 ································································ 004

### 第三节 心理学的研究方法 ································· 006
知识点 1 心理学的科学研究 ································································ 006
知识点 2 观察法 ···················································································· 007
知识点 3 实验法 ···················································································· 008
知识点 4 测验法 ···················································································· 009
知识点 5 调查法 ···················································································· 009
知识点 6 个案法 ···················································································· 010
知识点 7 相关法 ···················································································· 010

### 第四节 心理学的过去和现在 ································· 011
知识点 1 科学心理学的诞生 ································································ 011
知识点 2 主要的心理学流派 ································································ 012
知识点 3 当代心理学研究的新趋势 ···················································· 015

## 第二章 心理和行为的生物学基础

| 知识导读 | 018 |
| 知识地图 | 018 |
| 知识精讲 | 019 |

### 第一节 神经系统的进化和脑的可塑性······019
- 知识点1 不同物种的神经系统······019
- 知识点2 哺乳动物的脑······019
- 知识点3 神经系统的发育和脑的可塑性······020
- 知识点4 人类文化对脑的塑造······020

### 第二节 神经元······021
- 知识点1 神经元和神经胶质细胞······021
- 知识点2 神经冲动的传导······022
- 知识点3 神经回路······024

### 第三节 神经系统······025
- 知识点1 脑的结构和功能······025
- 知识点2 脊髓······031
- 知识点3 周围神经系统······032

### 第四节 脑功能学说······034
- 知识点1 定位说······034
- 知识点2 整体说······034
- 知识点3 机能系统学说······035
- 知识点4 模块说······036
- 知识点5 神经网络学说······036

## 第三章 意 识

| 知识导读 | 038 |
| 知识地图 | 038 |
| 知识精讲 | 039 |

### 第一节 意识概述······039
- 知识点1 意识的含义和理论······039
- 知识点2 意识的类型······040
- 知识点3 无意识······040

|          |          |                                          |     |
|----------|----------|------------------------------------------|-----|
| 知识点 4 | 生物节律的周期性与意识状态 | | 041 |

## 第二节　注意 ·············································································· 042
  知识点 1　注意的基本概念 ································································ 042
  知识点 2　注意和意识 ······································································ 043
  知识点 3　注意的分类 ······································································ 043
  知识点 4　注意的品质 ······································································ 047
  知识点 5　注意的生理机制 ································································ 049
  知识点 6　注意的理论 ······································································ 050

## 第三节　睡眠与梦 ·········································································· 055
  知识点 1　睡眠 ··············································································· 055
  知识点 2　梦 ·················································································· 058
  知识点 3　失眠 ··············································································· 059

## 第四节　意识的其他状态 ································································· 060
  知识点 1　催眠 ··············································································· 060
  知识点 2　冥想 ··············································································· 062
  知识点 3　精神活性物质引发的意识状态 ············································· 063

# 第四章　感　　觉

知识导读 ···························································································· 065
知识地图 ···························································································· 065
知识精讲 ···························································································· 066

## 第一节　感觉概述 ·········································································· 066
  知识点 1　感觉的含义 ······································································ 066
  知识点 2　感觉的种类 ······································································ 066
  知识点 3　近刺激和远刺激 ································································ 067
  知识点 4　感觉编码 ········································································· 067
  知识点 5　感觉测量 ········································································· 068
  知识点 6　感觉现象 ········································································· 071

## 第二节　视觉 ················································································ 072
  知识点 1　视觉的含义 ······································································ 072
  知识点 2　视觉的生理机制 ································································ 073
  知识点 3　视觉的基本现象 ································································ 078

|知识点 4　视觉理论 | 083 |

### 第三节　听觉 ... 084

知识点 1　听觉的含义 ... 084
知识点 2　听觉的生理机制 ... 085
知识点 3　听觉的基本现象 ... 086
知识点 4　听觉理论 ... 087

### 第四节　其他感觉 ... 089

知识点 1　化学感觉 ... 089
知识点 2　躯体感觉 ... 090

## 第五章　知　觉

知识导读 ... 093
知识地图 ... 093
知识精讲 ... 094

### 第一节　知觉概述 ... 094

知识点 1　知觉的含义、作用和分类 ... 094
知识点 2　知觉与感觉的关系 ... 094
知识点 3　知觉的特征 ... 095
知识点 4　知觉的组织原则 ... 098
知识点 5　知觉的信息加工 ... 099

### 第二节　空间知觉 ... 101

知识点 1　形状知觉 ... 102
知识点 2　大小知觉 ... 105
知识点 3　深度与距离知觉 ... 105
知识点 4　方位知觉 ... 107

### 第三节　时间知觉和运动知觉 ... 108

知识点 1　时间知觉 ... 108
知识点 2　运动知觉 ... 110

### 第四节　错觉 ... 113

知识点 1　错觉的含义 ... 113
知识点 2　错觉的种类 ... 113
知识点 3　错觉产生的原因 ... 115

## 第六章　记　忆

| | |
|---|---|
| 知识导读 | 118 |
| 知识地图 | 118 |
| 知识精讲 | 119 |
| 第一节　记忆概述 | 119 |
| 　　知识点1　什么是记忆 | 119 |
| 　　知识点2　记忆的过程 | 119 |
| 　　知识点3　记忆的种类 | 119 |
| 　　知识点4　记忆的生理机制 | 122 |
| 第二节　感觉记忆 | 124 |
| 　　知识点1　感觉记忆的编码和容量 | 124 |
| 　　知识点2　感觉记忆的特征 | 125 |
| 第三节　短时记忆与工作记忆 | 126 |
| 　　知识点1　短时记忆的编码 | 126 |
| 　　知识点2　短时记忆的容量 | 126 |
| 　　知识点3　短时记忆信息的存储 | 127 |
| 　　知识点4　短时记忆的信息提取 | 127 |
| 　　知识点5　短时记忆的遗忘 | 127 |
| 　　知识点6　短时记忆的特征 | 128 |
| 　　知识点7　工作记忆 | 128 |
| 第四节　长时记忆 | 131 |
| 　　知识点1　长时记忆的编码 | 131 |
| 　　知识点2　长时记忆信息的存储 | 131 |
| 　　知识点3　长时记忆信息的提取 | 132 |
| 　　知识点4　长时记忆的遗忘 | 133 |
| 　　知识点5　提高记忆效果的策略 | 135 |
| 　　知识点6　长时记忆的特征 | 136 |
| 第五节　内隐记忆 | 137 |
| 　　知识点1　内隐记忆与外显记忆的差异 | 137 |

## 第七章　思　维

| | |
|---|---|
| 知识导读 | 139 |

| 知识地图 | 139 |
| --- | --- |
| 知识精讲 | 140 |
| 第一节　思维概述 | 140 |
| 　　知识点1　思维的含义和特征 | 140 |
| 　　知识点2　思维的种类 | 141 |
| 　　知识点3　思维的过程 | 142 |
| 　　知识点4　思维的生理机制 | 143 |
| 第二节　表象和想象 | 144 |
| 　　知识点1　表象概述 | 144 |
| 　　知识点2　想象概述 | 144 |
| 第三节　概念 | 148 |
| 　　知识点1　概念的含义和功能 | 148 |
| 　　知识点2　概念的种类 | 149 |
| 　　知识点3　概念的形成 | 149 |
| 　　知识点4　概念组织的理论 | 151 |
| 第四节　推理 | 153 |
| 　　知识点1　推理的含义 | 153 |
| 　　知识点2　推理的种类和理论 | 154 |
| 第五节　问题解决 | 156 |
| 　　知识点1　问题的种类 | 156 |
| 　　知识点2　问题解决的含义和过程 | 156 |
| 　　知识点3　问题解决的策略 | 156 |
| 　　知识点4　影响问题解决的因素 | 158 |
| 第六节　决策 | 160 |
| 　　知识点1　决策的含义和种类 | 160 |
| 　　知识点2　决策的理性观 | 160 |
| 　　知识点3　决策的相关理论 | 161 |
| 　　知识点4　决策过程中的启发法策略 | 161 |

# 第八章　语　言

| 知识导读 | 163 |
| --- | --- |

| 知识地图 | 163 |
| 知识精讲 | 164 |

## 第一节　语言概述 ... 164

　　知识点 1　语言和言语的含义 ... 164
　　知识点 2　语言的特征 ... 165
　　知识点 3　语言的结构和组织规则 ... 165
　　知识点 4　语言的种类/形式 ... 166
　　知识点 5　语言与其他认知能力的关系 ... 167
　　知识点 6　语言的神经基础/生理机制 ... 167

## 第二节　口头语言的加工 ... 168

　　知识点 1　口语理解 ... 168
　　知识点 2　口语产生 ... 171
　　知识点 3　口语理解的神经机制 ... 171

## 第三节　书面语言的加工 ... 172

　　知识点 1　书面语言理解 ... 172
　　知识点 2　词汇识别 ... 173
　　知识点 3　句子理解 ... 175
　　知识点 4　语篇理解 ... 175
　　知识点 5　书面语言理解的神经机制 ... 176

## 第四节　双语的加工 ... 177

　　知识点 1　双语的含义和类型 ... 177
　　知识点 2　双语的心理表征 ... 178
　　知识点 3　双语加工的抑制控制机制 ... 178
　　知识点 4　双语加工与其他认知加工的关系 ... 179
　　知识点 5　双语的神经表征 ... 180

# 第九章　动机、需要与意志

| 知识导读 | 182 |
| 知识地图 | 182 |
| 知识精讲 | 183 |

## 第一节　动机 ... 183

　　知识点 1　动机的含义和功能 ... 183

知识点 2　动机的种类 ·············································································· 183
　　知识点 3　动机与行为 ·············································································· 186
　　知识点 4　动机的神经机制 ········································································ 187
　　知识点 5　动机的理论 ·············································································· 188
第二节　需要 ································································································ 193
　　知识点 1　需要的含义 ·············································································· 193
　　知识点 2　需要的特性 ·············································································· 193
　　知识点 3　需要的种类 ·············································································· 194
　　知识点 4　马斯洛的需要层次理论 ······························································· 194
第三节　意志 ································································································ 196
　　知识点 1　意志的含义 ·············································································· 196
　　知识点 2　意志行动的特征 ········································································ 197
　　知识点 3　意志行动的过程 ········································································ 197
　　知识点 4　意志行动中的动机冲突 ······························································· 197
　　知识点 5　意志的品质 ·············································································· 198

# 第十章　情绪和情感

知识导读 ····································································································· 200
知识地图 ····································································································· 200
知识精讲 ····································································································· 201
第一节　情绪和情感概述 ················································································ 201
　　知识点 1　情绪和情感的含义、功能和关系 ·················································· 201
　　知识点 2　情绪的维度和两极性 ·································································· 203
　　知识点 3　情绪与情绪状态的分类 ······························································· 204
　　知识点 4　情绪与脑 ················································································· 206
第二节　情绪的外部表现——表情 ···································································· 207
　　知识点 1　表情的含义和种类 ····································································· 207
　　知识点 2　表情识别 ················································································· 208
第三节　情绪理论 ························································································· 209
　　知识点 1　情绪的早期理论 ········································································ 209
　　知识点 2　情绪的认知理论 ········································································ 210
　　知识点 3　情绪的动机——分化理论 ··························································· 212

### 第四节　情绪智力与情绪调节 ········ 214
　　知识点 1　情绪智力 ········ 214
　　知识点 2　情绪调节的含义和性质 ········ 214
　　知识点 3　情绪调节的理论 ········ 215
　　知识点 4　情绪调节的策略和方法 ········ 215

## 第十一章　智　力

知识导读 ········ 218
知识地图 ········ 218
知识精讲 ········ 219

### 第一节　能力概述 ········ 219
　　知识点 1　能力和智力的含义 ········ 219
　　知识点 2　能力的种类 ········ 219
　　知识点 3　能力、知识与技能 ········ 220
　　知识点 4　能力、才能和天才 ········ 221

### 第二节　智力理论 ········ 221
　　知识点 1　心理测量取向的智力理论 ········ 221
　　知识点 2　智力理论的新视角 ········ 225

### 第三节　智力的测量 ········ 228
　　知识点 1　比奈 – 西蒙量表 ········ 228
　　知识点 2　斯坦福 – 比奈智力量表 ········ 228
　　知识点 3　韦克斯勒智力量表 ········ 229

### 第四节　智力的发展与个体差异 ········ 229
　　知识点 1　智力发展的一般趋势 ········ 229
　　知识点 2　智力发展的个体差异 ········ 230
　　知识点 3　影响智力发展的因素 ········ 231

## 第十二章　人　格

知识导读 ········ 233
知识地图 ········ 233
知识精讲 ········ 234

### 第一节　人格概述 ········ 234

知识点1　人格的含义和特征·······································································234
　　知识点2　人格的结构···············································································234
　　知识点3　气质与性格的关系······································································239
第二节　人格理论····························································································240
　　知识点1　人格特质理论···········································································240
　　知识点2　精神分析的人格理论··································································243
　　知识点3　人本主义理论···········································································248
　　知识点4　人格的社会学习理论··································································249
第三节　人格测评····························································································250
　　知识点1　自陈量表测验···········································································250
　　知识点2　投射测验·················································································251
　　知识点3　其他方法·················································································252
第四节　人格的形成·························································································254
　　知识点1　人格形成的生物学基础·······························································254
　　知识点2　后天环境在人格形成中的作用······················································254
　　知识点3　自我在人格形成中的作用····························································256
参考文献·········································································································258

# 第一章　心理学概述

## 知识导读

本章属于普通心理学的导入内容，可以让学习者对心理学这门学科有一个整体的认识。本章先介绍了心理学是一门什么样的学科，这门学科的研究对象有哪些，以及具有什么性质；然后介绍了心理学的研究方法；最后介绍了科学心理学的诞生，在心理学发展历史进程中形成的几大流派，以及当代心理学研究的新趋势。

在心理学考研中，本章第一节主要以单选题的形式考查，考生应重点掌握心理学的含义和学科性质，对心理学的研究对象重在理解，构建起整个科目的框架；第二节的考查频率相对较低，主要以单选题的形式考查，考生要能区分每个研究领域的具体内容；第三节是本章的高频考点，考生需要理解并掌握每种研究方法的含义和优缺点；第四节的内容不管是选择题还是简答题，都可以进行考查，考生要重点掌握主要的心理学流派，将每个流派的代表人物、理论观点和评价进行对比理解记忆。

## 知识地图

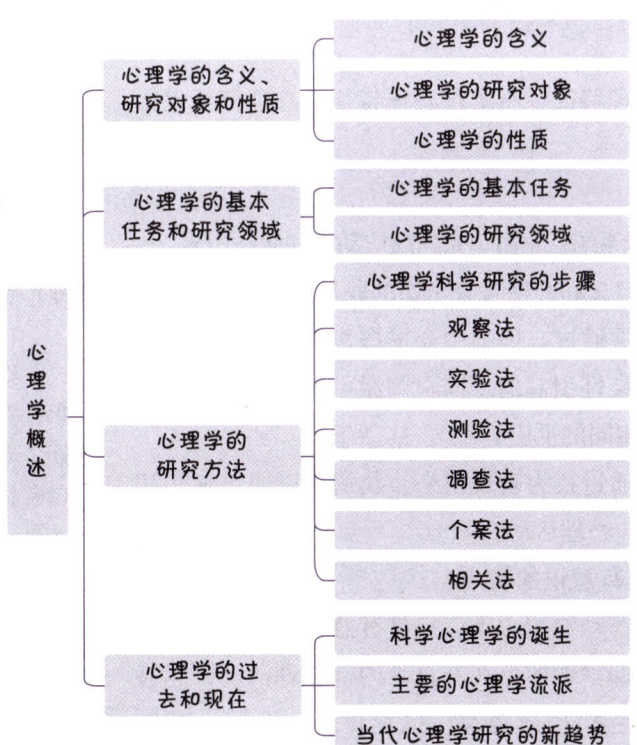

## 知识精讲

### 第一节　心理学的含义、研究对象和性质

**知识点 1　心理学的含义 ★**

心理学是研究心理现象和行为的一门科学，它既研究动物的心理，也研究人的心理，而以人的心理现象为主要的研究对象。

>> TIPS ①

**知识点 2　心理学的研究对象 ★★**

**1. 个体心理现象**　　　　　　　　　　　　　　>> TIPS ②

认知、动机和情绪、心理特征是心理现象的三个重要方面，是心理学的主要研究对象。

这三个方面不是割裂的，而是彼此联系、相互依存的。

（1）认知

认知指人获得知识或应用知识的过程，或信息加工的过程；它包括感觉、知觉、记忆、思维和语言等。

（2）动机和情绪

①人在需要的基础上形成了不同的动机。动机不同，人们对现实的态度以及相应的行为方式也不同。

②情绪是指人在加工外界输入的信息时，形成对事物的态度，产生满意、不满意、喜爱、厌恶、憎恨等主观体验。

（3）心理特征

稳固且经常出现的心理特征，叫个性心理特征。心理特征包括智力和人格两个方面。

**2. 心理和行为的关系**

①行为是指机体的反应系统。它由一系列反应动作和活动构成。

②行为不同于心理，但又和心理有着密切的联系。

a. 引起行为的刺激常常通过心理的中介发挥作用。人的行为的复杂性是由心理活动的复杂性引起的。同一刺激可能引起不同的反应，不同刺激也可能引起相同的反应。

b. 心理支配行为，又通过行为表现出来。我们可以通过观察和分析行为来客观地研究人的心理活动。

**3. 人的心理和行为具有意识的特点**

①人的心理不同于低等动物的心理，它具有意识和自我意识的特点，即人能够觉察到外部事物的存在和自己内部心理活动，能够把"自我"与"非我"、"主体"与"客体"区别开来。

### TIPS ①

心理学以心理现象为主要研究对象，它研究行为是为了研究支配行为的心理现象，而不是行为本身。例如，心理学研究不同的人在不同行为中的动机，而不是研究学生、工人、科学家所从事的具体的职业活动，心理学家希望通过对行为的客观记录、分析和测量揭示人的心理现象的规律。

### TIPS ②

传统心理学认为，心理学是研究心理现象及其规律的科学，心理现象包括心理过程和个性心理。

1. 心理过程

心理过程指人的心理活动发生、发展的过程，具体而言，是指在客观事物的作用下，在一定的时间内大脑反映客观现实的过程。

人的心理过程分为认知过程、情绪情感过程和意志过程三个方面。

（1）认知过程

指人认识客观事物的过程，或者对信息进行加工处理的过程，它包括感觉、知觉、记忆、思维和想象等。

注意是伴随着心理活动过程中的心理特性，是一种心理状态，为其他认知过程提供了心理资源。

（2）情绪情感过程

指人脑对客观事物是否满足自身物质和精神需要而产生的态度体验，是人对客观事物要求的反映，它包括喜、怒、哀、乐、爱、憎、惧等。凡是符合并满足自己需要的，会使人产生积极、肯定的情绪，反之则会产生消极、否定的情绪。

（3）意志过程

指人自觉地确定目的，克服

②意识是一个连续体，它的一端是注意，即清晰的意识，而另一端是无意识。无意识是人们在正常情况下觉察不到，也不能自觉调节和控制的心理现象。

③意识与无意识的心理现象和行为都是心理学的重要研究对象。

**4. 人的心理、行为的个体性和社会性**

①团体心理与个体心理是共性与个性的关系。

a. 个体心理是指存在于个体身上的心理现象，包括认知、动机和情绪、心理特征。

b. 团体心理是在团体的共同生活条件和环境中形成的，是该团体内个体心理特征的典型表现，而不是个体心理特征的简单总和。

c. 团体心理离不开个体心理，对个体来说，是一种重要的社会现实，直接影响个体心理或个体意识的形成与发展。

②团体心理及其与个体心理的关系，也是心理学的研究对象。

### 知识点 3  心理学的学科性质 ★

心理学的研究目标和手段都与自然科学一样，因而具有自然科学的性质。此外，心理学还研究社会心理和行为，因而具有社会科学的性质。

心理学既具有自然科学的性质，又具有社会科学的性质，因此是一门中间科学，或者叫边缘科学。

> **本节小结**
> 心理学是研究心理现象与行为的科学；心理学既研究人的认知、情绪和动机、智力和人格，也研究人的行为；既研究意识和无意识，也研究个体心理和社会心理；心理学兼有自然科学和社会科学的性质，是一门中间科学或边缘科学。

## 第二节  心理学的基本任务和研究领域

### 知识点 1  心理学的基本任务 ★

探索和揭示心理现象与行为发生、发展的规律是心理学的基本任务，这个任务是通过以下几个方面的研究来实现的：

**1. 描述心理现象和行为**

心理学家需要收集和整理人与动物有哪些心理现象，对各种心理现象的特点以及它们之间的相互关系进行描述，并对它们进行科学的分析和分类，建立起心理学特有的科学的概念系统。

**2. 解释心理现象和行为**

心理学家需要对各种心理现象进行科学的解释，说明某种现象内部和外部的困难，力求实现预定目的的心理过程。

（4）三者的关系

认知过程、情绪情感过程和意志过程之间相互联系、相互作用而构成一个有机整体。

①一方面，认知过程会影响情绪情感过程；另一方面，情绪情感过程会反作用于认知过程，没有情绪情感的推动或缺乏良好的情绪情感体验，认知活动就不可能发展与深入。

②情绪情感过程与意志过程之间具有密切的联系。情绪情感既可以成为意志行动的动力，也可以成为意志行动的阻力；而意志活动则可以在很大程度上调节和控制情绪情感活动。

③在心理活动过程中，认知过程是最基本的心理活动，是情绪情感和意志过程产生的基础。情绪情感过程和意志过程也影响着认知过程的发生发展。三者都有发生、发展及其变化的共同特征，是同一心理过程的不同方面。

**2. 个性心理**

个性是指一个人心理的整个的面貌，它是人的心理活动稳定的心理倾向和心理特征的总和。

个性心理结构主要包括个性倾向性和个性心理特征两个方面。

（1）个性倾向性

指人所具有的所有的意识倾向，决定着人对现实世界的态度以及对认识活动对象的趋向与选择。包括：需要、动机、兴趣、爱好、理想、价值观、人生观和世界观等。这些心理倾向在整个的个性倾向中的地位，随着个人的成熟与发展的阶段而有所不同。

（2）个性心理特征

指区别于他人的、在不同环境中表现出的一贯的、稳定的行为模式及心理特征。主要包括能力、气

为什么会发生，一种现象的发生会受到哪些内外因素的影响，心理现象发生的内在机制是什么等。

**3. 预测与控制心理现象和行为**

心理学家可通过科学地认识心理现象，发现和运用心理学原理与心理规律指导人们的实践活动，在一定程度上预测与控制人们的心理现象和行为。

### 知识点 2  心理学的研究领域 ★

**1. 普通心理学**

①在心理学中，普通心理学处于基础学科地位。

②它研究心理现象发生的最一般的规律、理论问题和方法，概括了各分支学科的研究成果，同时为各分支学科提供了理论基础。

**2. 生理心理学**

①生理心理学研究心理现象的生理机制，主要指各种感官的机制、神经系统特别是脑的机制、内分泌系统对行为的调节机制、遗传在行为中的作用等。

②生理心理学有以下两种不同的取向：a.一种取向是以脑的形态和功能参数为自变量，观察在不同的生理状态下心理活动或行为的变化。这种取向产生了神经心理学——研究神经系统（特别是脑）损伤引起的行为和心理变化。b.另一种取向是以心理现象和行为为自变量，观察不同的心理活动或行为引起的脑功能和结构变化。

**3. 发展心理学**

发展心理学研究心理的种系发展和人的心理的个体发展。

（1）比较心理学

研究心理的种系发展的心理学称为比较心理学，它将动物心理与人的心理进行比较，从比较中确定它们的联系和差别；促进了新兴学科——仿生学的产生和发展。

（2）毕生心理学

毕生发展心理学是研究人类个体心理发展的科学，按照人生的阶段可分为婴幼儿心理学、儿童心理学、青少年心理学、成年心理学和老年心理学等。

毕生发展心理学探讨各个年龄阶段的心理特征，并揭示个体心理从一个年龄阶段发展到另一个年龄阶段的规律。

**4. 教育心理学**

①教育心理学研究教育过程中出现的各种心理现象，揭示教育与心理发展的相互关系。教育心理学研究的主要问题包括受教育者道德品质的形成、知识与技能的掌握、心理的个别差异和教育者的

> 质和性格，是多种心理特征的独特组合，集中反映了人的心理面貌的差异。

心理品质及其形成等。

②与教育心理学关系密切的一门学科是学校心理学，它研究儿童、青少年及各阶段学生与教学过程有关的心理学问题，特别是学生的各种认知障碍和情绪障碍，如学习能力缺失、多动症、孤独症等，对学生进行鉴别并提供干预。　　　　　　　>> TIPS ①

**5. 医学心理学**

①医学心理学研究心理因素在疾病的发生、诊断、治疗及预防中的作用，是心理学与医学相结合的一门交叉学科。

②其中研究心理与病理关系的科学就是心身医学或身心医学，前者研究致病的心理因素，后者研究疾病和身体残疾对心理的影响。

③医学心理学的分支是临床心理学，它的主要任务是研究变态心理与变态行为的矫正及治疗，如采用医学和心理学手段，通过对患者进行访谈，实施心理测验，对各种神经病和精神病进行诊断与治疗等。　　　　　　　　　　　　　　　>> TIPS ②

**6. 健康心理学**

①健康心理学研究人的思考、感受和行为方式与生理健康的联系，探讨身心因素对人类行为的影响，并通过心理-社会干预来促进健康、预防疾病。健康心理学侧重人类健康的维护，而不是疾病的治疗。

②健康心理学的一个重要分支是咨询心理学，它和临床心理学存在交叉。咨询心理学也采用访谈和心理测验等手段，但面对的通常是具有一定心理问题的正常人群。负责心理咨询的从业人员通常受过心理学方面的培训，但没有受过医学方面的培训，因而没有药品处方权。

**7. 工业心理学**

工业心理学研究工业劳动过程中人的心理特点和行为方式。其根据所研究的问题可分为管理心理学、工程心理学、消费心理学等。

（1）管理心理学

管理心理学研究管理过程中人们的心理现象、心理过程及其发展规律。

（2）工程心理学

工程心理学研究现代工业中人与机器的关系。例如，设备如何适应人的活动特点，增加安全与舒适度，使工作效率提高等。

（3）消费心理学

消费心理学是研究消费者消费心理和消费行为规律的心理学分支学科。

教育心理学主要研究教学过程和学习的一般规律，侧重于正常学生群体心理规律的研究；而学校心理学侧重于对学生发展行为和学习问题的诊断与治疗。

注意与"变态心理学"进行区分。变态心理学比临床心理学更宽泛，不仅包括异常心理或行为的干预治疗，还包括研究个体异常心理或行为的表现形式、发生机制及发展规律。

### 8. 军事心理学

军事心理学是将心理学应用于军事方面的一个心理学分支学科。军事心理学研究军事人员的选拔和培训、军事职业特点的分析、军队中的人际关系和组织、人的因素和安全、人因工程（如提高人机界面的效率以改进机器和系统的功能）和士气等。

### 9. 社会心理学

社会心理学是系统研究社会心理和社会行为的科学。其主要研究群体中的社会心理现象、群体心理与个体心理的相互关系。

### 10. 人格心理学

人格心理学是研究与解释个体思想、情感、意向和行为的具有整体性的独特模式的心理学分支学科，以整体的观点对人的心理和行为的产生原因进行探究，并对人性进行系统解释。

### 11. 法律心理学

法律心理学研究立法、执法、守法、违法过程中人的心理活动及其规律。

> **本节小结**
>
> 心理学的基本任务是探索和揭示心理现象发生、发展的规律，包括描述、解释、预测与控制心理现象和行为。由于社会需求和学科自身的发展，心理学形成了许多重要的研究领域，如普通心理学、生理心理学、发展心理学、教育心理学、医学心理学、健康心理学、工业心理学、军事心理学、社会心理学等。本节内容在考试中考查较少，重在理解，能在选择题中区分出描述的是哪个研究领域的内容即可。

## 第三节　心理学的研究方法

### 知识点 1　心理学的科学研究 ★　　>> TIPS ①

#### 1. 心理学的科学性和方法的客观性

①心理学是一门科学。心理学不仅有自己特定的研究对象和研究领域，而且和其他学科一样遵循科学的一般方法论原则，采取客观的、科学的研究方法，这种方法叫实证法，即心理学的任何结论都要建立在直接观察的基础上，而不是建立在推理、猜想、传统信念或常识的基础上。

②实证法要求心理学的发现和结论有客观依据，其他研究者有权验证它、推翻它，或者对它进行补充，一个不能被绝大多数人验证的发现，不能算是科学的。

这部分内容是《普通心理学》第六版的新增内容，考生可稍作了解。

### 2. 如何进行科学的心理学研究

心理学的科学研究通常要经过以下重要的步骤：

（1）发现问题

心理学问题既可以源于研究者对人类行为和心理现象的观察，也可以源于阅读已有的研究文献。研究问题的选择常常决定了一项研究的成败和意义的大小。

（2）提出研究假设

假设是对科学问题的一个可能的回答。整个研究就是为了验证自己提出的假设，研究结果可能会验证自己的假设，也可能会推翻自己的假设。假设要有依据，要经得起逻辑的检验。

（3）审慎进行研究设计和方法选择

对于能否让问题和假设得到证实或证伪，设计研究和选择方法是至关重要的，包括选择不同的被试，采用适合研究目的的方法，选择不同的仪器设备等。

（4）收集数据，分析结果，得出研究结论

研究者可以采用不同的方法收集数据，分析结果，这个过程就是研究的执行过程。

在收集到数据后，还需要对研究数据进行统计处理。

基于实验结果和原有的假设，讨论结果是否符合预先的假设，并与前人的研究结果进行比较，分析结果的意义与价值，得出研究结论。

（5）撰写和发表论文

撰写论文是一个"再创造"的过程，包括重新审视提出的科学问题和研究假设，采用适合的数据表达方法进一步挖掘数据的意义，阅读更多相关的文献并进行比较，指出研究的不足和进一步改进的方向，提出新的研究问题等。

论文完成后，投送到相关的专业刊物上，得到同行专家的评议，修改后得到发表的机会。

## 知识点 2  观察法 ★★★

### 1. 观察法的含义

观察法是指在自然条件下，对表现心理现象的外部活动进行系统、有计划的观察，从中发现心理现象产生和发展的规律性。

>> TIPS ②

### 2. 观察法的适用范围

①对所研究的对象无法加以控制。
②控制条件下，可能会影响某种行为的出现。

例如，人类学家通过在丛林中观察黑猩猩族群，发现了黑猩猩也会使用工具这一规律。

③由于社会道德的要求，不能对某种现象进行控制。

#### 3. 观察法的优点

①研究者可通过观察法对被观察者的行为进行直接了解，因而能收集到第一手资料。

②由于观察法是在自然条件下进行的，不为被观察者所知，所以他们的行为和心理活动较少或没有受到环境的干扰，应用这种方法有可能了解到现象的真实状况。

③适用范围大，简单易行。

#### 4. 观察法的缺点

①在自然条件下，研究的对象很难按严格相同的方式重复出现，因此，对某种现象难以进行重复观察，而观察的结果难以进行检验和证实。

②在自然条件下，影响某种心理活动的因素是多方面的，因此，对用观察法得到的结果往往难以进行精确的分析。

③由于对条件未加控制，观察时可能出现不需要研究的现象，而要研究的现象却没有出现。

④观察容易"各取所需"，即观察的结果容易受到观察者本人兴趣、愿望和观察技能的影响，容易出现观察者效应和观察者偏差。

a. 观察者效应：被观察者由于意识到自己被观察而出现行为上的改变。

b. 观察者偏差：观察者观察了希望看见的被观察者行为，有选择地进行记录而丢失了可能重要的行为细节。 >> TIPS ③

### 知识点 3  实验法 ★★★

#### 1. 实验法的含义

实验法是在控制条件下对某种心理现象和行为进行系统观察的方法。

#### 2. 实验法的分类

（1）实验室实验

①含义：实验室实验是借助专门的实验设备，在对实验条件严加控制的情况下进行。 >> TIPS ④

②优点：有助于发现事件间的因果联系，并允许人们对实验结果进行反复验证。

③缺点：实验情境带有极大的人为性；受到要求特征的影响，使得实验缺乏客观性；生态效度低。

（2）自然实验（现场实验）

①含义：自然实验虽然也对实验条件进行适当的控制，但它是

观察法并不是随意观察，而是在自然状态下"系统、有计划地观察"。例如，普莱尔对他的孩子进行长期地、系统地观察，总结出儿童心理发展的特点和规律，采用的就是观察法。

在实验中，研究者可以积极干预被试的活动，创造某种条件使某种心理现象得以产生并重复出现。这是实验法与观察法的不同之处。

例如，在实验室中安排三种不同照明条件（由弱到强），让被试做按键反应，记录被试的反应时间，了解照明对按键反应时的不同影响。

在人们正常学习和工作的情境中进行的。  ≫ TIPS ⑤

②优点：在某种程度上克服了实验室实验的缺点；结果比较合乎实际。

③缺点：由于条件的控制不够严格，研究者常难以得到准确的实验结果。

### 知识点 4  测验法 ★★★

**1. 测验法的含义**

测验法是指用一套预先经过标准化的问题（量表）来测量某种心理品质的方法。

测验法要求测量工具必须同时具备可靠性（信度）和有效性（效度）以及测验的标准化（编制心理量表的过程、施测过程以及对结果的解释都要保证系统性、科学性和规范性）。

**2. 测验法的分类**

①按内容可分为智力测验、成就测验、态度测验和人格测验。

②按形式可分为文字测验和非文字测验。

③按测验规模可分为个别测验和团体测验。

**3. 测验法的优点**

①省时省力，易于实施。

②种类多，灵活方便。

③标准化测验编制严谨，结果可靠。

④所得结果的量化程度高，结果处理十分方便。

⑤有常模进行比较，便于对照。

**4. 测验法的缺点**

①容易受被试反应倾向性和社会赞许性的影响。

②一般是间接测量，如果行为样本选择不准，所得结果就很难保证准确。

③对施测者的要求高，需要施测者具备专业知识和熟练的测量技能。

④测量成绩只表明"结果"，不反映过程。

### 知识点 5  调查法 ★★★

**1. 调查法的含义**

调查法是指针对某一问题要求被调查者自由表达其态度或意见，以此来分析群体心理倾向的研究方法。

**2. 调查法的两种方式**

（1）问卷法

问卷法是指采用事先拟定的问题，通过被调查者对问题的回答

**TIPS ⑤**

例如，在正常教学后，一组学生休息，另一组学生继续其他内容的学习。1小时后，比较两组学生的回忆成绩，了解适当休息是否有助于知识的保持。

来搜集同类问题的资料，以此来分析和推测群体心理特点及有关心理状态的研究方法。

（2）晤谈法（访谈法）

晤谈法是指通过面谈的方式搜集资料来分析和推测群体心理特点及心理状态的研究方法。

### 3. 调查法的优点

①简单易行。

②涉及范围广，收集数据比较快。

### 4. 调查法的缺点

①不够严谨。

②不能揭示因果关系。

③受研究者的主观影响较大。

④结果可靠性依赖于被调查者的合作。

## 知识点 6  个案法 ★★★

### 1. 个案法的含义

个案法是对某个人进行深入、详尽的观察与研究的方法，以便发现影响某种行为和心理现象的原因。　　>> TIPS ⑥

例如，弗洛伊德基于对临床精神病患者的大量个案研究构建了精神分析的人格理论；布洛卡采用个案法发现了运动性失语症。

### 2. 个案法的优点

①可以为揭示个体的心理结构提供必要的证据。

②用个案法研究儿童的心理发展，在现代心理学中起了重要作用。

③个案法有时和其他方法（如观察法、测验法等）配合使用，这样可以收集更丰富的个人资料。

④个案法常用于提出理论或假设。

### 3. 个案法的缺点

研究案例过少，结果可能只适用于个别情况。因此，在概括结论或推广结果时，研究者必须持谨慎态度。

## 知识点 7  相关法 ★★★

### 1. 相关法的含义

相关法是探索两个或两个以上变量之间相互联系的性质与紧密程度的方法。两种事物（现象）的相关程度或强度用相关系数来表示，它是 $-1$ 到 $1$ 之间的一个数值。

### 2. 相关法的优点

可以揭示两个变量之间的共变关系，为进一步的实验研究提供方向。

### 3. 相关法的缺点

相关并不能说明事实与观察到的现象之间存在因果关系。

>> TIPS ⑦

**本节小结**

心理学的科学研究通常要经过一些重要的步骤。科学心理学采取客观的、科学的研究方法，常用研究方法包括观察法、实验法、测验法、调查法、个案法和相关法。观察法是在自然条件下，对心理现象发生、发展的规律性进行系统和有计划的观察；实验法是在控制条件下对某种心理现象进行观察的方法；测验法是用一套标准化的问题来测量的方法；调查法是让被调查者自由表达态度和意见的方法；个案法是对个体进行深入而详尽的了解的方法；相关法是探索事物之间相互联系的性质与紧密程度的方法。每种方法各有优缺点。

例如，有研究发现，学习的努力程度与好成绩之间有较强的正相关。那么我们可以预测，如果某个学生学习很努力，他就有可能取得较好的成绩。但学习努力并不是取得好成绩的原因，因为有可能是学习取得好成绩促使学生学习努力，也有可能是某种遗传倾向促使学生学习努力和取得好成绩。总之，相关研究不能得出因果性结论。如果要寻找事物间的因果关系，就必须通过实验的方法。

## 第四节 心理学的过去和现在

### 知识点 1 科学心理学的诞生 ★

心理学是一门既古老又年轻的学科。说它古老，是因为人类探索心理现象已经有两千多年的历史，它一直处于哲学母体中。

公元前4世纪亚里士多德所著的《论灵魂》是人类历史上第一部论述各种心理现象的著作。

说他年轻，是因为直到1879年，冯特在德国莱比锡大学建立了世界上第一个心理学实验室，心理学才开始脱离哲学成为一门独立的科学。因此，与其他学科相比，心理学是一门正在成长的学科。

科学心理学的诞生有两个重要的历史根源，一个是近代哲学，另一个是实验生理学。

>> TIPS ①

#### 1. 近代哲学思潮的影响（提供理论基础）

（1）笛卡尔——唯理论　　　　　　　　　　　　>> TIPS ②

①认为只有理性才是真理的唯一尺度。
②提出身心二元论，认为灵魂与身体有密切的关系。
③用反射概念解释动物的行为和人的某些无意识的简单行为。
④相信"天赋观念"，认为人的某些观念是人的先天组织所赋予的。

（2）洛克——经验论
①提出白板说，认为人的心灵就像一块白板，一切观念都是通过后天经验获得的。

在心理学的发展历程中，有人把哲学比喻为心理学的"父亲"，把生理学比喻为心理学的"母亲"，把生物学比喻为心理学的"媒人"。

笛卡尔关于身心关系的思想推动了人体解剖学及生理学的研究，对现代心理学的诞生有直接的影响。

②把经验分为外部经验（感觉）与内部经验（反省）两种。

&gt;&gt; TIPS ③

（3）贝克莱——非物质论
①只承认感知觉经验的实在性，否认客观世界的存在。
②提出"存在就是被感知"的名言。
（4）詹姆斯·穆勒、约翰·穆勒、培因——联想主义 &gt;&gt; TIPS ④
①把联想的原则看作全部心理活动的解释原则。
②人的一切复杂的观念是由简单观念借助联想逐渐形成的。

**2. 实验生理学的影响（提供实验方法）** &gt;&gt; TIPS ⑤

①缪勒：主张神经特殊能量说，即人对外界刺激的感觉与辨别依赖不同神经传导所产生的特殊能量。
②赫尔姆霍兹：用青蛙的运动神经测量了神经的传导速度，为心理学应用反应时的测量方法奠定了基础。
③布洛卡：通过对失语症患者的研究确定了语言运动区（布洛卡区）的位置。
④英国神经学家杰克逊提出了大脑皮质的基本功能界线：中央沟前负责运动，中央沟后负责感觉。
⑤德国生理学家弗里茨与希兹用电刺激法研究大脑功能。

### 知识点 2　主要的心理学流派 ★★★

**1. 构造主义学派**

（1）代表人物
冯特、铁钦纳。
（2）主要观点
①主张心理学应该研究直接经验，即意识。
②把人的经验分为感觉、意象和情感三种元素。感觉是知觉的元素，意象是观念的元素，情感是情绪的元素，这些元素组成各种复杂的心理现象。 &gt;&gt; TIPS ⑥
（3）研究方法
将内省法（自我观察）与实验法结合起来，即实验性内省，在他们看来，了解人们的直接经验，要依靠实验过程中被试对自己经验的观察和描述。 &gt;&gt; TIPS ⑦
（4）贡献
开创了现代科学心理学并为其发展奠定了基础。
（5）局限
①研究内容狭窄、脱离实际。
②把心理简单地分解为各个元素，割裂其整体性。

**TIPS ③**

遗传决定论和环境决定论反映了唯理论与经验论的斗争。

**TIPS ④**

巴甫洛夫的条件反射学说和华生的行为主义、新联结主义都受其影响。

**TIPS ⑤**

这些研究加深了人们对大脑功能分区的认识，而且对研究心理现象和行为的生理机制开辟了广阔的前景；为心理学用实验方法研究感知觉问题奠定了基础。

**TIPS ⑥**

构造主义受化学影响，想要像化学家发现物质的结构一样发现组成心理的基本元素。

**TIPS ⑦**

实验性内省有两层意思：一是除了内省法之外，还必须使用科学的实验法；二是对参与内省的被试要进行科学的训练，这样才可能借助内省获得有效的研究资料。

③研究方法过于主观，可重复性差。

### 2. 机能主义学派

（1）代表人物

詹姆斯、杜威、安吉尔。

（2）主要观点

①反对把意识分成感觉等各种元素。

②主张意识是一个连续的整体，把意识看成川流不息的过程；认为意识是个人的、永远变化的、连续的和有选择的整体，即"意识流"。　　　　　　　　　　　　　　　　　>> TIPS ⑧

③受达尔文进化论"适者生存"思想的影响，强调研究意识的作用与功能，认为意识的作用就是使有机体适应环境。

（3）研究方法

研究方法为内省法，但更注重客观的观察和实验，认为一切有益于获得研究资料的方法都可以采用。

（4）贡献

机能主义学派反对把心理学看作一门纯科学，而重视心理学的实际应用，推动了美国心理学面向实际的发展，包括教育心理学和工业心理学的发展等。

（5）局限

机能主义具有折中主义倾向，理论和方法缺乏一致性与连贯性；具有生物主义倾向。　　　　　　　　　　　　　　　>> TIPS ⑨

### 3. 行为主义学派

（1）代表人物

华生、斯金纳、班杜拉。　　　　　　　　　　　　　>> TIPS ⑩

（2）主要观点

①反对心理学研究看不见、摸不着的意识，而应该研究可观察、可测量的行为。

②提出刺激-反应（S-R）模式，认为一切复杂的行为都可以还原为"刺激-反应"联结。

③反对内省，主张用实验的方法。

④主张"环境决定论"，认为个体的行为完全是由环境控制和决定的。

⑤新行为主义者：托尔曼在传统的刺激-反应模式的基础上提出了"中介变量"的概念；斯金纳提出了"操作性行为"的概念；强调结果的强化作用，并系统研究了不同的强化类型和强化程序；提出程序学习；推动了生物反馈技术的研究。

构造主义者分析意识的元素，相当于在观察流动中"固定的一点"；而詹姆斯指出意识由"持续流动的思想"组成。机能主义者想要了解流动本身，即詹姆斯所称的"意识流"，把意识看作一个持续进行的、整体的经验过程。

构造主义强调意识的构成成分，机能主义强调意识的作用与功能。以思维为例，构造主义关心思维由哪些成分构成，机能主义关心思维在人适应环境的过程中具有哪些功能和作用。

1913年，华生发表了《在行为主义者看来的心理学》，宣告了行为主义的诞生。

（3）研究方法

实验法。

（4）贡献

主张科学实验的研究取向，有助于心理学摆脱思辨的性质；促进了心理学应用于实际生活。

（5）局限

行为主义学派的主张过于极端，不研究心理的内部结构和过程，否定研究意识的重要性，限制了心理学的健康发展。

**4. 格式塔心理学派**

（1）代表人物

韦特海默、科勒、考夫卡。 >> TIPS ⑪

（2）主要观点

①反对把意识分成元素，强调心理作为一个整体、一种组织的意义；把构造主义心理学称为"砖块和灰泥的心理学"。

②整体不是由若干元素组合而成的，整体先于部分而存在并且制约着部分的性质和意义，整体大于部分之和。

③提出了知觉中的许多组织原则，试图解决格式塔的生理基础问题。

（3）研究方法

实验法。

（4）贡献与局限

格式塔很重视心理学实验，在知觉、学习、思维等方面开展了大量的研究，这些研究资料至今仍是心理学的重要财富。

**5. 精神分析学派**

（1）代表人物

弗洛伊德、荣格、阿德勒。

（2）主要观点

①重视异常行为的分析，强调心理学应该研究无意识现象。弗洛伊德认为，人类一切个体的和社会的行为都会受到潜意识（无意识）的影响，都根源于心灵深处的某种欲望或动机，特别是性欲的冲动；欲望以无意识的方式支配人，并表现在人的正常和异常行为中；欲望或动机受到压抑是引发精神疾病的重要原因。

②重视儿童期的经验对个体以后人格的形成和发展的影响，提出"成人是由儿童创造的"。

③后弗洛伊德者：安娜·弗洛伊德和埃里克森将精神分析的理论应用于动机和人格的研究，更关心儿童和青少年人格的正常发

TIPS ⑪

"格式塔"在德文中的意思是"完形/整体"，因此格式塔心理学也被称为完形心理学。格式塔心理学是以韦特海默所做的似动现象（φ现象）的实验发展起来的。

展，强调意识和自我的重要性，他们把青年期看成力比多活动的高潮时期。

（3）研究方法

精神分析是一种临床技术，它通过自由联想、释梦、日常生活中的心理分析等手段，发现患者潜在的动机，使患者得到精神宣泄，从而达到治疗疾病的目的。

（4）贡献

①开拓了潜意识研究的新领域，深化了对人格发展动力的研究，促进了心理治疗等众多领域的发展。

②对科学心理学也有相当重要的意义，弗洛伊德理论中的一些概念，如潜意识动机、防御机制等已被主流心理学所采纳。

③对人类文化也产生了极其深远的影响，弗洛伊德的《梦的解析》与达尔文的《物种起源》、哥白尼的《天体运行论》并称为引导人类三大思想革命的经典之作。

（5）局限

①研究方法缺乏科学的严谨性。

②过度强调无意识的作用，并与意识对立起来。

③早期理论具有泛性欲主义的特点，把性欲夸大为支配人类一切行为的动机。　　　　　　　　　　　　　　　>> TIPS ⑫

这些理论流派都是从代表人物、理论观点、研究方法、评价（贡献和局限）这几个方面来介绍的，同学们在学习时可以自己尝试通过表格的方式总结关键词进行对比记忆。此外，关于评价的内容，每本教材的作者看待的角度不同，给予的评价不甚相同，无须纠结，你也可以有自己的观点。

### 知识点 3　当代心理学研究的新趋势 ★

**1. 现代心理学研究的基本特点**　　　　　　　>> TIPS ⑬

①着重揭露心理和行为的客观规律，进而预测心理和行为的发生。

②特别重视人的高级心理过程和社会行为的研究。

③广泛吸收邻近学科的研究成果，参与交叉学科的攻关研究。

**2. 当代心理学发展重要的研究取向**

（1）生理心理学的研究取向

①主要观点：生理心理学关注心理与行为的生物学基础，把生理学看成描述和解释心理功能的基本手段，认为所有的心理功能都与生理功能，特别是脑的功能有密切的关系。

②研究方法：临床法、局部切除法、电刺激法、生物化学法和脑成像技术（包括PET、fMRI、fNIRS、EEG、MEG等）。

③认知神经科学：主要研究认知功能的脑机制，探讨视觉、听觉等基本认知过程和记忆、思维、语言等高级认知过程的脑机制，以及学习训练与脑的可塑性、脑发育与认知功能的发展等。

④贡献：认知神经科学采用脑成像技术使人们有可能获得个体

这是《普通心理学》第六版的新增内容，考生可稍作了解。

从事各种任务时的大脑功能的图像，从而提供更多、更有意义、更直接的信息。科学家们相信，只有揭示心理活动的脑机制，特别是认知功能的神经生物学机制，才能真正揭示脑的秘密，了解人的心理功能（如认知、情绪等）的特点。在21世纪，**认知神经科学的研究有望成为心理学研究的主流**。

（2）认知心理学的研究取向

1967年，美国心理学家奈瑟出版了《认知心理学》一书，标志着现代认知心理学的诞生。

①代表人物：奈瑟、西蒙、纽维尔。

②主要观点：

a. 认知心理学把人看成一种信息加工者，具有丰富的内在资源，并且能利用这些资源与周围环境发生相互作用的、积极的有机体。

b. 环境提供的信息通过支配外部行为的认知过程来得以编码、存储和操作，进而影响人类的行为。

③研究方法：反应时记录法，口语报告法、计算机模拟等。

④贡献：认知心理学的兴起把意识和内部心理过程、结构的研究带回到了心理学中来，这是一个划时代的新的转变，对心理学的发展具有重要意义。

（3）人本主义心理学　　　　　　　　　》TIPS ⑭

①代表人物：罗杰斯、马斯洛。

②主要观点：

a. 主张以正常人为研究对象，研究目的是了解人性及人的潜能。

b. 强调人的本质是好的、善良的，不是由无意识欲望驱使的，人有自由意志，有自我实现的需要；因此只要有适当的环境，他们就会力争达到某些积极的社会目标。

c. 人本主义反对行为主义只相信可以观察到的刺激与反应，认为正是人们的思想、欲望和情感这些内部过程和内部经验，才使他们成为各不相同的个体。

③研究方法：现象学方法。

④贡献：人本主义心理学从人性的角度启示我们重新审视人的**本性与潜能、需要与自我实现以及教育活动的开展**等问题，对人的心理本质做出了新的描绘，为教育心理学、管理心理学、心理咨询和治疗领域提出了新的理论和方法。

⑤局限：人本主义心理学所使用的名词缺乏明确的定义，也没有具体说明所采用的研究方法，因而使得他们的理论难以得到检验。

（4）积极心理学

①代表人物：塞利格曼。

**TIPS ⑭**

人们一般把行为主义学派和精神分析学派分别称为心理学发展中的第一势力和第二势力，而把既反对行为主义学派又反对精神分析学派的人本主义学派视为第三势力。

②主要观点：

a. 心理学应该关注个体和团体的积极因素，如积极人格、积极情感和积极的社会组织系统等；

b. 心理学应该关心个体的发展、社会的繁荣，并预防问题的产生。

③研究方法：现象学方法、实证研究方法。

（5）进化心理学的研究取向

①进化心理学运用进化论思想对人类心理的起源和本质进行研究，强调自然选择对人类普遍行为倾向的塑造作用。

②进化心理学认为，人类的心理机制是自然选择的结果，如果某一种行为倾向有助于个体的生存，那么这种行为倾向就会被自然选择，并且通过基因遗传保留下来。　　　　　　　　　　>> TIPS ⑮

如人为什么喜欢吃甜的食物而不喜欢吃苦的食物，为什么见到蛇会害怕，择偶中的性别吸引是怎么回事等。男女关系是进化心理学的研究领域之一。

**本节小结**

1879 年，冯特在莱比锡大学建立了世界上第一个心理学实验室，标志着心理学作为一门独立的科学正式诞生。心理学的诞生有两个重要的历史根源，一个是近代哲学，另一个是实验生理学。在心理学发展过程中，涌现的重要学派包括：构造主义学派、机能主义学派、行为主义学派、格式塔心理学派、精神分析学派。近年来，心理学得到了迅速的发展，新的心理学思潮相继产生，当代心理学发展形成了一些重要的研究取向，主要有生理心理学的研究取向、认知心理学的研究取向、人本主义心理学和积极心理学的研究取向、进化心理学的研究取向等。

## 名词总结

| 心理学 | 心理现象 | 个性心理 | 观察法 |
| 实验法 | 调查法 | 测验法 | 个案法 |
| 相关法 | 构造主义 | 机能主义 | 行为主义 |
| 格式塔心理学 | 精神分析 | 生理心理学 | 认知神经科学 |
| 认知心理学 | 人本主义 | 积极心理学 | 进化心理学 |

# 第二章 心理和行为的生物学基础

## 知识导读

心理是神经系统，特别是脑的功能。本章首先介绍了神经系统的进化和脑的可塑性，然后介绍了神经元；接着介绍了神经元所组成的神经系统，包括中枢神经系统和周围神经系统，以及大脑皮质及其功能、大脑两半球的一侧优势；最后介绍了不同心理学家对脑的功能的探讨所形成的脑功能学说。

在心理学考研中，自命题和统考考查内容差异较大，自命题院校对这一章的考查频率较低（有些院校甚至不考），因此，建议同学们以目标院校的历年真题为参考进行复习。

第一节是统考大纲的新增内容，考查相对较少；第二节主要以单选题、名词解释的形式进行考查，考生要重点掌握神经元的结构和功能、神经胶质细胞的作用，理解什么是神经冲动、神经冲动涉及的两种电位变化有什么特点；第三节是本节的高频考点，主要以单选题的形式进行考查，中枢神经系统各结构的功能考生要一一对应进行记忆；第四节，主要以单选题或简答题的形式进行考查，考生要理解和掌握各学说的基本观点以及相应的支持实验。

## 知识地图

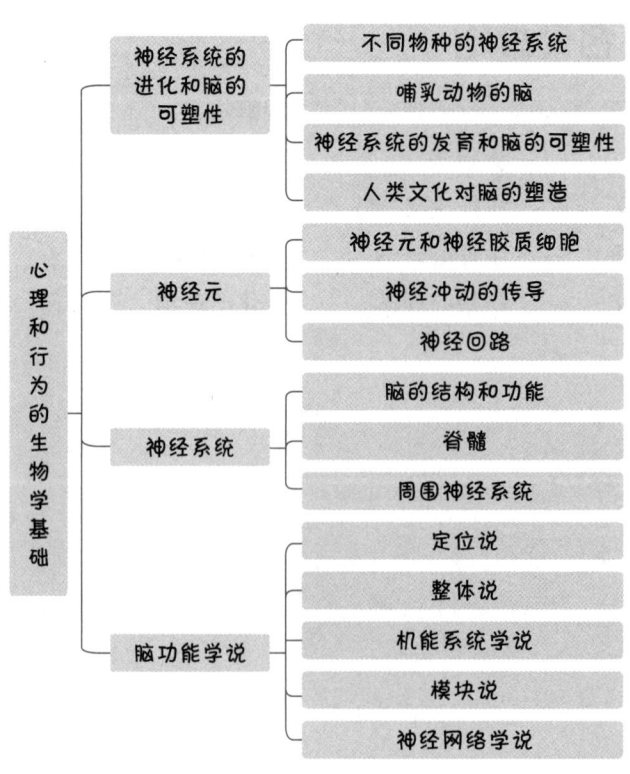

## 第一节 神经系统的进化和脑的可塑性

**知识点 1　不同物种的神经系统 ★**

神经系统和脑的进化为心理现象的产生与发展准备了物质基础。

**1. 早期的单细胞动物和简单多细胞动物**

①没有专门的神经系统。但它们能对外界多种刺激做出反应，如趋利避害。

②对刺激具有感应性代表了心理的萌芽。

**2. 腔肠动物**

①具有网状神经系统，专门执行传递兴奋的功能。

②神经细胞的兴奋可以向任何方向传导，刺激动物身体的任何一点都能引起全身性的反应。

**3. 环节动物或节肢动物**

链状神经系统或节状神经系统。均具有发达的头部神经节，为脑的产生准备了条件。

**4. 脊椎动物**

①管状神经系统，为脑的形成准备了条件。

②与无脊椎动物的神经系统的主要区别是：

a. 无脊椎动物的神经系统位于动物体内的腹侧，而脊椎动物的神经系统位于动物体内的背侧，故又称背式神经系统；

b. 无脊椎动物的神经组织是实心的，脊椎动物的神经组织是空心的。管状空心的神经组织增加了空间和面积，有利于兴奋的传递和神经组织与外界物质的交换，因而使神经系统有可能向更高级和更完善的方向发展。

**5. 两栖动物**

前脑已发展成两半球。

**6. 爬行动物**

开始出现大脑皮层；大脑皮层的出现是神经系统演化过程的新阶段，它使脑真正成为机体的一切活动的最高调节者和指挥者。

**知识点 2　哺乳动物的脑 ★**

从低等脊椎动物（如鱼）到高等脊椎动物（如人类），脑的进化遵循以下方向。

**1. 脑的相对大小的变化**

①脑的进化水平可以用脑的相对大小来进行衡量。脑的相对大

小可以用脑指数（EQ）来表示，即用脑的实际大小与预期大小的比值来表示。脑指数的计算公式为：

脑指数 = 脑的实际大小（克）/ 脑的预期大小（克）　　>> TIPS ①

　　　 = 脑的实际大小（克）/ $[0.12 \times 体重（克）^{2/3}]$

②脑指数不能用来预测同一物种的行为和智力。

### 2. 皮层面积的变化

①在脊椎动物脑的进化中，新皮层面积的增加具有重要意义。

②在从猿到人的转变过程中，其新皮层面积的增加大于其他灵长类动物新皮层面积的增加。

### 3. 皮层内部结构的变化

在不同的进化阶梯上，大脑皮层区的发展水平有显著差别。人类大脑皮层的生长不仅表现为数量的增加，而且表现为功能的增加。

### 知识点 3　神经系统的发育和脑的可塑性 ★

①有人认为，个体脑发育的过程复现了脑的物种进化过程。这种观点被称为复演说。

②神经系统的一个显著特点是神经细胞连接的高度准确性。在脑发育过程中，神经元的轴突向它的靶位方向生长，并以高度精确的方式选择正确的靶位。它离开某些细胞而选择其他的细胞，与之形成永久的连接。

③在神经系统的发育中，一个有趣的发现是细胞突触的精简。人类的生长发育中也存在突触精简的现象，这是造成成人的轴突密度小于婴幼儿的轴突密度的原因。

④身体发育和经验可以引起神经系统的改变，学习训练也可以引起神经系统的改变，这种改变可以发生在神经系统的多种水平上，包括分子、突触、皮层、神经网络水平。　　>> TIPS ②

### 知识点 4　人类文化对脑的塑造 ★

①文化是人类的产物，在某种意义上也可以说是脑的产物。脑的进化为人类文化的产生奠定了物质基础。

②人脑创造文化，又在这种文化的影响和熏陶下得到发展。

> **本节小结**
>
> 人脑是自然界长期进化的产物，神经系统的进化经历了单细胞、网状神经系统、链状神经系统或节状神经系统、管状神经系统等几个发展阶段。从低等脊椎动物到高等脊椎动物，脑的进化遵循以下方向：脑的相对大小的变化、皮层面积的变化和皮层内部结构的变化。在神经系统的发育中，存在细胞突触精简现象。文化是人脑的产物，人脑创造文化，又在这种文化的影响和熏陶下得到发展。

**TIPS ①**

脑的预期大小（克）= $0.12 \times$ 体重（克）$^{2/3}$，其中 0.12 和次方都是经验常数。

**TIPS ②**

在罗兹维格等人的研究中，他们把出生后不久的同一胎小鼠饲养在三种不同的环境中，第一种是普通的环境，标准的实验室的笼子，有足够大的空间，有适量的水和食物；第二种是贫乏的环境，笼子被放置在单独隔离的空间里，有适量的水和食物；第三种是丰富的环境，笼子里面有各种玩具、水和食物等；经过一段时间的饲养，研究者对小鼠的大脑进行解剖，结果发现，相对于普通的环境和贫乏的环境，生活在丰富的环境中的小鼠的大脑皮质更重，灰质更厚，皮质在脑中的比重大，这一研究结果说明，后天经验会影响大脑结构和功能的可塑性。

## 第二节 神经元

### 知识点 1  神经元和神经胶质细胞 ★

#### 1. 神经元

（1）神经元的含义　　　　　　　　　　　>> TIPS ①

神经元即神经细胞，是**神经系统结构和功能的基本单位**。它的基本作用是**接受刺激、整合以及传送信息**。

神经元具有两个最主要的特性：兴奋性和传导性。

（2）神经元的结构

神经元由胞体、树突和轴突三部分组成，如图2-1所示。

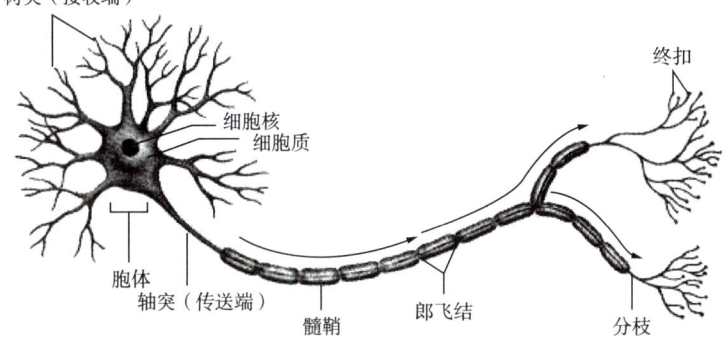

**图 2-1　神经元的结构**

①**胞体**具有信息**整合**的功能。

②**树突**较短，并且有很多个，主要负责**接受刺激**，并将神经冲动传向胞体。

③**轴突**相对较长，并且每个神经元只有一个轴突，作用将**神经冲动从胞体传出**，到达与它联系的其他细胞。

（3）神经元的种类

①按神经元突起数目可分为单极神经元、双极神经元、多极神经元。

②按神经元的功能可分为感觉神经元（传入神经元）、联络神经元（中间神经元）、运动神经元（传出神经元）。　>> TIPS ②

#### 2. 神经胶质细胞

①人脑大约由 860 亿个神经元和 10 倍于神经元数量的神经胶质细胞组成。

②神经胶质细胞的作用如下：　　　　　　>> TIPS ③

a. 为神经元的生长**提供线路和支架**，并在脑细胞受损时，帮助其恢复。

b. 在神经元的周围形成**绝缘层**（髓鞘），使神经冲动得以快速

---

**TIPS ①**

神经系统由神经细胞构成，神经系统的功能主要通过神经元来实现。

**TIPS ②**

感觉神经元收集和传导身体内外的刺激，到达脊髓和大脑；中间神经元起联络作用；运动神经元将脊髓和大脑发出的信息传导至肌肉和腺体，支配效应器官的活动。

**TIPS ③**

助记口诀：支出绝缘层来输送营养清除杂质。

传递。

c.给神经元输送营养，清除神经元之间过多的神经递质。

### 知识点 2　神经冲动的传导 ★★

#### 1. 神经冲动

神经冲动的含义：当一定强度的外界刺激（包括机械刺激、热刺激、化学刺激和电刺激等）作用于神经元时，神经元会由静息状态转化为活动状态，这就是神经冲动。　　>> TIPS ④

（1）静息电位

①含义：当神经元处于静息状态时测到的电位差，叫静息电位。此时轴突内的电压为负，轴突外的电压为正，两者相差约 70 毫伏。

②如何产生：神经元细胞膜内外存在大量的离子，膜外主要是钠离子（$Na^+$）和氯离子（$Cl^-$），膜内主要是钾离子（$K^+$）和带负电荷的大分子有机物。在静息状态下，细胞膜对（$K^+$）有较好的通透性，对 $Na^+$ 的通透性很差，其结果是钾离子经过离子通道外流，而钠离子则被挡在膜外，致使膜内外出现电位差，膜内电压比膜外电压约低 70 毫伏，这就是静息电位。

（2）动作电位

①含义：当神经元受到刺激时，细胞膜的通透性迅速发生变化，($Na^+$) 通道临时打开，($Na^+$) 被泵入细胞膜内部，使膜内正电荷迅速上升，并高于膜外电位。这一电位变化过程叫动作电位。

②动作电位与静息电位是交替出现的。紧接着动作电位之后，细胞膜又恢复稳定，关闭离子通道，泵出过剩的钠离子，使自己重新稳定下来，并恢复到 –70 毫伏的状态。

③在单位时间内，产生动作电位的次数被称为动作电位的发放频率。一般来说，刺激强度越强，动作电位的发放频率越高。

④不应期：动作电位的发放频率不能无限增加，因为当动作电位被诱发后，神经元会有一小段时间对刺激停止反应，被称为不应期。

a.绝对不应期：开始一段时间对任何强度的刺激都停止反应。

b.相对不应期：随后只对小强度的刺激停止反应，表现为诱发动作电位的刺激阈限提升。

#### 2. 神经冲动的电传导

①含义：神经冲动在同一细胞内的传导。

②产生过程：神经冲动的传导与动作电位的产生有密切的联系。具体如图 2-2 所示。

③特性：神经冲动的传导服从于"**全或无**"的法则，即神经冲

**TIPS ④**

神经冲动只存在发放和不发放两种状态，不存在介于两者之间的中间状态，当刺激强度达到或超过阈值时，神经元就会产生神经冲动。

动要么发生，要么不发生。这样，神经元反应的强弱不会随外界刺激的强弱而改变，使信息在传递途中不会变得越来越弱。

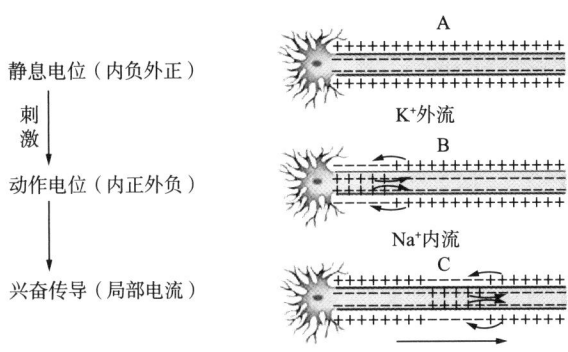

图2-2 神经冲动电传导的产生过程

### 3. 神经冲动的化学传导

（1）神经元之间的联系是通过**突触**进行和实现的

神经冲动在突触间的传递是借助神经递质来完成的。以化学物质为媒介的突触传递是脑内神经元信号传递的主要方式。

①突触的含义

突触是一个神经元与另一个神经元彼此接触的部位。突触存在三种接触方式，分别是轴突与胞体、轴突与轴突、轴突与树突。

信息通过突触从一个神经元传至另一个神经元。突触是控制信息传递的关键部位，它决定了信息传递的方向、范围和性质。

②突触的结构

突触包括三个部分，即突触前成分、突触间隙和突触后成分。

a. 突触前成分：轴突末梢的球形小体，其中包含许多突触小泡，是神经递质的存储场所。

b. 突触间隙：狭义的突触。

c. 突触后成分：邻近神经元的树突末梢，通过突触后膜与外界发生联系。

③种类

a. **兴奋性突触**：突触前神经元兴奋时，由突触小泡释放出具有兴奋作用的神经递质，如乙酰胆碱、去甲肾上腺素等，这些递质可使突出后神经元产生兴奋。　　　　　　　　　　　　>> TIPS ⑤

b. **抑制性突触**：突触前神经元兴奋时，由突触小泡释放出具有抑制作用的神经递质，如甘氨酸等，从而显示抑制性的效应。

（2）产生过程

当神经冲动传导到轴突末梢时，突触前成分的突触小泡内存储的神经递质释放出来，经过突触间隙作用于突触后成分，改变突触后膜的通透性，引起突触后神经元的电位变化，实现了神经冲动的

*箭毒会阻断乙酰胆碱与 $N_2$ 受体结合，从而导致人或动物身体瘫痪。*

传导，如图2-3所示。

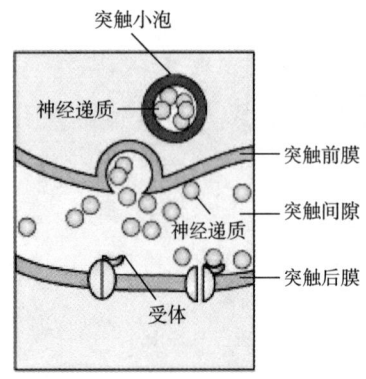

图2-3 神经冲动的化学传导

**知识点 3  神经回路 ★**

**1. 神经回路的含义**

神经元与神经元通过突触建立的联系构成了神经回路。在通常情况下，神经回路是脑内信息处理的基本结构。

由少量神经元组成的相对简单的神经回路被称为微回路，这是脑进行信息加工的主要场所。

**2. 反射弧**

最简单的一种神经回路就是反射弧，一般由感受器、传入神经、神经系统的中枢部位、传出神经和效应器五个部分组成。

**3. 连接方式**

神经元的连接方式除了一对一的连接之外，还有三种连接方式：发散式、聚合式和环式。

①在**发散式**连接中，一个神经元的轴突通过它的末梢分支与许多神经元（胞体或树突）发生突触联系，这种联系使一个神经元的活动有可能引起许多神经元的同时性兴奋或抑制。

②在**聚合式**连接中，许多神经元的神经末梢共同与一个神经元发生突触联系。这样，同一个神经元可以接受许多其他神经元的影响，这些神经元可能都是抑制的，也可能都是兴奋的，或一部分是抑制的，另一部分是兴奋的。它们聚合起来共同决定突触后神经元的状态。它表现了神经兴奋在空间和时间上的整合作用。

③在**环式**连接中，一个神经元发出的神经冲动经过几个中间神经元，又回到原发冲动的神经元，使神经冲动在这个回路内可以往返持续一段时间。

> **本节小结**
>
> 人脑由神经元和神经胶质细胞组成。神经元是神经系统结构和功能的基本单位，它的基本作用是接收和传送信息。神经元的结构包括胞体、树突和轴突。神经元按突起数目分为单极神经元、双极神经元、多级神经元，按功能分为感觉神经元、中间神经元和运动神经元。神经元与神经元之间有神经胶质细胞，主要起支持神经元的作用。神经元的基本特性是冲动性，神经冲动就是从静息状态转变为活动状态，神经冲动的传导方式包括电传导（同一细胞内的传导）和化学传导（细胞间的传导）两种方式。神经元与神经元之间通过突触建立起来的联系构成了神经回路。

## 第三节 神经系统

神经系统是指由神经元相互联系构成的一个异常复杂的功能系统。按照结构和功能的不同，神经系统分为**周围神经系统（PNS）和中枢神经系统（CNS）**。如图 2-4 所示。　　　　» TIPS

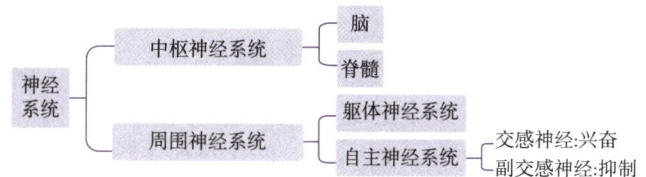

**图 2-4　神经系统的结构**

### 知识点 1　脑的结构和功能 ★

脑包括大脑、边缘系统、间脑、脑干、小脑等几个部分。如图 2-5 所示。
　　　　　　　　　　　　　　　　　　　» TIPS

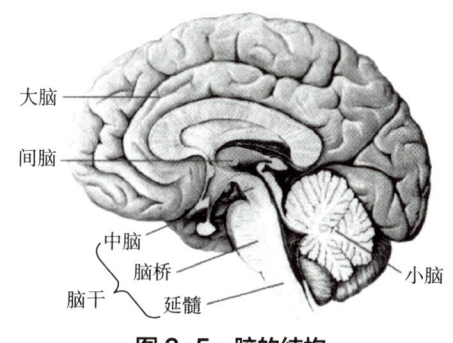

**图 2-5　脑的结构**

#### 1. 大脑

（1）大脑的结构　　　　　　　　　　　» TIPS

①人的大脑分左、右两个半球。

②大脑半球的表面布满深浅不同的沟或裂。沟裂间隆起的部分

---

**TIPS 1**

这部分内容在考试当中主要考查各个部分的功能，因此在配套课程中主要给同学们介绍记忆的一些口诀。神经系统的结构如图 2-4 所示。

**TIPS 2**

在梁宁建版的《心理学导论》中，从进化的角度（从早到晚），脑分成后脑、中脑和前脑，后脑又称脑干（小脑和延髓），中脑是前脑和后脑的连接部位，前脑包括大脑皮质。大家不需要纠结划分的不同，重点掌握各个结构的功能即可。

**TIPS 3**

大脑也称为端脑，是脑的一部分，大脑皮质是大脑的一部分。

被称为脑回。大脑外表面有三条大的沟或裂，即中央沟、外侧裂和顶枕裂，这些沟或裂将半球分为额叶（位于外侧裂之上和中央沟之前）、顶叶（位于中央沟之后和顶枕裂之前）、枕叶（位于顶枕裂之后）和颞叶（位于外侧裂下部）。具体如图2-6所示。

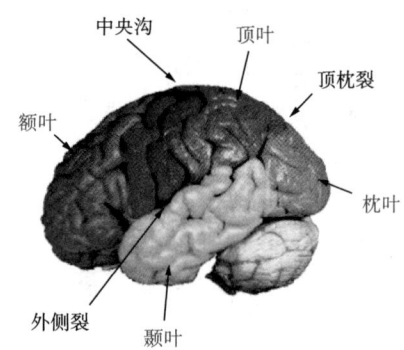

图2-6　大脑的四个脑叶

③大脑半球的表面是灰质，即大脑皮层；大脑半球的内面是白质，其中的胼胝体对两半球的协同活动有重要作用。

（2）大脑皮质功能分区（如图2-7所示） ≫ TIPS ④ ≫ TIPS ⑤

大脑皮质功能分区总结对比如表2-1所示。

表2-1　大脑皮质功能分区总结对比

| 位置 | 机能区域 | 位置 | 功能 |
| --- | --- | --- | --- |
| 初级感觉区 | 初级视觉区 | 枕叶纹状区，BA17，又称V1区 | 接收眼睛输入的神经冲动，产生初级形式的视觉 |
| | 初级听觉区 | 颞叶的颞横回处，BA41、BA42 | 接收耳朵传入的神经冲动，产生初级形式的听觉 |
| | 躯体感觉区 | 顶叶的中央后回，BA1、BA2、BA3 | 接收由皮肤、肌肉和内脏传入的感觉信号，产生触压觉、温度觉、痛觉、运动觉和内脏感觉等 |
| 初级运动区 | 躯体运动区 | 额叶的中央前回，BA4 | 发出动作指令，支配和调节身体在空间的位置、姿势及身体各部分的运动 |
| 联合区 | 感觉联合区 | 与初级感觉区邻近的广大脑区 | 从初级感觉区接收大部分输入信息，并对感觉信息进行进一步处理。 |
| | 运动联合区 | 初级运动区的前方 | 负责精细的运动和活动的协调。 |
| | 前额联合区 | 初级运动区和运动联合区的前方 | 与高级认知活动、行为控制和人格发展都有密切的关系。 |

①躯体感觉区的特点

a.躯干、四肢在体感区的投射关系是左右交叉、上下倒置的。来自躯体左侧的感觉信息被传到大脑右侧半球，来自躯体右侧的感觉信息被传到大脑左侧半球。

b.头部在感觉区的投射是正立的，即鼻、脸部位投射在上方，

大脑皮质的功能分区思想始于颅相学家，后来，布鲁德曼根据神经元的细胞结构和组织将大脑分为52个区，此分区被称为布鲁德曼分区（BA）。

助记口诀：从前往后：额顶枕颞；动感视听。

唇舌部位投射在下方。

c.投射面积的大小取决于它们在机能方面的重要程度。

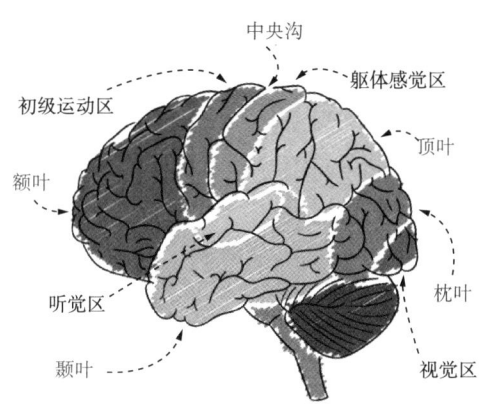

图 2-7　大脑皮层机能分区

②躯体运动区的特点

a.运动区与躯干、四肢运动的关系也是左右交叉、上下倒置的，即大脑左侧运动支配右侧躯体的运动，右侧运动区支配左侧躯体的运动。

b.运动区和头部运动的关系是正立的，即上部的细胞与额、眼睑和眼球的运动有关，下部细胞与舌和吞咽的运动有关。

c.投射面积的大小取决于功能上的重要程度，功能重要的部所占面积较大。

③联合区的特点

a.联合区不接受任何感觉系统的直接输入，从这个脑区发出的纤维，也很少直接投射到脊髓支配身体各部分的运动。

b.联合区的主要功能是将来自不同感觉器官的信息加以连接、整合和加工，即对信息进行综合处理。

c.从系统发生上来看，联合区是大脑皮质进化较晚的一些脑区，大脑皮质联合区在皮质上所占比例大小标志着人类进化的程度。

④语言是联合区的重要功能，与许多脑区有关（如图 2-8 所示）

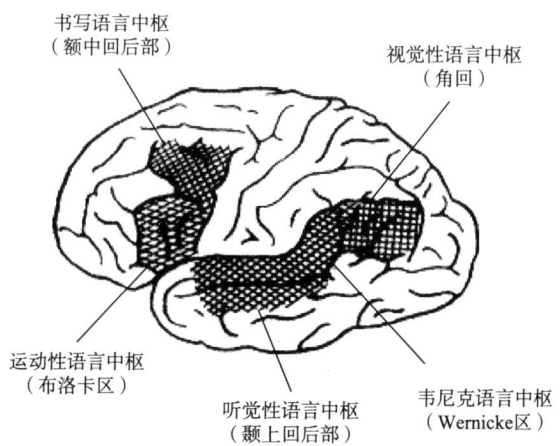

图 2-8　大脑皮质语言区

A. 韦尼克区——听觉性语言中枢

a. 在颞叶上方靠近顶叶处。

b. 该区域受损将引起听觉性失语症或接收性失语症/语言失认症。

c. 患者语音与语法均正常，但不能分辨语音和理解语义。病变较轻的形式称为词盲，患者可以听到声音，但不能分辨语言。严重时，患者的语音、语法流畅自然，但内容无意义，还会对词义做出错误的判断。

B. 布洛卡区——运动性语言中枢

a. 在左侧腹外侧前额皮层的后下方靠近外侧裂处。

b. 该区域受损会引起运动性失语症/表达性失语症。

c. 这类患者说话不流利，话语中常常遗漏功能词，因而形成"电报式"语言。

C. 角回——视觉性语言中枢

a. 位于顶叶、颞叶、枕叶交界处的角回，负责书面语言与口语之间的相互转化。

b. 该区病变会引起视觉性失语症或失读症/语义性失语症（听-视失语症）。

c. 这个区域受损，能理解口语，能看到文字，但不能理解书面语言，患者看不懂文字材料，出现阅读障碍。

总结如表2-2所示。　　　　　　　　　　　　　» TIPS ⑥

表2-2　大脑皮质语言区及其功能总结对比

| 语言区 | 位置 | 功能 | 症状 | 损伤症 |
|---|---|---|---|---|
| 韦尼克区 | 左半球颞叶颞上回处 | 听觉性语言中枢 | 不能听、能说、能读、能写 | 听觉性失语症/接收性失语症 |
| 布洛卡区 | 左半球额叶处 | 运动性语言中枢 | 能听、不能说、能读、能写 | 运动性失语症/表达性失语症 |
| 角回 | 顶枕叶交界处 | 视觉性语言中枢 | 能听、能说、不能读、能写 | 视觉性失语症/失读症/听-视失语症 |
| 艾克斯勒区 | 额中回后部 | 书写中枢 | 能听、能说、能看、不能写 | 失写症 |

（3）大脑两半球的一侧优势

大脑的两半球在结构和功能上都有明显的差异。

TIPS ⑥

助记口诀："韦布角艾：听说读写"：一个叫韦布的人就是爱干听说读写的事情。

① 切断或损伤将韦尼克区和布洛卡区联系起来的神经纤维束-弓形束可导致接受性失语症，患者语言流畅，发音清晰，但理解语义的能力全部丧失或部分丧失，在这种情况下，布洛卡区仍在工作，但没有接受来自韦尼克区的信息，因而患者说出的话在意义上发生畸变。

② 大脑皮质语言区联合活动举例：当要说出某个书面词汇时，首先是眼睛将该词的视觉刺激，通过视神经将冲动传递至视觉区的枕叶，然后枕叶将神经冲动传递到颞叶的角回，在那里对该词的视觉编码与听觉编码加以比较，一旦找到适当听觉码，就传递到韦尼克区，在那里解释该词，并把神经冲动传递到布洛卡区，当这些信息被传递到运动区后，就刺激嘴唇、舌、喉等并发出该词的声音。

① 从结构上说

a. 大脑右半球略大和重于左半球,但左半球的灰质多于右半球;

b. 左右半球的颞叶具有明显的不对称性,左侧颞平面比右侧颞平面要大,而赫氏回则是右侧比左侧大;

c. 颞叶的不对称性是与丘脑的不对称性相关的;

d. 左侧布洛卡区与右侧对应位置的结构也不同;

e. 各种神经递质(包括乙酰胆碱、多巴胺和去甲肾上腺素)的分布比率,在左右半球也是不平衡的。

② 从功能上说

a. 在正常情况下,大脑两半球是协同活动的。进入大脑一侧的信息会迅速地经过胼胝体传达到另一侧,做出统一的反应。

b. 割裂脑(切断胼胝体)研究说明,大脑可能具有不同的功能。大脑左半球主要负责语言、阅读、数学运算和逻辑推理等;大脑右半球在知觉物体的空间关系、情绪、欣赏音乐和艺术等方面有主要作用。

>> TIPS ⑦

c. 大脑两半球功能的一侧化并不是绝对的。一些研究发现,右半球在语言理解中同样起重要作用。

③ 斯佩里的割裂脑实验(如图 2-9 所示)

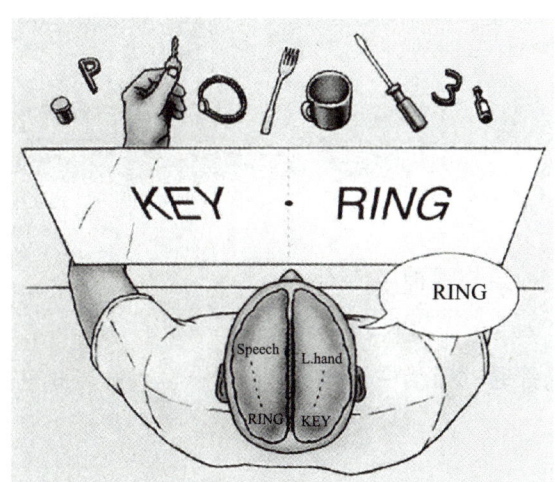

图 2-9 裂脑人实验示意图    >> TIPS ⑧

在割裂脑实验中,由于胼胝体被切断,此时每个半球只对来自身体对侧的刺激做出反应,并调节对侧身体的运动。

实验过程:实验要求被试坐在屏幕前面,屏幕挡住了被试的视线,使他看不见自己的手和面前的物体,他的视线注视屏幕中央的一个点。在左侧屏幕上呈现单词"KEY",右侧屏幕上呈现单词"RING"。

实验结果:此时被试可以用左手拿起钥匙,但是无法说出自己

**TIPS ⑦**

为防止癫痫病的恶化,防止病变从脑的一侧扩散到另一侧,医生切断了连接大脑两半球之间的纤维束-胼胝体,从而形成了各自独立活动的左、右半球,这时的脑被称为割裂脑。胼胝体被切断后,由于眼睛和大脑之间神经传导的特点,左视野和右视野的信息分别被投射到右半球和左半球,在胼胝体被切断后,左右半球之间不能彼此交换信息,因此可利用割裂脑研究左右半球功能的偏侧化优势。

**TIPS ⑧**

在图 2-9 中,被试能说出"RING",是因为呈现在右视野的"RING"在左半球得到了加工,左半球负责言语,因此能用语言报告。被试能用左手顺利找出钥匙,是因为呈现在左视野的"KEY"在右半球进行了语义理解,右半球指挥左手顺利找到钥匙,但由于胼胝体被切断,无法说出"KEY"。

拿的是什么；右手拿起戒指，并且可以说出自己拿的是戒指。

结果解释：左侧视野的刺激会投射到大脑右半球，右半球可以支配左手去拿相应的物体，但是由于语言是由左半球控制的，因此被试不能说出刺激是什么。

右侧视野的刺激会投射到大脑左半球，左半球可以支配右手去拿相应的物体，并且能够说出刺激是什么。

### 2. 边缘系统

①在大脑内侧面最深处的边缘，由扣带回、海马、海马旁回、齿状回等组成一个环状的结构，被称为边缘叶。

a. 边缘叶在进化上要早于上述其他大脑皮层。

b. 边缘叶连同附近其他大脑皮层（如眶额皮层、岛叶、颞极等）以及一些在功能上密切联系的皮层下组织（如下丘脑、杏仁核、中脑内侧被盖等），共同形成边缘系统。

②边缘系统的作用主要有：

a. 调节呼吸及内脏反应，处理感觉信息及调节情绪反应等。

b. 海马在记忆功能中起重要作用。

c. 杏仁核与情绪有密切的关系。

d. 扣带回与多种功能有关。其中扣带回前部与情绪、注意监控等有密切关系；扣带回后部与记忆有关。

### 3. 间脑

间脑由丘脑和下丘脑共同组成。

（1）丘脑

①丘脑是感觉信息加工的中继站。

②丘脑后部有内、外侧膝状体，分别接收听神经与视神经传入的信息。

③除嗅觉外，所有来自外界感官的输入信息都通过丘脑中转再导向大脑皮质，从而产生视、听、触、味等感觉。

（2）下丘脑

①下丘脑是调节交感神经和副交感神经的主要皮下中枢，对维持体内平衡、控制内分泌腺的活动有重要意义。下丘脑前部对体温的升高很敏感，可以发动散热机制，使汗腺分泌、血管舒张。相反，下丘脑后部对体温的下降很敏感，有保温、生热机能，使血管收缩、汗腺停止分泌。

②下丘脑在进食和饮水、性行为、睡眠和觉醒等生理性动机方面发挥着重要作用。

③下丘脑在情绪的产生中也有重要作用。

生理学家们用电刺激法在实验动物的下丘脑中发现了"饥饿中枢"和"厌食中枢"。

**4. 脑干**

脑干包括中脑、脑桥和延髓。

（1）中脑

①中脑位于间脑和脑桥之间，主要由顶盖和被盖构成。

②中脑顶盖位于中脑的背部，由上下两对小丘构成，被称为上丘和下丘。上丘是皮质下视觉反射中枢，下丘是皮质下听觉反射中枢。

③中脑被盖在顶盖下部，其中有黑质与红核，它们是运动系统的重要结构，与随意运动有关。

（2）脑桥

①在中脑的下方，位于中脑与延髓之间，是中枢神经与周围神经之间传递信息的必经之处。

②它与睡眠、觉醒、做梦等活动有关。

（3）延脑/延髓

在脑桥下方，背侧覆盖小脑。它与有机体的基本生命活动有密切的关系，支配着呼吸、排泄、吞咽、消化等活动，因而又被称为"生命中枢"。

（4）网状结构

①在脑干各段的广大区域中，有一种由白质与灰质交织混杂而成的结构，称为网状结构或网状系统。

②它主要包括延髓的中央部位、脑桥的被盖和中脑部分。

③网状结构按功能可分成上行网状结构和下行网状结构两部分。

a. 上行网状结构也称上行激活系统，它控制着机体的觉醒或意识状态，与保持大脑皮质的兴奋性，维持注意状态有密切的关系。

b. 下行网状结构也称下行激活系统，它对肌肉紧张有易化和抑制两种作用，即加强或减弱肌肉的活动状态。

**5. 小脑**

①小脑在脑干背面，分左右两个半球。小脑表面的灰质叫小脑皮层。小脑内面的白质叫髓质。

②它的作用主要是协助大脑维持身体的平衡与动作的协调。小脑损伤者会出现痉挛、运动失调，丧失简单的运动能力，也可能产生口吃、阅读困难等症状。

知识点 2　脊髓 ★

①脊髓是中枢神经系统的低级部位，位于脊椎管内，略呈圆柱形，前后稍扁。它上接延脑，下端终止于一根细长的终丝。

②脊髓的主要作用如下：

a. 脊髓是**连接脑和外周神经的桥梁**。来自躯干和四肢的各种感觉信息只有经过脊髓才能传导到脑，得到更高级的分析与综合；而由脑发出的指令也必须通过脊髓，才能支配效应器官的活动。

b. 脊髓可以**完成一些简单的反射活动**。如膝跳反射、肱二头肌反射、跟腱反射等，在正常情况下，这些反射不受大脑的控制。

### 知识点 3　周围神经系统 ★

周围神经系统也称外周神经系统，由两部分组成：躯体神经系统和自主神经系统。

**1. 躯体神经系统**

躯体神经系统包括脊神经和脑神经，脊神经有 31 对，脑神经有 12 对。

**2. 自主神经系统**

自主神经系统由交感神经和副交感神经两个部分组成，交感神经和副交感神经在功能上具有拮抗性质。

（1）交感神经

**交感神经系统在机体应对紧急情况时发挥重要作用**，当人们挣扎、搏斗、恐惧或愤怒时，交感神经开始兴奋，并引发一系列的生理反应，包括心率加快，肝脏释放更多糖原，使肌肉得以利用，以及暂时减缓或停止消化器官的活动，从而动员全身力量以应对危机。

（2）副交感神经

副交感神经起平衡作用，抑制体内各器官的过度兴奋，使它们获得必要的休息。

交感神经和副交感神经不受或很少受到中枢神经系统的支配，表现为人不能随意地控制内脏的活动。但是，人们通过特殊的训练，可以在一定程度上控制这些脏器的活动，如调节体温的升降等。

> **本节小结**
>
> 神经系统包括中枢神经系统和周围神经系统，中枢神经系统包括脑和脊髓。
>
> 脑包括大脑、边缘系统、间脑、脑干、小脑等几个部分；大脑在生理解剖结构上分为左、右两个半球，根据大脑半球表面上三条大的沟和裂，将每个半球分为额叶、顶叶、枕叶、颞叶，大脑半球的表面是大脑皮质，大脑皮质按照机能可以分为初级感觉区（包括初级视觉区、初级听觉区、躯体感觉区）、初级运动区和联合区，语言是联合区的重要功能，如果受损会引起各种形式的损伤症；斯佩

> **本节小结**
>
> 里通过切断胼胝体的割裂脑实验,提出大脑两半球功能有显著差异,表现为左半球主要负责言语、阅读、数学运算和逻辑推理,右半球负责空间知觉、情绪和音乐等。
>
> 脊椎是脑和周围神经的桥梁,可以完成一些简单的反射活动。
>
> 周围神经系统包括躯体神经系统和自主神经系统(包括交感神经和副交感神经)。
>
> 为了帮助考生更清晰地梳理本节内容,特附本节知识点框架图,如图 2-10 所示。

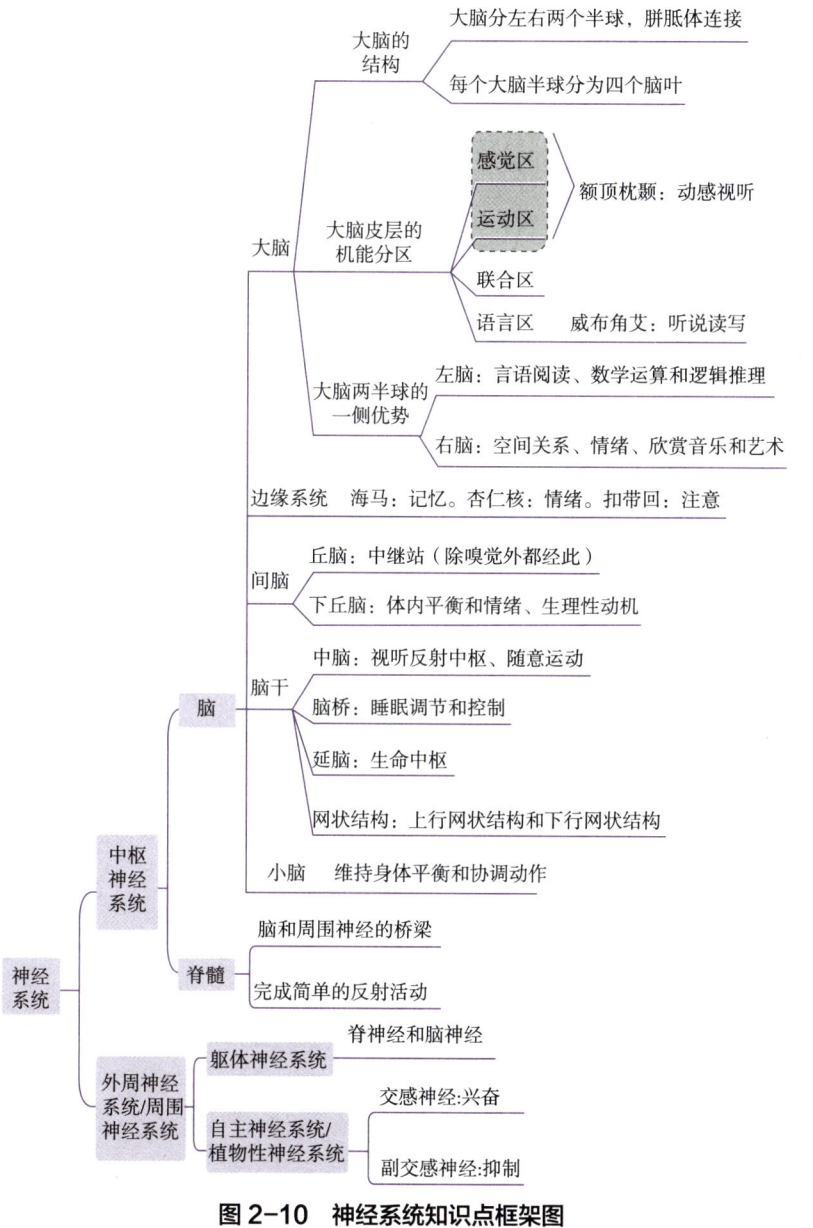

图 2-10 神经系统知识点框架图

## 第四节　脑功能学说

### 知识点 1　定位说 ★★

**1. 定位说的基本观点**

人脑存在不同的功能分区，脑的不同功能由不同的脑区负责。

**2. 开始于加尔和施普茨姆提出的颅相说**

（1）主要观点

①脑是负责心智活动的器官。

②脑不是一个统一的整体，而是分为不同的脑区，各脑区负责不同的心智功能。

③负责不同功能的脑区分布在大脑皮质的不同部位。

④心智功能区的结构大小可以显示该心智功能的力量和强度。

⑤婴儿的颅骨随着脑的发展而逐渐硬化，因此颅骨的形状可以用于判断内部心智功能的发展程度。

（2）评价

①贡献

颅相学提出的定位说认为，不同的心智功能定位于大脑的不同脑区，并试图揭示它们之间的对应关系，对后来的脑研究产生了广泛的影响。

②局限

颅相说在许多方面是不科学的。

首先，他们列举的许多官能没有精确的定义。

其次，颅骨的某些外部特征与大脑皮质的发育程度不是严格对应的，因此，不能用颅骨的外部特征来推测脑的发育程度，更不能以此来说明人的能力的高低。

**3. 支持证据**

①布洛卡区和韦尼克区的发现是对定位说的有力支持。

②潘菲尔德用电刺激法研究颞叶时发现，微弱的电刺激能使患者回忆起童年时的一些事情。这说明记忆可能定位在颞叶。

③科学家发现，海马与记忆有关，杏仁核与情绪有关，下丘脑与进食和饮水有关，这些发现也支持了脑功能的定位说。

④近年来，脑成像的大量研究揭示了某些脑区与执行特定认知任务的关系，在某种意义上也支持了定位说。

### 知识点 2　整体说 ★★

**1. 整体说的基本观点**

大脑本身是一个完整的整体，并通过整体的共同活动来实现不同的功能。

### 2. 弗罗伦斯的实验

弗罗伦斯切除动物的大脑两半球后，动物会丧失所有的感觉和判断能力以及主动运动能力；切除小块大脑皮质后，动物开始很少运动，不吃不喝，随着时间推移，动物能恢复到正常的情况。因此，他认为大脑皮质不存在皮质功能的定位。

### 3. 拉什利的实验

拉什利用脑损伤技术对白鼠进行了走迷宫实验。结果发现，功能的丧失与特定部位无关，与切除面积的大小密切相关，由此提出了两条重要的活动原理：

①均势原理：指大脑皮质的各部位几乎以均等的程度对学习发生作用。 >> TIPS ①

②总体活动原理：指大脑是以总体发生作用的，学习活动的效率与大脑损伤的面积大小成反比，而与损伤部位无关。 >> TIPS ②

## 知识点 3　机能系统学说 ★★

### 1. 机能系统说的基本观点

鲁利亚认为，脑是一个动态的结构，是一个复杂的动态机能系统，机能系统的个别环节受损会影响高级心理机能。

### 2. 鲁利亚把脑分成三个互相紧密联系的机能系统

（1）第一机能系统是动力系统，负责调节激活与维持觉醒状态

①结构：由脑干网状结构和边缘系统等组成。

②功能：维持觉醒状态，实现对行为的自我调节。

（2）第二机能系统是信息处理系统，负责信息的接收、加工和存储和输出

①结构：位于大脑皮质的后部，包括大脑皮质的枕叶、颞叶和顶叶以及相应的皮质下组织。

②功能：接受机体内外的刺激，实现对信息的空间和时间上的整合，并把它们保存下来。

（3）第三机能系统是行为调节系统，负责编制行为程序，调节和控制行为

①结构：额叶的广大脑区。

②功能：产生活动意图，形成行为程序，调节和控制复杂行为。

### 3. 三者的关系

心理活动是三个机能系统相互作用、协同活动的结果，彼此间既分工又合作。 >> TIPS ③

**TIPS ①**
大脑的每一个部位都和任何其他部位一样重要，如果把大脑的一些部位切除，其他部位也能够继续发挥它们的功能。

**TIPS ②**
切除的面积越大，学习的效率越低。

**TIPS ③**
助记口诀：一醒二存三行动。脑的机能系统学说改变了人们对心理机能的理解，传统的脑功能定位说把心理机能与大脑严格限定的部位联系起来。鲁利亚认为，任何的心理活动都应被理解为复杂的、动态的机能系统，这种机能系统的实现靠一系列脑器官的协同活动来完成。这个理论也可以用于定位诊断和机能恢复，即找出与特定心理或行为障碍有关的脑损伤部位，借助机能改造的方法使得被破坏的机能得以恢复。

### 知识点 4  模块说 ★★

#### 1. 模块说的基本观点

模块说认为，人脑在结构和功能上是由高度专门化并相对独立的模块组成的，这些模块复杂而巧妙的结合，是实现复杂而精细的认知功能的基础。　　　　　　　　　　》TIPS ④

#### 2. 模块说综合了定位说和整体说的优点

①一方面，模块说认为人脑内部存在功能不同的神经组织(模块)，这一点与定位说的观点类似。

②另一方面，认为心理与行为依赖不同神经组织(模块)的协同合作，而不是单一模块的功能，这一点与整体说的观点类似。因此，模块说产生了广泛的影响。

③模块说面临的挑战是，如何精确地界定特定模块的结构边界和功能边界。不管是认知过程还是神经组织，往往都是连续的，而非离散的。　　　　　　　　　　　　　　　》TIPS ⑤

### 知识点 5  神经网络学说 ★★

①神经网络说的基础和依据是神经元学说。神经元学说认为，神经元是人脑的结构与功能的基本单元，而人脑有数以亿计的神经元，它们之间通过神经纤维相互联系，构成了复杂的神经网络。

②神经网络说认为，脑功能的实现依赖神经元所构成的复杂的神经网络。巨量的神经元以特定的方式相互联系，形成复杂的网络。在脑网络分析中，神经元被看作网络中的节点。脑的认知功能是通过大量节点之间的连接权重和连接方式来实现的。

③在神经网络图中：连线的粗细代表连接的强度；节点的大小代表其居于网络核心的程度，其中较大的节点（脑区）在网络连接中有更重要的作用，这些节点被称为集线器。

例如，有的功能模块负责加工面孔，有的功能模块负责加工物体；在视觉功能上存在背侧通路和腹侧通路，分别完成物体空间位置的确认和物体的识别等。

脑功能定位说强调某种脑的功能定位在某个脑区，是对脑功能的一种静态的、局部的描述。脑功能模块说认为，不同的模块有不同的功能，模块的结合能够保证认知功能的完成，是对脑功能的一种动态的、全局的描述。

#### 本节小结

研究脑的功能形成了几种不同的学说，即定位说、整体说、机能系统学说、模块说和神经网络学说。定位说认为脑的功能定位在一定的区域，特定的区域完成某种特定的功能；整体说认为人脑是一个完整的整体，通过整体的共同活动来实现不同的心理活动；机能系统学说认为脑是一个复杂的动态机能系统，脑分成三个相互紧密联系的机能系统：动力系统、信息处理系统和行为调节系统；模块说认为人脑在结构和功能上是由高度专门化并相对独立的模块组成的，这些模块复杂而巧妙的结合，是实现复杂而精细的认知功能的基础；神经网络学说认为，高级复杂的认知活动是由巨量的神经元构成的神经网络来实现的，其中节点之间的连接权重或连接方式尤为重要。

## 名词总结

| | | | |
|---|---|---|---|
| 脑指数 | 脑的可塑性 | 神经元 | 神经胶质细胞 |
| 神经冲动 | 静息电位 | 动作电位 | 电传导 |
| 化学传导 | 神经系统 | 大脑 | 初级感觉区 |
| 初级运动区 | 联合区 | 韦尼克区 | 布洛卡区 |
| 角回 | 割裂脑 | 边缘系统 | 海马 |
| 间脑 | 下丘脑 | 脑干 | 小脑 |
| 脊髓 | 自主神经系统 | 定位说 | 整体说 |
| 机能系统学说 | 模块说 | 神经网络学说 | |

# 第三章 意 识

## 知识导读

在日常生活中，我们每天都在经历不同的意识状态，有时候认真专注，有时候心猿意马。本章内容首先介绍了什么是意识和无意识，接着介绍了最常见的一种意识状态——注意，包括注意的含义与特征、与意识的关系、功能、类型与品质、生理机制与外部表现，以及对注意的功能进行研究所形成的相关理论；然后介绍了睡眠和梦这两种意识的状态，包括睡眠的阶段、对梦的理论解释，以及失眠相关内容；最后介绍了比较特殊的意识状态：包括催眠、冥想以及精神活性物质引发的意识状态。

在心理学考研中，第一节主要是以选择题、名词解释或简答题的形式进行考查，考生要注意区分意识和无意识的含义，以及常见的无意识现象；第二节的内容是本章的高频考点，选择题、名词解释、简答题或论述题都有所涉及，因此本节内容要全盘掌握，尤其是注意的理论，同学们不仅要理解理论内容，还要将理论与生活实践相结合，做到学以致用；第三节主要是以单选题或简答题的形式进行考查，睡眠阶段的特点以及梦的解释在往年真题当中多次涉及；第四节主要以单选题或简答题的形式进行考查，考点主要集中在催眠，尤其是催眠的理论解释。

## 知识地图

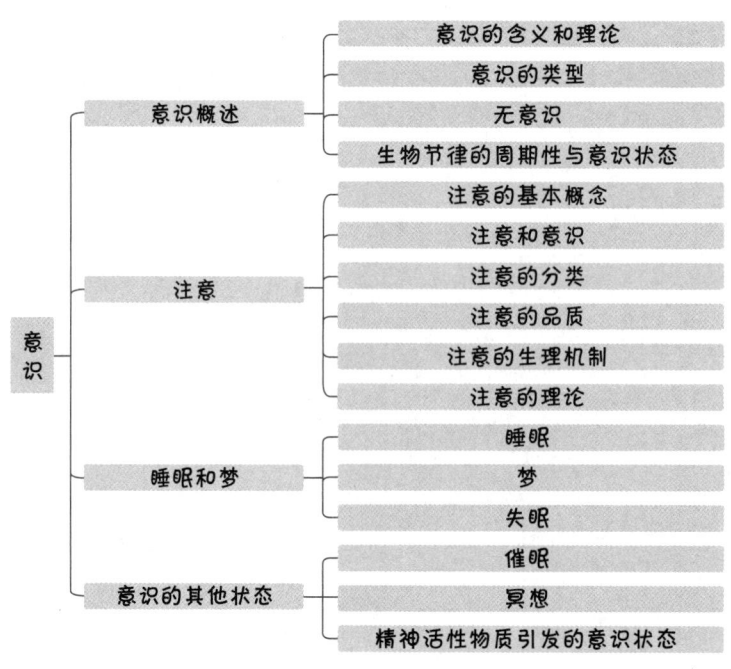

## 第一节 意识概述

### 知识点 1 意识的含义和理论★★

**1. 意识的含义**

意识是人们对自身或环境的主观觉知，可以从三个角度进行理解。

>> TIPS ①

①意识是一种觉知，意味着观察者觉察到了某种现象或事物。

②意识是一种高级的心理功能，对个体的身心系统起监测和调控的作用。

③意识是一种心理状态，从无意识到有意识再到注意是一个连续体。

**2. 意识的理论**

（1）剧院模型/全局工作空间理论

剧院模型/全局工作空间理论由美国心理学家巴尔斯提出，由法国认知神经科学家迪昂将其扩展到意识的神经机制研究中。

①该理论强调意识是一个容量有限的全局（公共）工作空间，在这里可以对各种并行分布的加工过程（通常是无意识进行的）进行信息交换和协调控制。

②为按照剧院模型，意识的产生包含多种认知成分之间的相互合作和相互影响，其中感知觉和记忆提供信息的来源，而舞台相当于工作记忆，聚光灯相当于注意，聚光灯照亮的演员就是可以意识到的信息或心理过程。

③巴尔斯特别强调意识工作机制的全局性，即意识可以统合和连接其他各种认知过程。

>> TIPS ②

④评价：该理论为研究者理解意识提供了一个形象的理论框架，直观地说明了意识的工作机制，在意识研究领域产生了广泛的影响。

（2）整合信息理论　　　　　　　　　　　　>> TIPS ③

①美国神经科学家托诺尼提出了整合信息理论，认为意识经验的形成源自人脑在进行信息处理时产生的一种特殊的信息结构：整合信息。

②意识经验同时具有高度整合性和高度分化性的特征。

a. 高度整合性是指意识体验或意识状态在任何时候都是作为一个整体而存在的，无法被分割为部分。

b. 高度分化性是指意识经验有着极为丰富的存在状态和变化形

---

**TIPS ①**

你可以清楚地觉知到你的感受、记忆、需求等种种内部经验和行为，也可以觉知到外界的声音、光、气味等环境；意识也如一位将军，监督着恰似其下属官兵的其他的心理功能和行为；意识又是一个连续体，我们一天经历了不同的意识状态，从最清晰的注意到睡眠与梦、催眠等，都是不同的意识状态。

**TIPS ②**

该理论认为，人们只能意识到很少量的信息，而对很多习惯性的刺激或者自动处理的信息，则不会形成意识。当面对新的刺激时，大脑通过合作或竞争的方式在全局工作空间中对新事物进行分析，让重要的信息进入意识，意识就是在这个过程中得以产生的。例如，当你的打字速度很快时，你的手指会无意识地按下不同的键，假如有人问你是怎么做到的，你很难回答，因为你几乎没有意识到这些信息。

**TIPS ③**

整合信息理论认为个人的意识经验是一个统一的整体。例如，你来到公园里，看到到处鲜花盛开，闻到阵阵花香，在这一时刻，你的觉知经验是一个整体，此后再一次回忆起这样的场景也是一个整体。但意识的内容是不断变化的，"人不能两次踏进同一条河流"，我们可以不止一次地想到一个对象，但由于经验的影响，我们每次都以不同的方式去体验它，因此永远不可能有两次完全相同的意识状态。

式，在某种程度上，可以说人们在每时每刻的意识体验都是独一无二的，过后就不会再有完全相同的意识体验。

③整合信息的**不可分解性**和**多样性**可以解释意识经验的高度整合性和高度分化性。

a. 人脑在处理相关信息时，神经结构的各个部分之间有大量的、复杂的相互作用，形成的是整合信息。这种整合信息的形成依赖各部分神经结构的共同参与，如果拿掉其中一部分神经结构，所产生的整合信息就会彻底改变。因此，整合信息是不能被分解成各个部分的。

b. 同时，整合信息的存在状态和形式又是极为丰富多样的，刺激输入和神经系统状态的细微变化都会产生不同形式的整合信息。

④按照整合信息理论，意识产生的神经基础是人脑的整个神经结构或神经网络，而不是剧院模型所假设的特殊信息处理模块。

⑤评价：该理论在意识研究领域产生了广泛的影响，催生了大量实验或模拟计算机研究。

### 知识点 2　意识的类型 ★

意识可以分为不同的层次或水平。根据个体对自己意识状态的觉知程度，意识可以分为以下几类：

**1. 焦点意识**

焦点意识是指一个人全神贯注于某一事物时所得到的清晰的意识经验。例如，棋手在集中注意下棋时对棋局的意识。

**2. 边缘意识**

边缘意识是指刺激物处于意识的边缘，个体隐约知道有刺激物的存在，但对它的性质却并不清楚。

**3. 前意识**

前意识在精神分析理论中介于意识和潜意识之间，作用是去除不为意识层面所接受的内容，并将其压抑到潜意识中去；在认知心理学中是指曾经储存在长时记忆中的信息，但只有在必要的情形下进行回忆时才会对其产生意识。

**4. 非意识**

非意识极少进入意识，人的身体内部有一些生理变化，是受自主神经系统所支配的生理活动。例如，脑电活动、心跳等。

### 知识点 3　无意识 ★★

**1. 无意识的含义**

①无意识又称潜意识，是相对于意识而言的，是个体未能觉察

---

弗洛伊德将意识分为意识、前意识和潜意识；认知心理学将意识分为意识、非意识、前意识和无意识。本书所列出的种类归纳了不同教材的表述，以及在考试当中出现的相关概念。

例如，当你和朋友在自助餐厅一边排队取餐，一边聊天时，若听到旁人说话提及你的名字，会马上引起你的注意。这说明我们会记录并评估那些意识上未觉察的刺激，这些未被注意的信息在觉知的下意识水平上起作用。边缘意识属于下意识。

例如，你读小学的学校名称，此刻你可能未意识到，但如果你想回忆的话，就可以把它们回忆起来。

一些非意识的活动可以有意识地进行。例如，通过练习呼吸调节可以有意识地控制个体呼吸的模式。

到的心理活动，或无法有效觉知自身、环境的心理现象。

②按照精神分析学派弗洛伊德的观点，无意识包括大量的观念、愿望、想法等，这些观念和愿望因与社会道德存在冲突而被压抑，不能出现在意识中。梦以及生活中大量的失误（如口误、笔误等）都是一种潜意识。

③认知心理学认为，无意识主要用于完成一些背景任务，如筛选各种感觉信息。在人们面对大量信息时，无意识可以对这些信息进行监控、分类和存储。　　　　　　　　　　>> TIPS ⑧

### 2. 常见的无意识现象

（1）阈下知觉

阈下知觉是指个体尽管意识不到环境刺激的存在或特性，但刺激能引起或改变其行为或生理反应的心理现象。　　　　>> TIPS ⑨

（2）盲视

有一类对刺激的无意识觉察是由脑损伤引起的，称为盲视。这种患者"看"不到刺激，但可以对刺激进行一定程度的信息加工。

（3）非注意视盲

非注意视盲是指当注意力分散或注意被其他活动所占用时，一些本来能够意识到或显而易见的刺激、事物却没有被意识到的现象。例如，经典实验："看不见的大猩猩"。　　　　　>> TIPS ⑩

（4）无意识行为

无意识行为是指自动化不受意识控制的行为。　　>> TIPS ⑪

## 知识点 4　生物节律的周期性与意识状态 ★

①人的意识状态会发生周期性的变化，这种变化是由人体的生物节律，即身体功能的周期性变化决定的。

②人体的生物节律包括基本生理活动、体力和情绪状态等方面的周期性变化，这种周期性边变化源于环境的变化，人体的生物节律与环境的周期性变化相适应，从而使人的身心状态更好地适应环境。

③位于下丘脑的视交叉上核对人体生理功能及心理状态的周期性变化起关键作用。视交叉上核的活动可以促进或抑制松果体的分泌活动。松果体分泌褪黑色素。视交叉上核对视觉刺激输入敏感，可以被白天的光线激活，抑制褪黑素的分泌。黑暗能增加褪黑素的分泌。

对于潜意识，弗洛伊德和现代认知心理学对此概念解释的不一致，弗洛伊德认为潜意识主要是个体不被社会道德允许的欲望和冲动，而认知心理学则把这种未被意识到的心理现象视为一种内隐的学习。

心理学家做过一些实验，如给被试呈现笑脸或哭脸的图片，被试报告说看不清楚这些图片，接下来问他们对生活的评价。结果发现，被笑脸启动的被试对生活的评价更积极；被哭脸启动的被试就会表现出对生活的不满。这也说明潜移默化的力量很惊人。

在阈下知觉中，无意识往往是由刺激的大小或强度决定的。在非注意视盲中，当给予注意后，原先未觉察或意识不到的刺激或事物会很容易被觉察到；而在阈下知觉中，即使集中注意力也意识不到相关刺激的存在。

日常生活中的很多小动作都属于无意识行为，如看书时不自觉地撩头发等。

**本节小结**

意识是我们对自身或环境的主观觉知，可以从三个角度进行理解：意识是一种觉知、是一种高级的心理功能、是一种心理状态；关于意识的理论，可通过剧院模型/全局工作空间理论和整合信息理论进行了解释；意识有不同的类型；无意识是不曾觉察到的心理活动，常见的无意识现象包括阈下知觉、盲视、非注意视盲和无意识行为；意识状态与人体的生物节律紧密相关。

## 第二节 注 意

### 知识点 1　注意的基本概念 ★★

#### 1. 注意的含义

①注意是心理活动指向和聚焦于特定的对象或事物，同时忽略其他事物的心理现象。

②从信息加工的角度看，注意是个体主动地选择和处理环境中的特定信息，而忽略和抑制其他无关信息的过程。

③注意是意识中最鲜明、清晰的一种状态。

#### 2. 注意的特点/基本特征

（1）注意的指向性

注意的指向性是指心理活动朝向某个对象。人在某一时刻，人的心理活动选择了某个对象，而忽略了其他对象。指向性不同，人们从外界接收的信息也不同。

（2）注意的集中性

注意的集中性是指心理活动在一定方向上的强度和紧张度。当心理活动指向某个对象的时候，会在这个对象上集中起来，即全神贯注起来。

#### 3. 注意的外部表现

①注意是一种内部心理活动，可以通过人的外部行为表现出来。

a. 人在注视一个物体或倾听某种声音时，他们的感觉器官常常朝向所注意的对象，以便得到最清晰的印象。　　》TIPS ①

比如"侧耳倾听""举目凝视"。

b. 在注意时，人的血液循环和呼吸都可能出现变化，如肢体血管收缩，头部血管舒张，呼与吸的时间比例发生变化：吸气变短而呼气相对延长等。　　》TIPS ②

看电视剧中滴血认亲的剧情，注意紧张时，心率加快、不敢呼吸。

c. 当注意力高度集中时，还常常伴随某些特殊的表情动作，如托住下颌、凝神远望、目光似乎呆滞在某处等。　》TIPS ③

②注意的外部表现可以作为研究注意的客观指标。

听精彩的故事，托住下颌、凝神远望、目光停滞在某处。

③注意作为一种内部心理状态，它和外部行为表现之间并不总是一一对应的。　　>> TIPS ④

### 4. 注意的功能

（1）选择功能

①注意的基本功能是对信息进行选择。选择重要的信息，排除无关刺激的干扰。

②注意对信息的选择受许多因素的影响，如刺激的物理特性，人的需要、兴趣、情绪、过去的知识经验等。

（2）维持功能

注意能使心理活动在一定时间内保持在特定的对象上。注意指向并集中在一定对象之后会保持一定时间的延续，维持心理活动的进行。

（3）整合功能

人对外界输入信息的精细加工及整合作用都发生在注意状态下。

（4）调控和监督功能

当需要从一种活动转向另一种活动时，注意就表现出重要的调节和监督功能，使个体的活动朝向目标和一定的方向，并根据需要适当分配和适时转移，使人对外界事物或自己的行为、思想、情感反映清晰和准确。

学生上课的时候存在"心猿意马"貌似注意的现象。

## 知识点 2　注意和意识 ★★

### 1. 注意不等同于意识

注意是一种心理活动或心理动作，而意识是一种心理内容或体验。注意决定什么可以成为意识的内容。与意识相比，注意更为主动和易于控制。

### 2. 注意和意识密不可分

当人们处于注意状态时，意识内容比较清晰。注意指向的内容一般处于意识的活动中心。注意可能是有意识的过程，也可能是无意识过程。

总之，在注意条件下，意识与心理活动指向并集中于特定的对象，从而使意识内容清晰、明确，意识过程紧张有序，并使个体的行为活动受到意识的控制，而进入注意的具体过程则可能是无意识的。　　>> TIPS ⑤

如果把人脑比喻为电视机，那么意识就是它包含的节目内容，注意就是对电视节目进行选择的活动过程；如果把注意比喻为探明灯，那么意识就是被探照灯照亮的范围。注意决定了什么东西可以成为意识的内容，只有被注意到的对象，才能被人觉察而进入意识。

## 知识点 3　注意的分类 ★★★

### 1. 内源性注意和外源性注意

根据引起注意的线索来源，注意分为内源性注意和外源性注意。　　>> TIPS ⑥

例如，在实验中，被试被要求辨认出现在屏幕中央的图形时，他就会注视着屏幕中央，期待目标的出现，这是内源性注意；如果在屏幕的边缘突然呈现一个刺激，则该刺激会迅速自动地引发被试的注意，这是外源性注意。

（1）内源性注意（随意注意或有意注意）

①含义：由个体的行为目标或意图引起的注意，引起注意的线索来自内部；是一种主动的、积极的、费心神的注意。

②影响因素：内源性注意的持久性既受个体从事活动的性质等客观因素的影响，也受个体意志品质等主观因素的影响。

③知觉加工：与知觉的自上而下的加工相联系。

④如何诱发：提供一个线索来提示刺激即将出现的位置，以增强参与者的预期。

（2）外源性注意（不随意注意或无意注意）

①含义：由外部刺激或信息引起的注意，引起注意的线索来自外部；是一种被动的、不随意的、不费心神的注意。

②影响因素：

a. 刺激本身的特征：包括刺激强度、刺激间的对比关系、运动变化和新异性等。

b. 主观因素包括人的需要、兴趣、情绪状态和知识经验等。

③知觉加工：与知觉的自下而上的加工相联系。

④如何诱发：呈现新异刺激，或突然改变刺激的某些特征来吸引参与者的注意。

### 2. 选择性注意、持续性注意和分配性注意

根据注意在信息加工中的功能，注意分为选择性注意、集中性注意和分配性注意。

（1）选择性注意

①含义：选择性注意是指个体在同时呈现的两种或两种以上的刺激中选择一种进行注意，而忽略另外的刺激。

②实验方法：双耳分听实验。　　　　　　　　　》 TIPS ⑦

③选择性注意的抑制机制：对目标信息的选择过程，也包含了对非目标信息或干扰信息的抑制过程，这就是选择性注意的抑制机制。

a. 负启动现象反映了选择性注意的抑制机制的特点。负启动是指当探测刺激与先前被忽略的启动刺激相同或有关时，对探测刺激的反应变慢或准确度下降。

b. 对负启动效应的一般解释是：在对启动刺激进行加工时，注意在对目标字母进行选择和识别的同时，抑制了忽略字母的激活。当忽略字母成为探测刺激中的目标字母时有一个抑制解除的过程，因此使得反应时增加（反应变慢）了，如图 3-1 所示。

**TIPS ⑦**

双耳分听是一种研究注意加工的实验范式。在这种范式中，主试通过耳机向被试的两耳同时呈现不同的刺激，然后要求被试完成某些任务。在选择性注意的实验中，被试只需要注意呈现给一只耳朵的信息（该耳被称为追随耳），忽视呈现给另一只耳朵的信息（该耳被称为非追随耳）。在分配性注意实验中，被试需要同时注意呈现给两耳的信息。通过双耳分听实验，研究者可以考察影响选择性注意和分配性注意的因素，以及注意对信息的选择发生在信息加工的哪个阶段等问题。

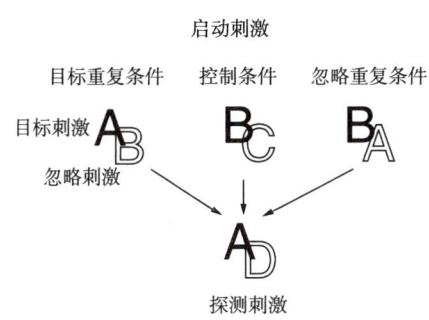

**图 3-1 研究负启动现象的一般程序**

（2）持续性注意

①含义：持续性注意是指注意在一定时间内保持在某个客体或活动上，也叫注意的稳定性。注意的持续性是衡量注意稳定性这一品质的重要指标。

②实验方法：警戒作业。这种作业要求被试在一段时间内持续地完成某项工作，并用工作绩效的变化做指标。

③注意动摇（注意起伏）：

a.注意动摇与注意转移的不同：前者是指注意在短暂时间内的起伏波动的现象，而后者是指将注意从一个活动有目的地转移到另一个活动的现象；前者的注意内容并没有离开当前的活动，而后者的注意内容已经变成了新的活动。

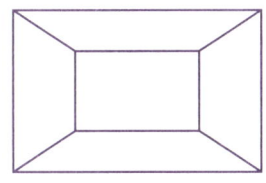

**图 3-2 注意的动摇** >> TIPS ⑧

b.注意动摇（每一次起伏）的时间平均为 8~12 秒。

c.注意动摇的两种解释：一种解释认为，注意的动摇是感觉器官的局部适应使对物体的感受性交替而短暂地下降的现象；另一种解释认为，机体的一系列机能活动都具有节律性，如呼吸的节律、神经元活动的节律性等，注意的动摇是由机体的这种节律性活动引起的。

（3）分配性注意

①含义：分配性注意是指个体在同一时间对两种或两种以上的刺激进行注意，或将注意分配到不同的活动中。

②实验方法：双作业操作，即让被试同时完成两种作业，观察他们完成作业的情况。

③实验仪器：用双手协调器来演示和测定。

**TIPS ⑧**

图形的注意起伏：当你注视图 3-2 时，可以明显地看见小的正方形时而凸起（位于大方形之前），时而凹下（大方形凸到前面）。注意动摇的时间平均为 8~12 秒。

④影响因素：

a.同时进行的几种活动的熟练程度或自动化程度。人们对活动比较熟悉，其中有的活动接近自动进行，那么注意的分配较好，相反，分配注意就比较困难。

b.同时进行的几种活动的性质。一般来说，把注意同时分配在几种动作技能上比较容易，而把注意同时分配在几种智力活动上就难得多了。

c.作业难度。作业难度增加后，每一种作业对注意的要求都将会更严格，注意的分配也都会更困难。

### 3.不随意注意、随意注意和随意后注意

根据注意过程中有无预定目的和意志努力的参与程度，注意分为不随意注意、随意注意和随意后注意。

（1）不随意注意/无意注意　　　　　　　　» TIPS ⑨

①含义

A.事先没有预定目的，也不需要意志努力，不由自主地对一定事物发生的注意。

B.往往由强烈的、新颖的和个人感兴趣的事物引起，是一种消极被动的注意。

C.是注意的初级形式，是人和动物共有的。

②引起不随意注意的原因/影响不随意注意的因素

A.刺激本身的特点：包括刺激物的强度、刺激物间的对比关系、新异性、刺激是否运动变化等。刺激强度大、对比强烈、运动变化和新异的刺激，都容易引起人的不随意注意。其中刺激物的新异性是引起不随意注意最重要的原因。　　　　　　　　» TIPS ⑩

B.人本身的状态：不随意注意与人本身的状态，如需要、兴趣、情绪情感、个人的期待、人格特征等有着密切的关系。

③意义

具有积极的和消极的两方面的作用。它既可帮助人们对新异事物进行定向，使人们获得对事物的清晰认识，也能使人们从当前正在进行的活动上被动地离开，干扰他们正在进行的活动。

（2）随意注意/有意注意

①含义

A.有预定目的，并需要一定意志努力的注意。　　» TIPS ⑪

B.是一种积极、主动的形式，是在无意注意的基础上发展起来的。

C.只有人才有随意注意；在种系发展上，随意注意出现得较晚。

②引起随意注意的主要原因/影响有意注意的因素

上课时，学生被突然飞进教室的小鸟吸引。

刺激物本身的特点中最重要的是它的新异性，会引起机体的反射活动。例如，一声巨雷、闪耀的霓虹灯、红花丛中一点绿。

复习时，遇到噪声的干扰，但仍能把自己的注意力维持在所学习的内容上，这时的注意就是有意注意。

A. 活动目的和任务：目的越明确、越具体，对完成目的、任务的意义理解越深刻，达到目的与完成任务的愿望越强烈，就越能引起和保持人的有意注意。

B. 兴趣：生动有趣的事物容易引起随意注意。对活动结果的间接兴趣能够维持人们稳定而集中的注意。

C. 活动的组织：在活动过程中，正确地组织自己的活动有利于有意注意的维持。

D. 人格特征：顽强、坚毅、坚持性强的人易于克服困难，维持有意注意；意志薄弱的人更容易受到无关刺激的干扰，使得注意离开当前需要注意的事物或活动。

E. 知识经验：随意注意受到过去知识经验的制约。一方面，人们对自己所熟悉的事物和活动，可以自动地进行加工和操作，无需特别集中的注意；另一方面，人们想要在活动中维持自己的注意，又和他们的知识经验有一定关系。

（3）随意后注意 / 有意后注意

①含义：有自觉目的但不需意志努力的注意。有意后注意是在有意注意的基础上发展起来的。

②特征：同时具有不随意注意和随意注意的某些特征。有意后注意不需要意志努力，这类似于无意注意。有意后注意与自觉的目的、任务联系在一起，这类似于有意注意。

③意义：随意后注意既服从于当前的活动目的与任务，又能节省意志的努力，因而对完成长期、持续的任务特别有利。培养有意后注意的关键在于发展对活动本身的直接兴趣。

### 知识点 4　注意的品质 ★★★

**1. 注意广度**

（1）注意广度的含义

注意广度又称注意范围，是指个体在一瞬间内能觉察或知觉到的对象数量。

（2）相关研究

①注意的广度可以采用速示器进行测定，一般人的注意广度为 $7\pm2$ 个单元（组块）。

②研究表明，成人一般能把握 8~9 个黑色圆点、4~6 个彼此不相关联的外文字母、3~4 个几何图形、3~4 个没有内在联系的单汉字、5~6 个具有内容联系的汉字。

（3）影响注意广度的因素

①知觉对象的特点：知觉对象越集中，排列越有规律，越能成

---

**TIPS 12**

例如，把从事的智力活动和外部的书写活动相结合可以更好地维持人的注意。

**TIPS 13**

刚刚开始学骑自行车，需要花费一定的时间、精力和意志努力。一旦学会以后，骑车就成为有意后注意的行为。

**TIPS 14**

"一目十行"体现的就是注意广度。

为相互联系的整体，注意广度就越大。

②注意者的知识经验：人的知识经验越丰富，知识结构越完整，注意广度就越大。　　》TIPS ⑮

③注意者的活动任务：活动任务多或复杂，需要耗费的认知资源多，注意广度就会变小；反之就会扩大。

④所采取的注意策略：注意对象的数量因采用的策略不同而有所差异。

### 2. 注意稳定性

（1）注意稳定性的含义

注意稳定性是指注意在同一对象或同一活动上所能持续的时间。注意稳定性是注意在时间上的品质，如果在一段时间内能保持高效率，就可以说注意稳定性很好。　　》TIPS ⑯

（2）影响注意稳定性的因素

①**对象本身的特点**：在注意任务相同的情况下，刺激物的复杂性和活动性会影响注意的稳定性。注意对象内容复杂多样，注意容易稳定；注意对象内容单调乏味，注意难以稳定。在一定范围内，注意的稳定性程度随注意对象复杂性的增加而提高。

②**活动的目的和任务**：活动的目的和任务越明确，越有利于注意的稳定。人对所从事活动的意义理解得越深刻，对活动的兴趣越浓厚，注意保持时间越长。

③**人的主观状态**：活动者的积极态度和对事物的兴趣是保持注意稳定性的重要条件。良好的身体状态对保持注意也很重要，意志坚强、善于自我管理的人有较好的注意稳定性。

（3）注意分散

①**注意分散的含义**：与注意稳定性相反的是注意分散，又称"分心"，是指注意离开当前应当完成的活动任务而被无关事物吸引，即注意没有保持在当前应该指向和集中的事物上。　　》TIPS ⑰

②**注意分散的原因**：一是无关刺激的干扰或单调刺激的长期作用；二是人的主观状态，如疲劳、疾病、担忧等。

### 3. 注意分配

（1）注意分配的含义

又称"时间共享"，是指人在同一时间内把注意分配到不同的对象上，即通常所说的"眼观六路、耳听八方"。　　》TIPS ⑱

（2）注意分配的影响因素

①**活动的熟练程度**：注意分配要求同时进行两种或两种以上的活动中，必须有一种活动达到相当熟练以至自动化或部分自动化的程度。

象棋大师和新手注意同一真实的棋盘并进行复盘，象棋大师复盘的成绩优于新手，说明知识经验能够帮助人建立注意对象之间的内在联系，从而提高注意广度。

例如，你应该看了1个小时的教材通，体现了注意的稳定性。

例如，学生上课时"左顾右盼"，乱写乱画，开小差。

例如，学生上课时可以边听讲边记笔记，歌手自弹自唱。

②同时进行的几种活动之间的关系：有内在联系的活动便于注意的分配。

#### 4. 注意转移

（1）注意转移的含义

个体根据一定目的，**主动**地把注意从一个对象转移到另一个对象上，或从一种活动转移另一种活动上去的过程。　>> TIPS ⑲

（2）影响注意转移的因素

①**原来活动吸引注意的强度**：转移前的活动对个体的吸引力大，注意的紧张度高，注意转移较困难；反之，注意转移就比较容易实现。

②**新事物的性质和意义**：新的注意对象的吸引力越强，越符合人的需要和兴趣，注意转移就越迅速而且容易；反之，就越困难和缓慢。

③**神经过程的灵活性**：依赖大脑皮质兴奋过程和抑制过程的交替速度，如交替速度较慢，其注意转移就较差。

**TIPS ⑲**

例如，你上完一节英语课后，自己积极主动地准备下一节专业课，就是注意转移。

### 知识点 5　注意的生理机制 ★

#### 1. 朝向反射

①朝向反射是由情境的新异性引起的一种复杂而又特殊的反射。它是**注意最初级的生理机制**，是人和动物共同具有的一种反射。

②朝向反射是由**新异刺激**引起的。刺激一旦失去新异性，或者说人习惯了这种刺激，朝向反射也就不会发生了。朝向反射又是一种较复杂的反射，包括身体的一系列变化，如动物把感官朝向刺激物，正在进行的活动受到压抑，四肢的血管收缩，头部血管舒张，心率变慢，出现深呼吸、瞳孔扩张等。

#### 2. 脑干网状结构

①注意的前提是个体处于**清醒状态**，人们保持清晰状态与**脑干网状结构相关**。

②脑干网状结构是指从脊髓上端到丘脑之间的一种弥散性的神经网络。

③网状结构不传递环境中的特定信息，但它对**维持大脑的一般性活动水平**、保证大脑有效地加工特定的信号具有重要意义。

#### 3. 边缘系统

①人选择一些信息，而放弃另一些信息，与脑的更高级的部分——边缘系统及大脑皮质的功能相联系。

②边缘系统包括眶额回、扣带回、下丘脑、海马、杏仁核等脑区。其中，**扣带回前部广泛地参与各种涉及注意**的认知活动，负责

监控行为或反应是否出现错误,以及是否存在冲突等。　　>> TIPS ⑳

### 4.大脑皮质

①注意的最高级部位是大脑皮质。大脑皮质不仅对皮质下组织起调节、控制的作用,还是主动地调节行动、对信息进行选择的重要器官。

②其中,前额叶在意识特别是在注意中发挥着重要作用。

>> TIPS ㉑

扣带回前部在 Stroop 任务中的活动明显增强。

前额叶严重损伤患者的注意调控能力低下,很难将注意力集中在事物上,容易受无关刺激的干扰。

## 知识点 6　注意的理论 ★★★

心理学家对注意的选择性和注意分配进行了大量研究,提出一系列的理论解释,这些理论涉及注意的实质,以及人脑对信息选择和分配发生在信息加工的某个阶段上。　　>> TIPS ㉒

### 1.注意选择的认知理论

(1)过滤器模型/瓶颈理论/单通道理论/早期选择理论

①提出者

布罗德本特。

②实验依据

双耳分听实验。

③理论观点　　>> TIPS ㉓

a.神经系统加工信息的容量有限,不可能对所有的感觉刺激同时进行加工。

b.注意的作用相当于一个信息过滤器,信息在通过各种感觉通道进入神经系统时,要先经过这个过滤器。

c.过滤器以"全或无"的方式来工作,即被选择的信息进入高级的知觉分析阶段,没有被选择的信息就全部被过滤掉了。

d.注意发生在信息加工的早期,过滤器位于语义分析(知觉)之前,对输入信息的通过或拒绝完全是由刺激的物理属性决定的。注意的过滤器模型如图3-3所示。

这节内容当中涉及的具体实验过程将在本套书《实验心理学》中进行详细的解释,这里就不再赘述,建议大家在学习此部分内容时,结合本套书中的《实验心理学》第五章一起学习。

过滤器模型认为,外界有大量的信息,但人的加工能力有限,因此有一个开关(过滤器),让一部分信息通过,一部分不通过,新异的、较强的刺激易于通过过滤器。

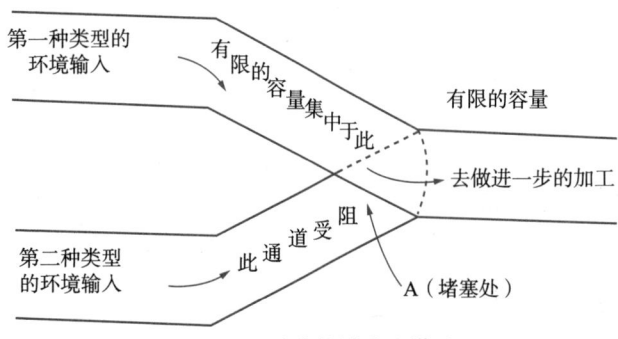

图 3-3　注意的过滤器模型

④局限性

过滤器模型无法解释人对有意义材料的信息加工和分配性注意

等现象。

（2）衰减器模型/中期选择模型

①提出者

特瑞斯曼。

②实验依据

双耳分听实验。

③理论观点

a. 神经系统加工信息的容量有限。

b. 当信息通过过滤器时，不被注意或非追随的信息只是在强度上减弱了，并没有完全消失；即过滤器并非按照"全"或"无"的方式来工作，没有被选择的信息只是在强度上减弱了，必要的情况下仍能得到进一步的加工。

c. 不同刺激的激活阈限是不同的。有些刺激对人有重要意义，如自己的名字、火警信号等。它们的激活阈限低，容易激活，因此，当它们出现在非追随的通道时，这些信息也可以进入高级的知觉分析阶段。如鸡尾酒会效应，即在嘈杂背景下突然听到自己的姓名时会即刻进行信息加工的现象。　　　　　　　　　 >> TIPS ㉔

d. 语义分析之前的外围过滤器，主要是根据物理特征来进行分析；语义分析之后的中枢过滤器是根据语义分析来进行过滤。注意的衰减器模型如图3-4所示。　　　　　　　　　 >> TIPS ㉕

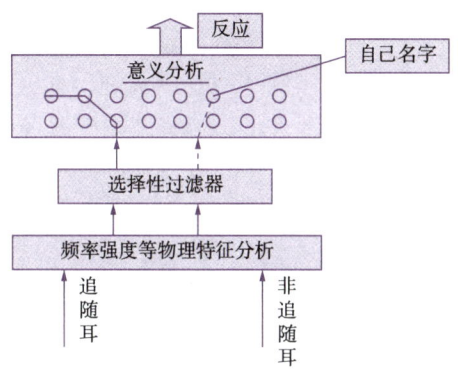

**图3-4　注意的衰减器模型**

④过滤器模型与衰减器模型的对比

A. 相同点

a. 都有相同的出发点，即主张人的信息加工系统的容量有限，因此，对外来的信息必须经过滤装置加以调节。

b. 过滤器的位置是相同的，都处于初级分析和高级的意义分析之间；都认为过滤器位于高级的知觉分析之前，作用是选择一部分信息进入高级的知觉分析阶段。

c. 过滤器的作用都是选择一部分信息进入高级的知觉分析水平，

TIPS ㉔

在鸡尾酒会上，由于你的名字的激活阈限较低，因此即使你没有注意某些人的谈话内容，但在他们提到你的名字时，你也仍然可以觉察到。

TIPS ㉕

从图3-4中可以看到，追随耳和非追随耳的信号都先通过初级的物理特征分析，都通过过滤器，只是非追随耳的信号在经过过滤器时发生衰减（以虚线表示），追随耳的信号未受到衰减（以实线表示），那么受到衰减的非追随耳的信号又是如何得到高级的分析而别识别的呢？特瑞斯曼将阈限的概念引入高级分析水平，认为已经储存的信息如字词（在图中以圆圈表示）在高级分析水平（意义分析）有不同的阈限。追随耳的信号通过过滤器时，保持原来的强度，可以顺利激活有关的字词，从而得到识别；非追随耳的信号由于发生衰减而强度减弱，常常不能激活相应的字词，因而不能识别。但是个人对特别有意义的信息，如自己的名字的阈限较低，可受到激活而被识别。从图3-4中可以看到，追随耳的信号可以激活较多的项目（3个圆），非追随耳的信号可以激活自己的名字（1个圆）。

使之得到识别,注意选择都是知觉性质的,因此,认知心理学多倾向于将这两个模型合并,称之为注意的知觉选择模型。

B. 不同点

a. 过滤器模型把注意的选择视为对刺激信息物理特征的分析,处于语义分析之前,因此被称为外围过滤器;衰减器模型认为注意的输入既存在对刺激信息物理特征的加工处理,也存在对刺激信息高级分析水平的意义(语义)加工处理,因此被称为中枢过滤器,即根据语义特征选择信息。

b. 过滤器理论认为神经系统的过滤作用表现为"全或无"的性质,通过的信息完全通过,没有通过的信息就完全丧失了;衰减器理论主张当信息通过过滤装置时,不被注意或非追随的信息只是在强度上减弱了,而不是完全消失,这就将单通道模型改为了双通道模型或多通道模型,显得比过滤器模型更有弹性。

(3)反应选择模型/后期选择理论

①提出者

多伊奇、诺曼。

②理论观点　　　　　　　　　　　　　　>> TIPS ㉖

a. 在知觉阶段,不管是追随耳还是非追随耳的信息都得到了充分的加工,只是在后期需要做出反应的阶段,如报告追随耳信息,只有追随耳的信息被选择进行输出。

b. 信息选择的位置并非发生在知觉分析阶段之前,而是发生在知觉分析之后做出反应的阶段。注意的反应选择模型如图3-5所示。

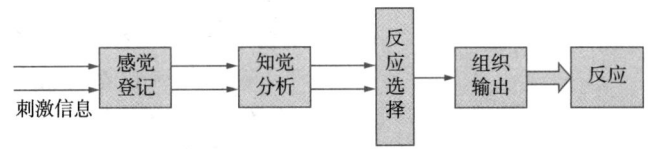

图3-5　注意的反应选择模型

③评价

a. 能很好地解释注意分配现象,因为输入的所有信息都得到了加工。

>> TIPS ㉗

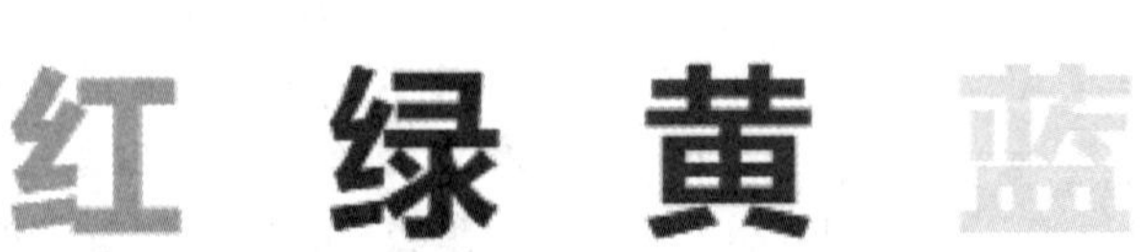

反应选择模型认为,所有信息都能进入知觉分析水平,但输出是按照重要性来排列的。由于实验采用了追随程序,使追随耳的信息显得比非追随耳的信息更为重要,因而能引起反应,即能被回忆并说出来,非追随耳的信息则不能。但其中的重要的刺激,如被试的名字,是可以引起反应的,因此,反应选择模型认为,注意不在于选择知觉刺激,而在于选择对刺激的反应。

该模型可解释Stroop效应(见图3-6),即斯特鲁普效应,指字义对报告字体颜色的干扰效应。Stroop利用的刺激材料在颜色和意义上相矛盾,如用绿颜色写"红"这个字,要求被试说出字的颜色,而不是念字的读音,即回答"绿"。结果发现,说字的颜色时会受到字义的干扰。说明字义和字的颜色都得到了加工,被试需要选择对字义做出反应还是对字的颜色做出反应。

红　绿　黄　蓝

图3-6　Stroop效应

b. 能很好地解释特别有意义的信息为什么易引起人的注意,因为储存在长时记忆中的这些项目的激活阈值是很低的。

c. 但是这个模型看起来是不经济的,因为它假设所有的输入信息都被中枢加工，这就不能很好地解释早期选择现象。

④知觉选择模型与反应选择模型的对比

a. 知觉选择模型认为过滤器位于觉察和识别之间（图 3-7 中标明的虚线），认为不是所有的输入都能进入高级分析而被识别，因而称为早期选择模型；而反应选择模型则认为，过滤器位于识别与反应之间，认为凡是进入输入通道的信息都可加以识别，但只有一部分信息才可引起反应，因而称为晚期选择模型。

b. 主张知觉选择模型的研究者一般都运用附加追随耳程序的双耳分听的方法，将注意引向一个通道，再来分析和比较两个通道的作业情况，他们所研究的是集中性注意；而支持反应选择模型的研究者一般都运用不附加追随耳程序的双耳分听的方法，使注意分配到双耳，他们所研究的是分配性注意。注意的知觉选择模型与反应选择模型对比如图 3-7 所示。

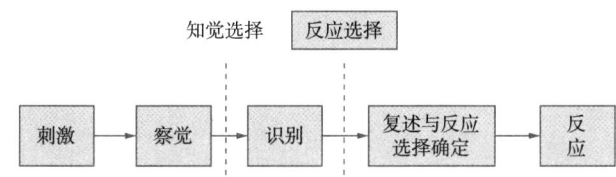

**图 3-7 注意的知觉选择模型与反应选择模型对比图**

（4）多阶段选择理论

①提出者

约翰斯顿。

②理论内容

信息选择既可以发生在早期知觉阶段，也可能发生在晚期反应阶段，这是由当前的任务需求和信息处理者的主动控制决定的。

换句话说，信息处理者可以主动地控制在早期还是晚期进行信息选择，以更好地满足当前任务或情境的需要。

**2. 注意分配的认知理论**

（1）认知资源理论 / 资源限制模型 / 中枢能量分配模型

①提出者

卡尼曼。

②理论观点

A. 把注意看成对刺激进行归类和识别的认知资源或中枢能量，不同的认知任务或认知活动对认知资源或中枢能量的需求是不同的，刺激越复杂或加工任务越复杂，占用的认知资源就越多。而认知资源在总体上有一定的限度，当认知资源完全被占用时，新的刺激将得不到加工。

B. 卡尼曼提出了中枢能量分配模型。在这个模型中，可用的认知资源的总量受到个体唤醒水平的调节。中枢能量分配模型如图3-8所示。
>> TIPS ㉘

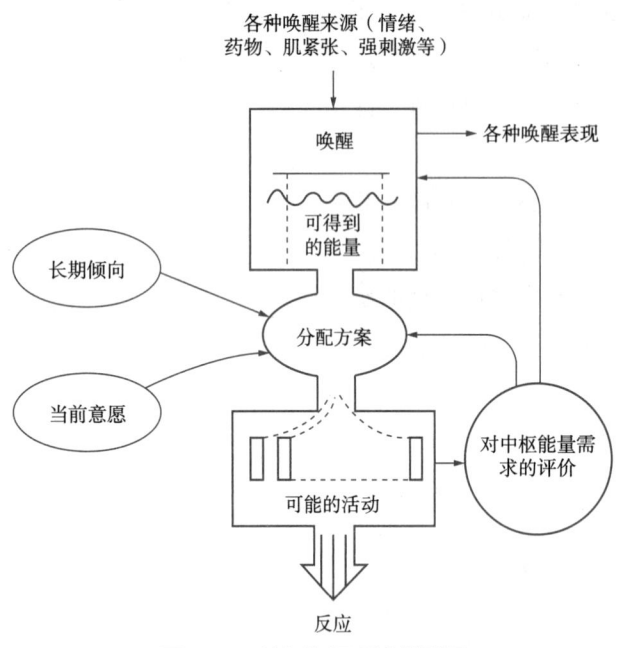

**图 3-8　认知资源理论模型图**

C. 影响个体唤醒水平的因素有很多，包括当前的刺激、情境和个体的动机等。注意的功能是通过一定的分配策略把可用的认知资源分配到不同的任务或活动中。

D. 影响或决定分配策略的因素包括四个方面：可用的中枢能量；对中枢能量需求的评估；个人的长期倾向，即个体自身的特质或倾向，包括个性特点、兴趣爱好等；当前的意愿。

E. 认知资源的分配受到个体的控制，可以优先被分配到重要的刺激或任务中。

F. 遵循资源分配的观点，诺曼和博布罗进一步区分了两类过程：

a. "材料限制过程"：指作业受到任务的低劣质量或不适宜的记忆信息的限制，因而即使分配到较多的资源也不能改善作业水平。

b. "资源限制过程"：指作业受到所分配的资源的限制，一旦得到较多的资源，这种过程便能顺利地进行。两个作业水平之间受互补原则决定，即一个作业使用的资源增加多少，就会使另一个作业可得的资源相应减少多少。

③评价

a. 认知资源理论可以较好地解释同时进行两个作业所产生的各种复杂情况。

b. 认知资源理论是不能被证伪的，按照资源分配理论，如果两

---

**TIPS ㉘**

例如，老司机可以一边开车一边和旁边的人聊天，这是因为开车对老司机而言并不会占用很多认知资源，因此可以把多余的认知资源分配到聊天上；但是当交通拥挤时，刺激信息需要的认知资源比较多，这时候他就需要调整自己的认知资源分配方案，使注意更加适合当前的任务需要，因此只能停下聊天，小心翼翼地开车。

个任务无法在任务作业水平不下降的情况下被同时执行，那么他们需要同一个资源；但如果没有觉察到任务作业水平下降，那么他们不需要同一个有限资源，似乎所有注意机制都是资源分配机制，没有哪种数据不能用这个理论解释。因此，认知资源理论未达到可证伪标准，可证伪是科学理论必备的条件。

（2）双加工理论

① 提出者

谢夫林。

② 理论内容

a. 人类的认知加工分为自动化加工和受意识控制的加工。

b. 自动化加工不受认知资源的限制，不需要注意，是自动进行的。这些加工过程由适当的刺激引发，发生比较快，也不影响其他的加工过程；在习得或形成之后，其加工过程比较难改变。

c. 受意识控制的加工受认知资源的限制，需要注意的参与，可以随环境的变化而不断进行调整。

d. 受意识控制的加工在大量的练习后，有可能转变为自动化加工。

**TIPS 29**

例如，刚刚学习开车时，我们需要高度集中注意力，集中心思来协调不同的动作（换挡、鸣笛），而且几乎无法去思索其他事情，这时候就是意识控制的加工。但是经过多次练习以后，开车的动作变成自动化，我们可以一边与人继续聊天或欣赏风景一边开车，这时候开车就是自动化的加工过程。按照这种理论，能否将注意进行分配主要取决于所从事的两种或多种活动的自动化程度。

### 本节小结

注意是指心理活动指向和聚焦于特定的对象或事物，同时忽略其他事物的心理现象；注意具有指向性和集中性的特点；注意是一种内部心理活动，可以通过人的外部行为表现出来；注意有选择、维持、调控和监督功能；注意有不同的分类，包括内源性注意、外源性注意和选择性注意、持续性注意、分配性注意以及不随意注意、随意注意和随意后注意；注意的品质包括注意广度、注意稳定性、注意分配、注意转移；注意的生理机制包括朝向反射、脑干网状结构、边缘系统和大脑皮质。注意的理论分为注意选择的认知理论，包括过滤器模型、衰减器模型、反应选择模型和多阶段理论；注意分配的认知理论，包括认知资源理论和双加工理论。

## 第三节 睡眠与梦

### 知识点 1 睡眠 ★★★

**1. 睡眠的含义**

睡眠是一种与觉醒对立的意识状态，具有普遍性和必需性。

**2. 睡眠时的脑电活动**

人类在睡眠中，脑电波会呈现周期性的变化，并且不同频率和振幅的脑电波可以反映个体的睡眠深度，如表3-1和图3-9所示。

表 3-1　不同状态的脑电波

| 状态 | 脑电波形态 | 频率/Hz | 特点 |
|---|---|---|---|
| 清醒和警觉 | β 波 | 14~30 | 频率高，波幅小 |
| 安静和休息 | α 波 | 8~13 | 频率低，波幅稍大 |
| 浅度睡眠 | θ 波 | 4~7 | 频率低，波幅稍大 |
| 深度睡眠 | δ 波 | 小于 4 | 频率更低，波幅更大 |

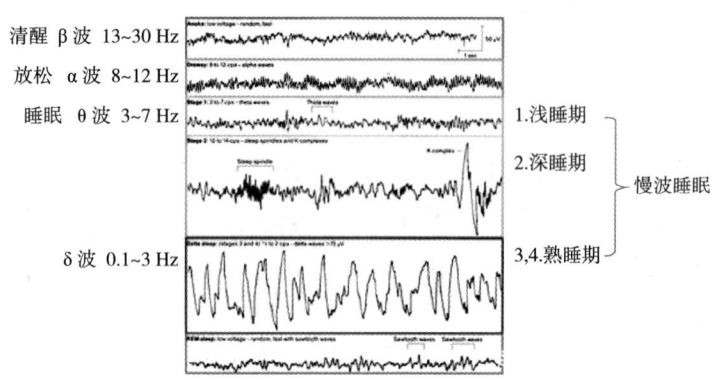

图 3-9　不同睡眠阶段的脑电波

### 3. 睡眠的阶段

结合脑电波的形态，人的睡眠过程可以分为五个阶段，其中前四个阶段为非快速眼动睡眠（NREM），最后一个阶段为快速眼动睡眠阶段（REM）。　　>> TIPS ①

（1）第一阶段

①脑电变化：脑电成分主要为混合的、频率和波幅都较低的脑电波（**α 波**）。

②持续时间：约 10 分钟。

③特点：个体处于**浅睡状态**（轻度睡眠），身体放松，呼吸变慢，但很容易被外部的刺激惊醒。

（2）第二阶段

①脑电变化：偶尔会出现一种短暂爆发的，频率高、波幅大的纺锤形脑电波，称为睡眠锭。

②持续时间：约 20 分钟。

③特点：在这一阶段，个体较难被唤醒。

（3）第三阶段

①脑电变化：脑电的频率会继续降低，波幅变大，出现 δ 波，有时也会有睡眠锭。

②持续时间：约 40 分钟。

③特点：个体不易被唤醒，身体更放松。

（4）第四阶段

①脑电变化：大多数脑电波开始变为 δ 波，表明已进入深度睡

**TIPS 1**

非快速眼动睡眠阶段要经过约 90 分钟，之后睡眠由深入浅，再次进入第三阶段和第二阶段，然后进入快速眼动睡眠阶段。非快速眼动和快速眼动的区别，就是人在睡眠时眼睛是否快速地转动。

眠阶段。

②持续时间：约 20 分钟。

③特点：个体的肌肉进一步放松，身体功能的各项指标变慢，有时发生梦呓、梦游、尿床等。

第三、第四阶段的睡眠通常被称为慢波睡眠；当黎明临近时，第三阶段与第四阶段的睡眠会逐渐消失。

深度睡眠（第四阶段睡眠）的时间在前半夜远多于后半夜。

前四个阶段的睡眠大约需要 90 分钟，之后睡眠由深入浅，再次进入第三阶段和第二阶段；这时睡眠者通常会有翻身的动作，并很容易惊醒。接着会进入快速眼动睡眠阶段。

（5）第五阶段：快速眼动睡眠阶段　　>> TIPS ❷

①脑电变化：δ 波迅速消失，高频率、低波幅的脑电波出现，与个体清醒状态时的脑电活动（β 波）很相似。

②持续时间：第一次快速眼动睡眠一般持续 5~10 分钟，在大约 90 分钟后，会有第二次快速眼动睡眠，持续时间通常长于第一次。

③特点：睡眠者的眼球开始快速做左右、上下运动，而且通常伴随着栩栩如生的梦境。睡眠者在这个时候醒来通常会报告在做梦。心律和血压变得不规则，呼吸变得急促，而肌肉则依然松弛。

在每次睡眠中，随着时间的推移，快速眼动睡眠所占比率越来越大。在人的一生中，婴儿时期的快速眼动睡眠时间非常长，随着年龄的增长，快速眼动睡眠时间越来越少。在整个睡眠过程中，快速眼动睡眠和非快速眼动睡眠大约交替循环 3~5 次。睡眠周期如图 3-10 所示。

## TIPS ❷

梦呓是指说梦话；梦游是指在睡眠中下床行走再回床继续睡觉，但自己醒来后并不知道的现象。梦呓和梦游主要发生在睡眠的第四阶段，即深度睡眠阶段，属于非快速眼动睡眠阶段；梦境主要出现在快速眼动睡眠阶段。有研究发现，剥夺被试的快速眼动睡眠，让被试重新入睡后，快速眼动睡眠的时间通常会增加。

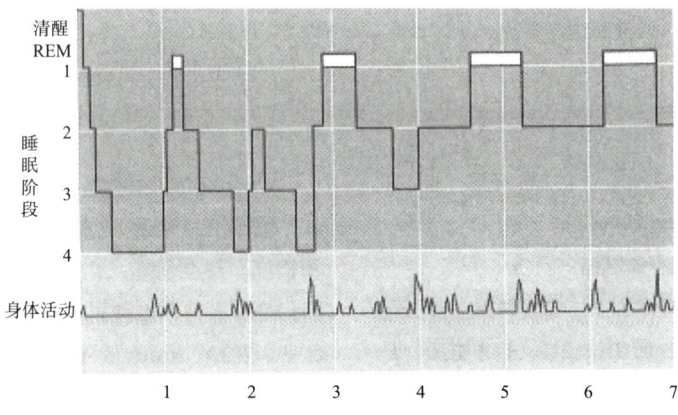

图 3-10　睡眠周期

**4. 睡眠的功能**

（1）功能恢复

①睡眠使工作了一天的大脑和身体得到休息与恢复。

②从神经元层面来说，清醒期间的细胞新陈代谢会消耗大量能量，产生一些对神经元有害的代谢物质。在睡眠期间，神经元可以修复自己，清除有害的代谢产物，同时修剪或削弱未使用的神经纤维。

（2）自我保护

睡眠是在长期的生存斗争中形成的一种适应机制，能够使个体减少能量消耗和避免受到伤害。随着生物的进化，睡眠演变为生理功能周期性变化的一个中性环节，是正常脑功能变化的一部分。

>> TIPS ③

TIPS ③

黑夜降临后，我们的祖先知道在此时外出打猎或采集食物可能比较危险，免受伤害的最好办法就是在山洞里睡觉。

（3）促进身体发育

在深度睡眠期间，脑垂体腺细胞开始活跃并释放一种生长激素，这种激素对身体发育非常重要。因此，婴幼儿和青少年需要有充足的、高质量的睡眠来保证其成长和正常发育。

（4）巩固和重建记忆

睡眠可以帮助人们巩固学习的知识和技能。睡眠期间，神经的记忆痕迹得以加强和巩固，睡眠能够帮助人们更好地记忆最近学习的材料，睡得越好，记住得越多。

（5）激发灵感和创造性思维

很多科学家、文学家或艺术家能从睡梦中得到启发，人们在工作中遇到问题后，睡一觉后比一直保持清醒更有可能提出创造性的解决方案，因此，睡眠有助于激发灵感和创造性思维。

（6）其他功能

睡眠有助于维护机体的免疫功能、改善心情等，这些不同的观点都得到了相应实验证据的支持。

## 知识点 2  梦 ★★

### 1. 梦的含义

①梦是睡眠中最生动、有趣又有些不可思议的环节，梦中常出现跳跃性的、栩栩如生的场景。

②研究者常借助夜晚帽来对做梦进行研究。夜晚帽是一种"帽形"仪器，由一些传感换能器和一个微处理器构成，另外还包括一个安装在小盒子中的记忆器，能够记录个体在梦中的脑电变化及眼动情况。

③霍布森等描述了奇异梦境的特征：如不协调性、不连续性（主要特征）和认知不确定性等。

### 2. 梦的功能

（1）精神分析的观点

①梦是潜意识中被压抑的冲动或愿望的显现，这些冲动和愿望主要是人的性本能与攻击本能的反映。

②在清醒状态下，不被社会伦理道德允许的冲动和愿望受到压抑和控制，无法出现在意识中。而在睡眠中，意识的警惕性有所下降，不被社会允许的冲动和愿望会在梦中以改头换面的形式表达出来。

③弗洛伊德认为通过分析精神病患者的梦，可以得到一些重要线索，以帮助发现患者的问题。　　>> TIPS ④

（2）生理学观点

①霍布森认为，梦是个体对脑的随机神经活动的主观解释。

②一定数量的刺激对维持脑与神经系统的正常功能是必要的；在睡眠时，由于刺激减少，神经系统会产生一些随机活动。梦是人们的认知系统试图对这些随机活动进行解释并赋予一定的意义，因此也被称为激活-整合假设。

③梦的产生与个体以往的记忆和经历有关，人们可以从梦的内容中了解个人情绪、情感和关注的事件等信息。　　>> TIPS ⑤

（3）认知观点

①有研究者认为，梦担负着一定的认知功能。

②在睡眠中，认知系统依然对储存的知识进行检索、排序、整合、巩固等，这些活动的一部分会进入意识，成为梦境。

③福克斯认为，梦的功能将个体的知觉和行为经验重新编码与整合，使之转化为符号化的、可意识到的知识，这种整合可以将新旧记忆联系起来。　　>> TIPS ⑥

### 知识点 3　失眠 ★

**1. 失眠**

（1）含义

失眠是指入睡困难、睡眠不好的现象。

（2）影响因素

①年龄：失眠随着年龄的增长有次数增加的趋势。

②性别：通常在女性中更为常见。

③压力因素：导致大学生失眠的主要因素是压力因素，尤其是学习压力和就业压力。

（3）应对失眠的方法

听音乐、看书或看电影、调整作息等。

**2. 失眠症**

（1）含义

入睡困难的问题显得很有规律，并对正常生活有不良影响。

（2）特点

①一般来说，失眠症患者需要更长的时间才能入睡，或夜间经

弗洛伊德认为梦有显梦和隐梦，显梦是梦到的内容类似谜面，隐梦是无意识的愿望和想法类似谜底。通过对梦的分析，人们能够揭示无意识的内容或者被压抑的愿望和冲动。

这种观点认为，当人熟睡时，大脑会产生毫无意义的神经冲动，人的大脑综合这些冲动，赋予其以一定的意义，当我们醒来记起了这些认知活动，就称自己做了一个梦，并试图挖掘其含义。

认知的观点认为个体梦到的内容与其在现实生活中所考虑和经历的事情有关。例如，心理学考研的某位学生经常梦见自己在参加考试攻克难题，认知的观点能够解释这种"日有所思，夜有所梦"的现象；一些问题受梦的启发而得到解决，也说明梦具有一定的认知功能。

常醒来，每天的睡眠都没有规律。

②与正常人相比，失眠症患者在睡眠时的脑电记录更容易不正常，常出现 α 波，这是个体处于安静状态时的脑电波。

### 3. 失眠的原因及对策

（1）原因

生活中的压力是暂时性失眠的常见的原因。

（2）对策

①关键是正确分析和确认导致失眠的原因。如果能针对失眠原因采取有效措施，失眠症状通常就会消失。

②治疗失眠的常见方法包括药物治疗和非药物治疗。

非药物治疗中常见的是认知行为疗法，即通过改变失眠者的一些错误认识、观念及非理性信念，以及不恰当的行为习惯，建立起正确的观念和恰当的行为习惯，从而达到改善睡眠的目的。

**本节小结**

睡眠是一种与觉醒对立的意识状态，在睡眠中，脑电波会呈现周期性的变化，睡眠阶段可以分为非快速眼动睡眠阶段和快速眼动睡眠阶段，其中非快速眼动睡眠又可以分为四个阶段；研究者对睡眠功能存在不同的解释：功能恢复、自我保护、促进身体发育、巩固和重建记忆、激发灵感和创造性思维等。梦是睡眠中最生动、有趣又有些不可思议的环节，精神分析的观点、生理学观点和认知观点都对梦进行了解释。失眠是指入睡困难、睡眠不好的现象。

## 第四节　意识的其他状态

### 知识点 1　催眠 ★★

#### 1. 催眠的含义

①催眠是指催眠师向被催眠者进行引导或提供暗示，使被催眠者进入一种特殊的意识状态。

②在催眠状态下，个体的意识仍然是清醒的，个体的思维、言语和活动是在催眠师的指示或指引下进行的。

③催眠状态不同于睡眠状态，被催眠者的脑电特征与其在清醒状态时是一样的。

#### 2. 催眠状态下的心理特征

①主动性减低：不主动表现任何活动，遵循催眠师的指示。

②注意狭窄化：只关注催眠师的指示，而对周围环境的刺激信息视而不见、听而不闻。

③旧的记忆还原：能回忆起清醒时不能回忆的某些事情。

④出现错觉与幻觉：错觉和幻觉更多。

⑤暗示接受性增高：受暗示性提高。

⑥角色扮演：表现出与角色相符的复杂行为，但不会被差遣去做违反道德法律的事情。

⑦催眠中经验失忆：清醒后忘却催眠状态中经历的一切。

### 3. 催眠感受性

①催眠感受性即人的受暗示性，包含两个因素：一是对催眠的态度以及对催眠师的信任程度；二是个体的身心条件和人格特征。

②每个人接受暗示性（可催眠性）的个体差异很大，并非所有人都能进入催眠状态；人群中有 10%~20% 的人很容易接受催眠。

### 4. 容易接受催眠的人的特征

①经常做情节生动的白日梦。

②想象力丰富。

③容易沉浸于眼前或想象中的场景。

④注意力容易集中或做事专注。

⑤对催眠的功能深信不疑。

### 5. 催眠的功能

①减轻疼痛，如牙科治疗或分娩时的疼痛；

②在治疗成瘾方面有一定的效果；

③提高和恢复记忆，不过这方面的争议比较多，恢复的记忆不一定是真实的；

④强健体能和减少焦虑等。

### 6. 催眠的应用

现在催眠已被广泛应用于心理治疗、医学、犯罪侦破和运动等方面。在心理治疗方面，催眠被用于治疗酗酒、梦游症等。但是除非患者的动机很强，催眠一般不会立即获得明显的效果。

### 7. 关于催眠的解释

（1）特殊状态理论

①该理论认为，催眠状态是一种特殊的意识状态。个体经过催眠师的诱导或自我诱导进入这种特殊状态就变得更容易接受暗示。

②比较有代表性的是希尔加德提出的意识分离理论：他认为在催眠状态下，人的意识功能会分离为两个层面：

a. 第一个层面的意识是在催眠师的暗示下产生的，有可能是扭曲的或不完整的，个体在这个层面会自愿执行催眠师的指令或建议。

b. 第二个层面的意识隐藏在第一个层面之后，如同一个隐藏的观察者，能够知道真实发生的事情。　　　　　　　>> TIPS ①

③希尔加德认为，意识分离并非只有催眠才能诱发，在我们生

TIPS ①

这种理论认为，催眠是一种意识状态的分离，即心理的一部分独立于其意识而独立地工作，把催眠看作改变了的意识状态。例如，人们在开车时会对交通信号和其他车辆做出反应，但过后想不出自己是怎样做出反应的，这时候，意识是被分开的，一部分用来开车，另一部分用来想其他事情。因此，希尔加德认为，催眠是意识的一种可以解释的变化，并在日常经历中可以看到这种变化。

活中也经常出现。

（2）非特殊状态理论

①该理论反对把催眠看成一种特殊的意识状态，而认为催眠是一种正常的基本心理过程，如态度、期望、动机以及社会互动等多种因素综合作用的结果。

②比较有代表性的是**角色扮演理论**。

a. 角色扮演理论认为，催眠的功能只是反映了催眠师和被催眠者之间所扮演的社会角色关系。

b. 被催眠者扮演了一种特殊的社会角色——被催眠的人，这个角色意味着他将无条件地接受催眠师的指挥。由于角色的需要，被催眠者在进入催眠状态后，倾向于顺从催眠师的指示，做出特定的行为或产生特定的感受。

c. 需要指出的是，并不是说被催眠者在故意欺骗别人，他们的确相信自己在经历另外一种意识状态，在这种状态下，顺从催眠师的指示是最合理和恰当的选择。　　　　　　　　　　》TIPS ②

### 知识点 2  冥想 ★

**1. 冥想的含义**

冥想是一类自我调节方法或心理训练形式的总称，旨在通过身心调节和意识觉知训练来提升个体的自我觉察能力与对心理过程的控制能力，进而提升整体的心理幸福感，培养出平和、专注等心理特征。

**2. 练习冥想的方法**

（1）专注式冥想

专注式冥想是指将注意集中在特定的对象上，如呼吸或身体的某一部位（如丹田、鼻尖等），并保持持续的专注。

（2）开放监控式冥想

a. 开放监控式冥想强调对正在发生的心理体验进行不评判、不卷入的监控，如正念等。

b. 正念的特点是个体全身心地关注自己当下的体验，并对体验持一种非评判性的接受态度。所谓非评判性，是指不评判此时此刻的体验的好坏，而将所有的当下体验（如思维、情绪、感觉等）当作"是什么"来接受。

c. 正念的概念及思想最初源自佛教。1979 年，乔·卡巴金博士将正念训练应用于医学临床治疗，发展出一种正念减压疗法。

**3. 练习冥想的作用**

大量的证据显示，练习冥想可以有效地促进个体的健康。

（1）生理方面

冥想能够缓解慢性疼痛、提升免疫力、缓解患者的临床症状等。

**TIPS ②**

这种理论认为，被催眠者愿意与催眠师配合，被催眠者期待催眠成为有助于塑造他们行为的力量，这种动机和期望导致了催眠的发生，因此，受催眠影响的行为是一种由较高的动机和目标驱动的社会行为，而不是一种特殊的意识状态。

（2）心理方面

冥想可以降低抑郁症的复发率、缓解抑郁和焦虑情绪、缓解上瘾行为等；还可以提升人们的幸福感和活力。

（3）研究发现，个体正念经验的水平越高，额部θ波和枕部γ波的波幅越大。正念训练中θ波和γ波的变化可能与正念能够促进个体的注意、记忆、学习的作用有关。

①θ波是频率为4~8赫兹的脑电波，通常出现在人深度放松、浅睡眠、沉思和潜意识状态时。此时个体易受暗示，创造力、灵感突发，学习、记忆效率提高。

②γ波频率在35赫兹以上，与记忆、整体思考等有关。

### 知识点 3 精神活性物质引发的意识状态 ★

#### 1. 精神活性物质的含义

精神活性物质是指那些通过影响大脑而改变个体心境和意识状态的化学物质。精神活性药物通常通过影响神经递质来发挥作用。

#### 2. 种类

①抑制剂：主要起镇静作用，能够使神经活动减弱，减缓个体的身体和心理活动。常见的抑制剂有巴比妥类药物、苯二氮䓬类安定药物、酒精等。长期服用或滥用则可能产生耐受性和依赖性。

②兴奋剂：作用与抑制剂相反，它能够加速中枢神经系统的活动，使身心活动水平提高。常见的兴奋剂有咖啡因、尼古丁、可卡因等。

③致幻剂：能够改变个体对外部世界的感知，使思维和意识状态发生紊乱，产生幻觉，包括幻视、幻听、幻嗅和幻味等，神经症状表现为听到动人心弦的音乐声，看见稀奇怪异的颜色，闻到自己喜欢的气味等。

#### 3. 长期服用或滥用精神活性药物的危害和影响

长期服用或滥用精神活性药物会产生对药物的耐受性和依赖性，并损害个体的生理和心理功能。

**本节小结**

催眠是指催眠师向被催眠者进行引导或提供暗示，使被催眠者进入一种特殊的意识状态，但并非所有人都能进入催眠状态，容易被催眠的人具有一些典型的特征。研究者对催眠存在不同的解释，特殊状态理论认为，催眠反映的是一种特殊的意识状态；非特殊状态理论认为，催眠状态并不特殊，与生活中的其他意识状态没有本质的差异。冥想是一类自我调节方法或心理训练形式的总称，分为专注式冥想和开放监控式冥想。精神活性物质可以通过影响大脑而改变个体心境和意识状态，它们通过影响神经递质来发挥作用，精神活性物质包括抑制剂、兴奋剂和致幻剂三大类。

## 名词总结

| | | | |
|---|---|---|---|
| 意识 | 剧院模型 | 整合信息理论 | 焦点意识 |
| 边缘意识 | 前意识 | 潜意识 | 非意识 |
| 阈下知觉 | 盲视 | 非注意视盲 | 注意 |
| 内源性注意 | 外源性注意 | 选择性注意 | 持续性注意 |
| 分配性注意 | 无意注意 | 有意注意 | 有意后注意 |
| 注意广度 | 注意稳定性 | 注意动摇 | 注意分散 |
| 注意分配 | 注意转移 | 过滤器模型 | 衰减器模型 |
| 反应选择模型 | 多阶段理论 | 认知资源理论 | 双加工理论 |
| 睡眠阶段 | 梦的功能 | 催眠 | 催眠感受性 |
| 特殊状态理论 | 非特殊状态理论 | 冥想 | |

# 第四章 感 觉

## 知识导读

人对各种事物的认识活动是从感觉开始的。本章内容首先介绍了什么是感觉，感觉有哪些不同的种类，人的神经系统如何进行感觉编码，感觉如何测量，以及感觉的一些基本现象；然后介绍人类非常重要的两种感觉：视觉和听觉；最后介绍了其他的一些感觉，如化学感觉和躯体感觉。

在心理学考研中，本章第一节主要以单选题、名词解释的形式进行考查，同学们要注意区分感觉阈限和感受性，理解三大定律的内容；第二节的内容是本章的高频考点，单选题、多选题、名词解释以及简答题都有涉及，同学们要全盘掌握；第三节主要以单选题或简答题的形式进行考查，同学们要重点掌握听觉理论；第四节其他感觉相对来说考查频率较低，同学们注意区分各种感觉的感受器。

## 知识地图

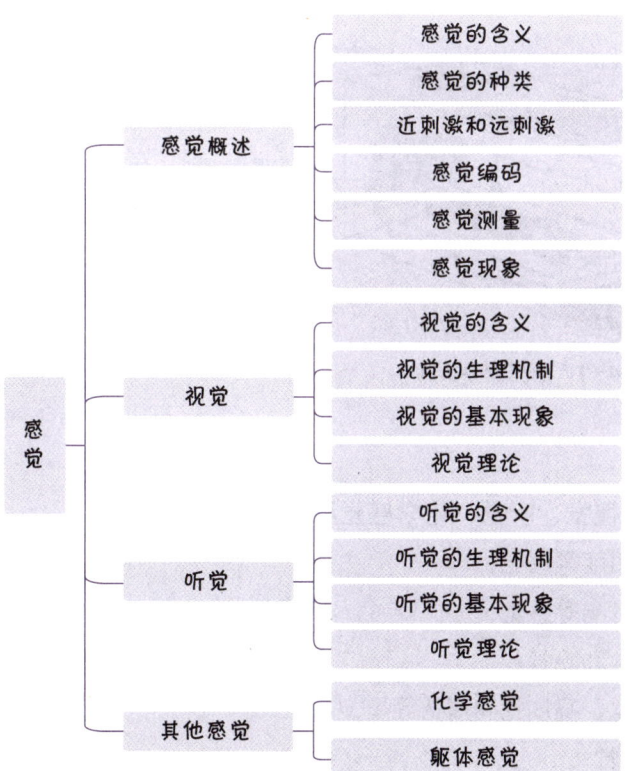

## 第一节 感觉概述

### 知识点 1 感觉的含义 ★★

**1. 感觉的含义**

人的感觉器官将不同的物理能量转化为神经冲动,在头脑中形成外部世界的特性和属性的主观映像,这就是感觉。 » TIPS ①

**2. 研究感觉的意义**

(1) 研究感觉具有理论意义

感觉是一切较高级、较复杂的认识活动的基础,也是人的全部心理现象的基础,因此,研究感觉对理解知识的起源具有重要意义。

(2) 研究感觉具有重要的应用价值

①感觉是人脑获取信息的唯一途径;通过感觉,人能认识外界物体的颜色、明度、气味、软硬等,从而了解事物的各种属性。

②感觉提供了生存和安全的信息。如通过路口时,视觉信息使人们能够避免交通事故的发生。 » TIPS ②

③人们可通过感觉能认识机体的各种状态,如饥饿、寒冷等,因而能实现自我调节。

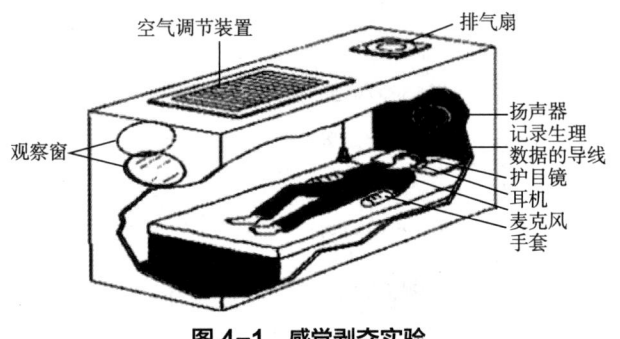

**图 4-1 感觉剥夺实验**

### 知识点 2 感觉的种类 ★

**1. 人的感觉系统包括视觉、听觉、化学感觉和躯体感觉**

①视觉可分为颜色、明度等感觉;

②听觉可分为音高和音响等感觉;

③化学感觉可分为味觉和嗅觉;

④躯体感觉可分为触觉、温度觉和痛觉等。

**2. 内部感觉和外部感觉**

①有些感觉接收外部世界的刺激,因而叫外部感觉;

---

**TIPS 1**

光作用于眼睛,可以引起明暗和颜色的视觉;声音作用于耳朵,可以引起音高、音响和音色的听觉。

**TIPS 2**

感觉剥夺实验由加拿大麦吉尔大学的心理学家进行,他们要求被试尽可能长时间地待在恒温、密闭、隔音的暗室内(见图4-1),结果被试只能在实验中坚持2~3天。心理学家通过感觉剥夺实验发现,人在感觉完全隔绝的状况下,其注意、记忆、思维、言语能力等出现了不同程度的障碍,甚至会产生幻觉和强迫症状,使正常的心理活动受到破坏。由此可见,各种感觉输入是人正常生活所必需的,它对维持人的正常生存十分重要。

②有些感觉接收身体内部的刺激，因而叫内部感觉或机体觉。

>> TIPS ③

### 知识点 3　近刺激和远刺激 ★

**考夫卡**把刺激分成近刺激和远刺激两种。　　>> TIPS ④

#### 1. 近刺激

近刺激是感觉器官直接接收到的刺激，它每时每刻都在变化。例如，物体在视网膜上的投影等。

#### 2. 远刺激

远刺激是指来自物体本身的刺激，因而不会有很大变化。例如，一定波长的光线、一定频率的空气振动等。

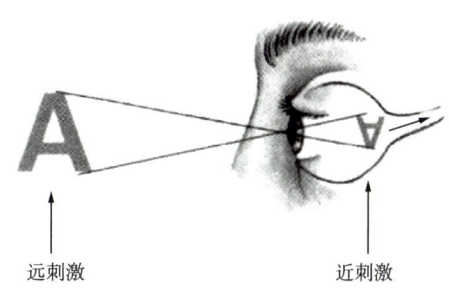

图 4-2　近刺激与远刺激

### 知识点 4　感觉编码 ★

#### 1. 感觉编码的含义　　>> TIPS ⑤

①编码是指将一种能量转化为另一种能量，或者将一种符号系统转化为另一种符号系统。

②神经系统不能直接加工外界输入的物理能量或化学能量，如光波和声音，这些能量必须经过感官的换能作用，才能转化为神经系统能够接受的神经能或神经冲动，这个过程就是感觉编码。

#### 2. 感觉编码的理论

（1）神经特殊能量学说

①提出者：缪勒。

②观点：各种感觉神经具有自己特殊的能量，它们在性质上是互相区别的；每种感觉神经只能产生一种感觉，而不能产生另外的感觉。感官的性质不同，感觉神经具有的能量不同，由此引起的感觉也不同。在他看来，感觉是由感觉器官自身的神经特殊能量决定的，而与客观世界无关。

③评价：缪勒的神经特殊能量说只强调感觉的主观性，而忽视了它的客观性。

>> TIPS ⑥

---

**TIPS 3**

在《普通心理学》第六版当中，对感觉的分类进行了修订。

**TIPS 4**

远刺激远离观察者，处在观察者眼睛接触不到的地方；近刺激靠近观察者，处在观察者眼睛能接触到的地方。感觉运用近刺激中的信息来获得对远刺激的特征加工。图 4-2 显示了近刺激与远刺激的关系。

**TIPS 5**

人的感受器是一种生物学的换能器，能够将物理的或化学的能量转换成另一种能量，即神经冲动，人脑不能直接分析物理的或化学的信号，而只能接收和分析转换后的神经冲动。例如，光是引起视觉的物理刺激，但它只有在眼睛中经过感官的换能作用，才能被传送到大脑视觉中枢的相应部位，成为视觉信号，在大脑中引起视觉。

**TIPS 6**

大脑不能直接接收和加工物体发出的各种能量，只能加工经过感受器的换能作用而产生的神经冲动，因此缪勒的学说有其合理之处。但是，他认为我们感觉到的东西不是外界的物体，而是我们自己的神经，这是错误的。

（2）特异化理论

不同性质的感觉是由不同的神经元来传递信息的。有些神经元传递红色信息，有些神经元传递甜味信息，当这些神经元分别被激活时，神经系统把它们的激活分别解释为"红"和"甜"。

（3）模式理论（模块理论）

编码是由整组神经元的激活模式引起的。红光不仅引起某种神经元的激活，还引起相应的一组神经元的激活，只不过某种神经元的激活程度较大，而其他神经元的激活程度较小，整组神经元的激活模式才产生了红色的感觉。

20世纪末以来的研究发现，在不同的感觉系统中，神经系统同时采用了特异化编码和模式编码。

### 知识点 5  感觉测量 ★★★

#### 1. 心理物理学

心理物理学是研究心理量与物理量之间关系的一门学科，探讨感觉阈限和最小可觉差的问题。　　》TIPS ⑦

心理物理学的研究表明，通过测查物理量的变化对心理现象进行客观研究成为可能，这些研究对推动心理学从哲学中分离出来并成为一门实验科学有重要影响。

#### 2. 感觉阈限和感受性　　》TIPS ⑧

刺激超过一定的强度能引起感觉；低于一定的强度，人就不能觉察到它的存在，这个刺激范围被称为感觉阈限，相应的感觉能力被称为感受性。

（1）绝对感觉阈限与绝对感受性

①绝对感觉阈限

绝对感觉阈限是指刚刚能引起感觉的最小刺激量。其操作定义：多次呈现不同强度的刺激，有50%的概率能够觉察到感觉信号的刺激水平。

②绝对感受性

绝对感受性是指能感觉刚刚能引起感觉的刺激的能力。

③两者的关系

绝对感受性可以用绝对感觉阈限来衡量；绝对感受性与绝对感觉阈限在数值上成反比关系。

（2）差别阈限和差别感受性

①差别阈限或最小可觉差（just-noticeable difference，简称JND）是指刚刚能引起差别感觉的刺激物间的最小差异量。

②差别感受性是觉察两种刺激差异的能力。

③差别感受性与差别阈限在数值上也成反比关系。

（3）韦伯定律　　》TIPS ⑨

①韦伯发现，为了引起差别感觉，刺激的增量与原刺激量之间存在某种关系。这种关系可用以下公式来表示：

感觉阈限是一个阈值，而感受性是一种感受能力。

例如，如果手上原有的重量是100 g，那么至少必须增加2 g，人们才能感觉到两个重量的差别；如果原有的重量是200 g，那么增加的重量必须达到4 g；如果原有的重量是300 g，那么增加的重量必须达到6 g。$K=\dfrac{(102-100)}{100}=\dfrac{(204-200)}{200}=\dfrac{(306-300)}{300}=0.02$；也就是说刺激的增量与原刺激量之间是一个固定的比值，这个比值就是$K$：韦伯分数。

$$K=\Delta I/I$$

式中，$\Delta I$ 为引起差别感觉的刺激增量（JND）；$I$ 为标准刺激的强度或原刺激量；$K$ 为一个常数。

②对不同感觉来说，$K$ 的数值不相同，即韦伯分数不同；韦伯分数越小，感觉越敏锐。　　　　　　　　　>> TIPS ⑩

③韦伯定律只在中等强度的刺激范围内适用。

**3. 刺激强度与感觉大小的关系**

（1）对数定律（费希纳）　　　　　　　>> TIPS ⑪

①费希纳认为，任何感觉的大小都可由在阈限上增加的差别阈限来确定，差别阈限在主观上都相等。根据这个假定，费希纳在感觉大小和刺激强度之间推导出一种数学关系式，叫对数定律：

$$P=K\lg I$$

式中，$K$ 是一个常数，与某种感觉的韦伯分数有关，对于不同感觉，$K$ 的数值不一样；$I$ 为刺激量；$P$ 为感觉大小（感觉量）。

②按照公式，感觉大小（感觉量）是刺激强度（刺激量）的对数函数；当刺激强度按几何级数增加时，感觉强度只按算术级数上升。如果刺激量取其对数值，那么它和感觉量的关系可以表示为一条直线。　　　　　　　　　　　　>> TIPS ⑫

③对数定律只有在中等强度的刺激范围内才适用。

④贡献：对数定律提供了度量感觉大小的一个量表，对许多实践部门都有重要意义。

⑤不足：费希纳假定所有最小可觉差在主观上相等，已经为事实所否定。

（2）幂定律（斯蒂文斯）

①美国心理学家斯蒂文斯用数量估计法研究了刺激强度与感觉大小的关系。　　　　　　　　　　　　　>> TIPS ⑬

②斯蒂文斯认为，心理量并不随刺激量的对数的上升而上升，而是与刺激量的幂成正比。这种关系可用数学式表示为：

$$P=KI^n$$

式中，$P$ 为感觉的大小；$I$ 指刺激的物理量；$K$ 和 $n$ 是某种感觉通过评定得到的常数。

③对于接收的刺激的能量变化范围较大的感觉来说（如视觉、听觉），幂函数的指数（$n$）小，因而感觉量随着刺激量的增长而缓慢上升。而对接收的刺激的能量变化范围较小的感觉来说（如温度觉、压觉和痛觉），幂函数的指数较大，因而物理量增加后，感觉量的变化更明显。如图4-3所示。

**TIPS ⑩**

根据公式 $K=\Delta I/I$，$K$ 越小，意味着越小，也就是说增加的量很小就能感到它们之间的差别，这就说明感觉能力很强。

**TIPS ⑪**

费希纳认为，差别阈限在主观上相等意味着增加一个差别阈限，增加的主观的感觉量是相等的。意思就是，假设一个差别阈限是3，那么从300增加到303和600增加到606，这种主观感觉量是相等的。

**TIPS ⑫**

几何级数增加：1、2、4、8；
算术级数增加：1、2、3、4。

**TIPS ⑬**

所谓的数量估计法，是指主试给出一个标准刺激，给一个感觉的估计值，变化刺激强度，让被试主观地评价感觉量。比如给你一个500 g的物品，告诉你这个物品的重量代表数值10，现在给你一个1 000 g的物品，让你用数值来评估这个物品代表的数值是多少。

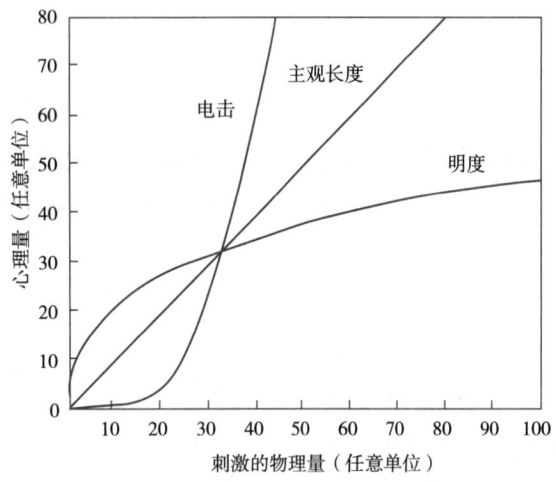

**图 4-3 刺激的物理量与心理量的关系** >> TIPS ⑭

④贡献：斯蒂文斯的幂定律同样具有理论和实践的意义。在理论上，它说明对刺激大小的主观尺度可以根据刺激的物理强度的乘方来标定。在实践上，它可以为某些工程计算提供依据。

⑤不足：用数量估计法所得到的幂定律依赖于被试正确使用数字来恰当标记其心理感觉量，因此可能受到被试态度等因素的影响。

（3）信号检测论

①含义

信号检测论是一种数学方法，用来评价个体的感受性和反应标准对信号检测做出的不同贡献。 >> TIPS ⑮

②信号检测论中被试的四种反应（如表4-1所示）

**表 4-1 信号检测论中被试的四种反应**

| 刺激 | 反应 | |
| --- | --- | --- |
| | 有信号 | 无信号 |
| 有信号 | 击中（正确检测） | 漏报 |
| 无信号 | 虚报（虚惊） | 正确拒绝（正确排斥） |

如果虚报率高，说明被试采用了较低的反应标准，容易将非信号报告成信号。

如果漏报率高，说明被试采用了较高的反应标准，容易漏掉真正的信号。

③反应标准受到很多因素的影响

A. 例如，奖励可能会降低反应标准，提高反应频率；而惩罚可能会提高反应标准，降低反应频率。

---

**TIPS ⑭**

感觉的大小取决于 $n$ 的大小。

如果 $n=1$，就是线性关系。

$n<1$（明度），与对数定律一样，刺激强度增加得快，感觉强度增加得慢。

$n>1$（电击），刺激强度增加得慢，感觉强度增加得快。

**TIPS ⑮**

信号检测论是研究噪声背景下如何有效分离信号的一种心理物理理论。信号检测论说明了人对客观世界的感觉、知觉是外部刺激和内部状态交互作用的结果。信号检测论的详细内容在《实验心理学》中有详细的介绍，建议同学们参考本套书中的《实验心理学》进行学习。

B. 信号还受到信号出现频率的影响：信号出现的频率高，做出"是"的反应频率会较高；信号出现的频率低，做出"是"的反应频率会较低。

## 知识点 6　感觉现象 ★★

### 1. 感觉适应

（1）含义

感觉适应是指刺激物持续作用于同一感受器而使感受性发生变化的现象。感觉适应既表现为感受性的提高，也会表现为感受性的降低。　　>> TIPS ⑯

"入鲍鱼之肆，久而不闻其臭；入芝兰之室，久而不闻其香"，这是嗅觉适应；刚开始淋浴时觉得水很烫，过几分钟之后便不再觉得那么烫了，这是皮肤温度觉适应。

（2）特点

所有的感觉都存在适应现象，但是适应的表现方式和速度不尽相同。嗅觉、肤觉、视觉（明适应）、听觉、味觉等都会在适应后出现感受性降低的现象。痛觉的适应是很难发生的，因此痛觉成为伤害性刺激的预警信号而具有保护作用。

### 2. 感觉对比

感觉对比是指不同性质的刺激作用于同一感受器产生相互作用，使感受性发生变化的现象。根据刺激呈现时间的不同，感觉对比分为以下两种：

（1）同时对比

同时对比是指两个刺激同时作用于同一感受器时产生的感觉对比现象。　　>> TIPS ⑰

例如，较白的人穿黑色服装会显得更白些，这是衣服和皮肤颜色的感觉对比后的效果。

（2）继时对比

继时对比是指同一感受器先后接受不同刺激的作用而产生的感觉对比现象。　　>> TIPS ⑱

例如，吃糖之后吃芦柑，就会觉得芦柑很酸；吃了苦的食物之后喝白开水，就会觉得白开水有点甜。

### 3. 联觉

联觉是指一种感觉有时能伴随产生另一种感觉的现象，也称跨通道感觉，是感觉相互作用的表现。　　>> TIPS ⑲

### 4. 后像

①后像是指刺激停止作用后在人脑中暂时保留的印象。

②视觉后像分为正后像和负后像。后像品质与刺激物相同为正后像，相反则为负后像。色觉后像一般为负后像。

### 5. 感觉补偿作用

感觉补偿作用是指某种感觉缺失后，由其他感觉加以弥补的现象。例如，盲人一般具有较好的听觉和触觉。

例如，人在听到声音时，能"看到"这种声音的颜色，"尝到"这种声音的味道。

### 本节小结

人脑需要从环境中获取各种各样的信息，维持人与环境的信息平衡，人对客观世界的认识是从感觉开始的，为了获取外部世界的信息，人的感觉器官必须将不同的物理能量转化为神经冲动，并在头脑中形成外部世界的特性和属性的主观映像，这就是感觉。感觉分为内部感觉和外部感觉；感觉是由体内、外刺激影响感受器官引起的，刺激分为近刺激和远刺激；刺激的能量通过感觉编码转化为神经冲动，关于感觉编码的过程有三种理论对此进行了解释；人的感官只对一定范围内的刺激做出反应，称为感觉阈限和感受性，包括绝对感觉阈限和绝对感受性、差别阈限和差别感受性；韦伯发现，对刺激物的差别感觉取决于刺激的增量与原刺激量的比值；费希纳发现，感觉的大小是刺激强度的对数函数；斯蒂文斯认为，心理量是刺激量的幂函数；感觉现象包括有感觉适应、感觉对比、联觉、后像、感觉的补偿作用。

## 第二节 视 觉

### 知识点 1 视觉的含义 ★

#### 1. 视觉的含义

视觉是由光刺激作用于人眼所产生的感觉，人类获得的信息80%来源于视觉。

#### 2. 视觉的刺激

①视觉的适宜刺激是可见光，光是具有一定频率和波长的电磁辐射，可见光的波长的范围是380~780 nm。

②可见光在电磁波谱中从波长380 nm左右开始，使人产生紫色的感觉。随着波长的增长，可见光依次可使人产生蓝色、绿色、黄色和橙色的感觉。当波长达到780 nm时，可见光可使人产生红色的感觉。电磁辐射与可见光的关系如图4-4所示。　》TIPS ①

可见光的波长从最长到最短：红、橙、黄、绿、青、蓝、紫。

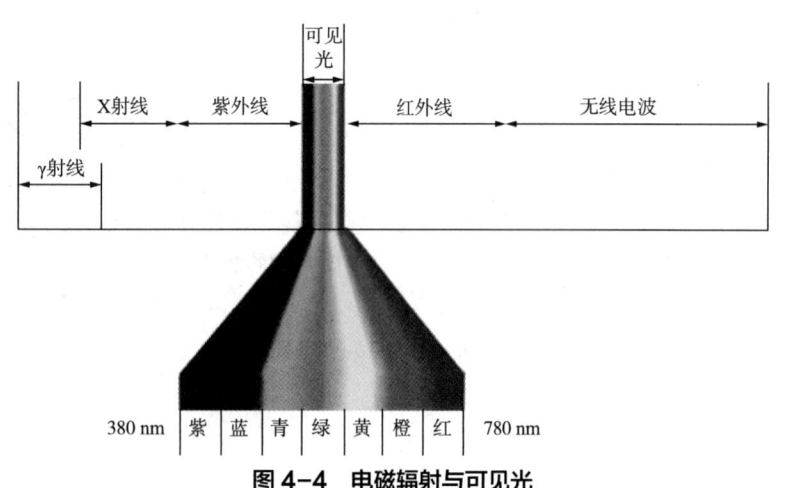

**图 4-4　电磁辐射与可见光**

## 知识点 2　视觉的生理机制 ★★

视觉的生理机制包括**折光机制（眼球）、感觉机制（换能）、传导机制**和**中枢机制**。　　　　　　　　　　　　>> TIPS ②

### 1. 眼球

人眼是我们的视觉器官，形状近似于一个球。眼球由眼球壁和眼球内容物构成。眼球的基本结构如图4-5所示。

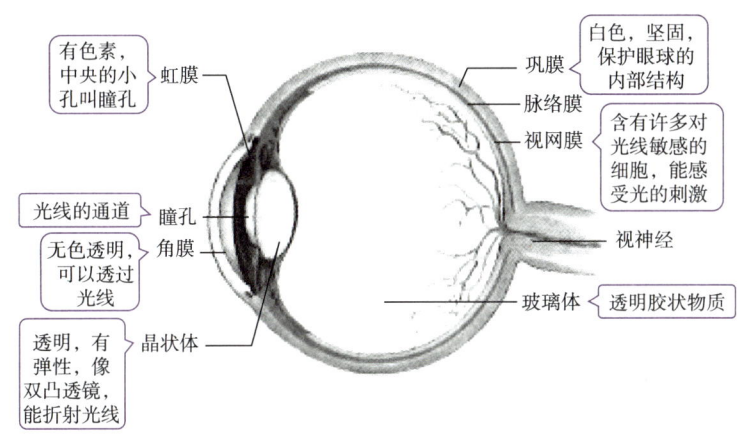

**图 4-5　眼球的基本结构**

**TIPS 2**

外界物体发出的光透过眼睛的折光系统（角膜、房水、晶状体和玻璃体组成）到达视网膜（从外到内有三层：视锥细胞和视杆细胞层、双极细胞、神经节细胞），并在视网膜中成像，视网膜上的感官细胞（视锥细胞和视杆细胞）受刺激后，将光能转化为神经冲动，再经过视神经（神经节细胞的轴突集合成视神经）将神经冲动传入视觉中枢，从而产生视觉。

（1）人的眼球壁分为三层

①外层：为巩膜和角膜。角膜有**屈光**作用，光线通过角膜进入眼内。

②中层：为虹膜、睫状肌和脉络膜。虹膜在角膜后面、晶状体前面，中间有一个孔叫**瞳孔，瞳孔的大小由虹膜调节，可随光线的强弱而变化**。

③内层：包括视网膜和视神经内段。视网膜为一层透明薄膜，是眼球的感光部分，上面分布有感光细胞：**视锥细胞和视杆细胞**。

（2）眼球内容物

眼球内容物包括晶状体、房水和玻璃体，这些结构加上眼球前端的角膜，组成了眼睛的**屈光系统**。

（3）眼睛的光路系统

当眼睛注视外物时，由物体反射的光线通过角膜、房水、晶状体和玻璃体，使**物像聚焦在视网膜中央凹部位**，这就是**眼睛的光路系统**。

### 2. 视网膜的构造和换能作用

①视网膜是眼球的光敏感层。其神经元的细胞体位于三个不同的分层上：

a. **外核层**是**视锥细胞和视杆细胞**，它最靠近视网膜壁；

b. **内核层**有双极细胞和其他细胞；

c. 神经节细胞层。视网膜的组织结构如图4-6所示。 >> TIPS ③

视网膜由外至内，分为感光细胞层、双极细胞层和神经节细胞层。

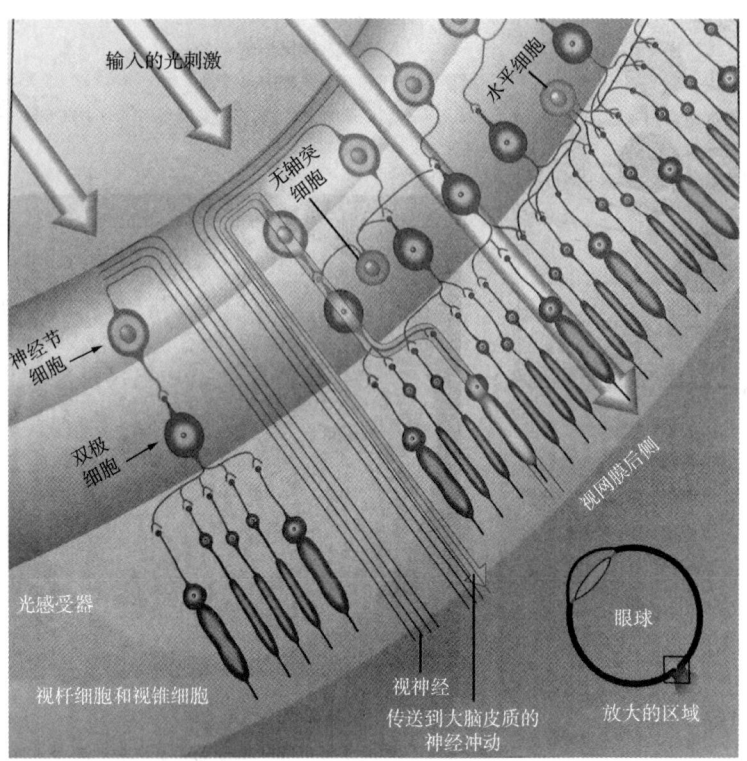

图 4-6 视网膜的组织结构

②视杆细胞和视锥细胞：

a. 人的视网膜上有视杆细胞和视锥细胞。这是眼睛中接收光刺激、完成换能作用的重要结构。

b. 两者在形态、功能和空间分布上都有明显的区别，如表4-2所示。

表 4-2 视杆细胞和视锥细胞的对比

| 不同点 | 视杆细胞 | 视锥细胞 |
| --- | --- | --- |
| 数量 | 数量多，1.2亿个 | 600万个 |
| 形态 | 细长，呈棒状 | 短粗，呈锥形 |
| 空间分布 | 主要在视网膜的周边 | 主要在视网膜的中央凹 |
| 功能 | 夜视细胞，主要感受物体的明暗 | 昼视细胞，主要感受物体的细节和颜色 |

c. 视网膜的**中央凹**处只有视锥细胞，没有视杆细胞，这是视网膜上对光**最敏感**的区域。离开中央凹，视杆细胞数量急剧增加，视网膜边缘只有少量的视锥细胞。

d. 中央凹附近，有一个对光不敏感的区域，叫盲点；来自视网膜的视神经节细胞的神经纤维在这里聚合成视神经。

③视觉的换能作用：

a. 视觉的换能作用是在视杆细胞与视锥细胞中进行的。具有换能作用的物质称为视觉色素。

b. 当光线作用于视觉感受器时，视觉细胞中某些化学物质的分子结构发生变化，它所释放的能量能激发感受细胞发放神经冲动，这就是视觉感受器的换能作用。视觉器官借助换能作用将光能转换成视神经的神经冲动，即神经电信号。

c. 人眼的视锥细胞中存在红、绿、蓝三种不同的视觉色素，分别对不同波长的光敏感。

### 3. 视觉的传导机制

神经冲动从感受器产生以后，沿着视神经传至大脑，传递机制由三级神经元实现。视觉传导通路如图 4-7 所示。　　>> TIPS ④

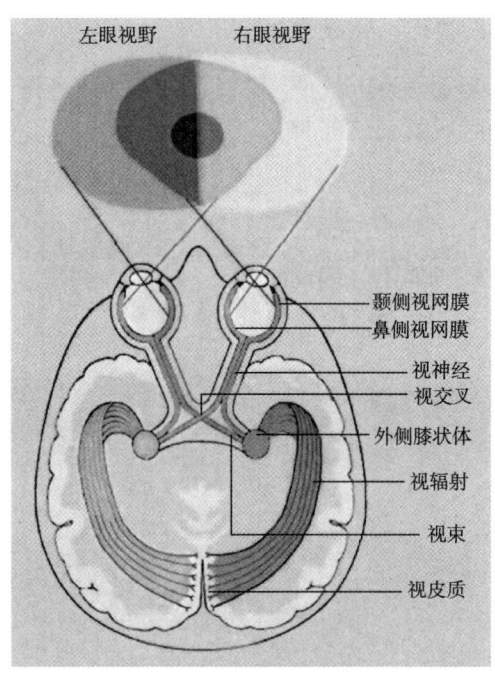

图 4-7　视觉传导通路

> **TIPS ④**
>
> 右眼视野的信息传到每只眼睛的左侧，颞侧（外侧）直接上传，鼻侧（内侧）需要在视交叉处交叉至对侧，与颞侧合并再传到丘脑的外侧膝状体，再从外侧膝状体上传到大脑皮质，这样右视野所观察的物体都能上传到左脑。同理，左眼视野的信息都能上传到右脑。

①第一级为视网膜双极细胞。

②第二级为视神经节细胞，由视神经节发出的神经纤维在视交叉处实现交叉，鼻侧束交叉至对侧，与对侧的颞侧束合并，传到丘脑的外侧膝状体。

③第三级神经元的纤维从外侧膝状体发出，终止于大脑枕叶的纹状区。

### 4. 视觉的中枢机制

（1）视觉的初级加工区

视觉的直接投射区为大脑枕叶的纹状区（BA17，V1），这是实现对视觉信号初步分析的区域,也被称为视觉的初级加工区。当这个区域受到刺激时,人们能看到闪光,当这个区域被破坏时,则会失去视觉。

(2)视觉的次级加工区

与BA17邻近的另一些脑区(BA18、BA19或V2、V3、V4、V5和V6)被称为视觉的次级加工区,负责进一步加工视觉的信号,产生更复杂、更精细的视觉,如认识形状、分辨方向和运动等。如果这一部位受损,会产生各种形式的失认症。

(3)视觉感受野

①从20世纪60年代以来,休伯和维泽尔对视觉感受野的系统研究对解释视觉的中枢机制产生了深远影响。由于在这个领域的重大贡献,他们共同荣获了1981年诺贝尔生理学或医学奖。

②含义:视觉感受野是由生理学家哈特兰提出的概念,指视网膜上的一定区域,当它受到刺激时,能激活视觉系统与这个区域有联系的各层神经细胞的活动,视网膜上的这个区域就是这些神经细胞的感受野。

③视网膜上一个较小的范围成为外侧膝状体上一个细胞的感受野,由于若干个外侧膝状体细胞共同会聚到一个皮质细胞上,因此皮质细胞的感受野是视网膜上的更大的区域,如图4-8所示。

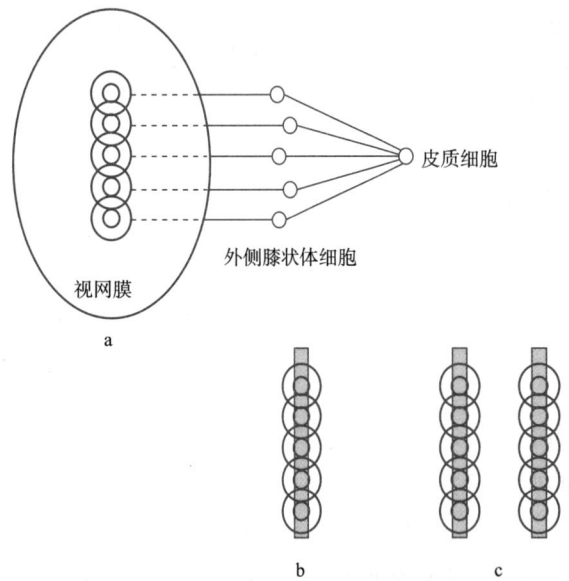

**图4-8 外侧膝状体与皮质细胞感受野的关系**

④**休伯和维泽尔的研究发现**:外侧膝状体的感受野呈圆形,其中心与周围具有对抗的性质,如图4-9所示。这种感受野使外侧膝状体细胞能对一个细小的光点做出反应。

>> TIPS ⑤

外侧膝状体细胞的感受野中心是起兴奋反应,周围起抑制反应,用光点刺激的时候,它才会反应。

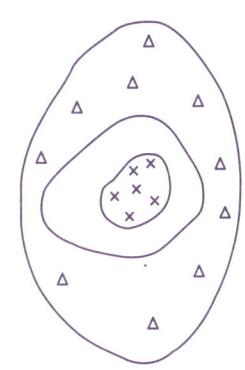

**图 4-9 外侧膝状体的感受野**

⑤皮质细胞的感受野具有性质对抗的两个区域：开区（兴奋区）和关区（抑制区），但为左右排列，如图 4-10 所示。休伯和维泽尔把皮质细胞分为简单细胞、复杂细胞和超复杂细胞，它们之间也存在会聚的关系。这些细胞由于分工不同，形成了皮层上的功能柱，每个功能柱内的细胞具有相同的功能，人们加工视网膜上接收的各种视觉信号是由每个功能柱内具有相同功能的细胞来实现的。

>> TIPS ⑥

**TIPS ⑥**

当刺激作用在开区的时候，产生兴奋反应，当刺激作用在关区的时候，产生抑制反应。

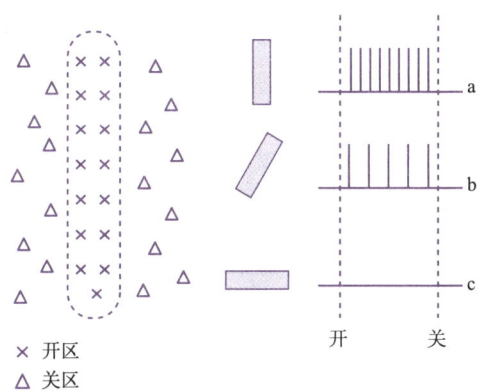

× 开区
△ 关区

**图 4-10 皮质细胞的感受野**

⑥根据感受的研究，休伯等人认为，视觉系统的高级神经元能够对呈现在视网膜上的、具有某种特性的刺激物做出反应。这种高级神经元叫<u>特征觉察器</u>。人类的视觉皮层具有边界、直线、运动、方向、角度等特征觉察器，由此保证了机体能够对环境中提供的视觉信息做出选择性的反应。

>> TIPS ⑦

**TIPS ⑦**

特征觉察器是探查刺激物的特征。例如，蛙眼对那些细小的、移动的黑点特别敏感，所以如果它旁边是一堆躺着不动的死蚊子，它也会被饿死。特征觉察器的发现也说明了物体识别是从特征分析开始的。

（4）视觉系统的两条通路（见图 4-11）

①1983 年，<u>米什金</u>等在猴子的纹状体上发现 V1 区是皮质间两条通路的发源地。

a. <u>腹侧通路（what 通路）</u>：沿着大脑皮质的<u>颞枕叶</u>分布，主要功能是<u>物体识别</u>。

b. <u>背侧通路（where 通路）</u>：沿着枕顶叶分布，主要功能是空

间位置和运动的识别。　　»TIPS ⑧

②两条通路可能存在交互作用，或者说，两条通路更像一个网络，分别执行不同的功能。

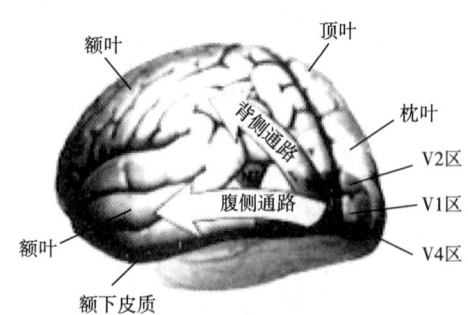

图 4-11　视觉的两条通路

腹侧通路解决"定性问题"，也就是"我们看到的是什么"；背侧通路解决"定位"问题，也就是"我们在哪"。

### 知识点 3　视觉的基本现象 ★★★

**1. 明度**

（1）含义

明度是眼睛对光源和物体表面的明暗程度的感觉，取决于物体照明的强度和物体表面的反射系数。

（2）光谱敏感函数

在可见光谱范围内，人眼对不同波长的光线的感受性不同，这种情况可以用光谱敏感函数来说明，如图 4-12 所示。

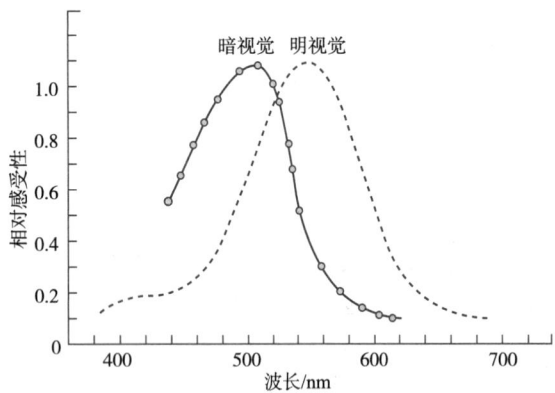

图 4-12　光谱敏感函数

①视锥细胞：能吸收可见光谱所有波长的光，对光谱的中央部分（约 555 nm）最敏感，对低于 500 nm 和高于 625 nm 的波长的感受性较差。

②视杆细胞：具有覆盖整个可见光谱的光谱敏感函数，对较短的波长具有较高的感受性，比视锥细胞的敏感波长短约 50 nm，对超过 620 nm 的红光不敏感。

### (3) 浦肯野现象

当人们从视锥视觉（昼视觉）向视杆视觉（夜视觉）转变时，人眼对光谱的最大感受性将向短波方向移动，因而出现了明度的变化的现象。例如，在阳光照射下，红花与蓝花可能显得同样亮，而当夜幕降临时，蓝花似乎比红花更亮些。　　》TIPS ⑨

### 2. 颜色

**（1）含义**

颜色是光波作用于人眼产生的视觉经验。颜色包括以下三个基本特性：

①色调：主要取决于光波的波长，哪种波长的光占优势，则呈现哪种颜色。对物体表面来说，色调取决于物体表面对不同波长的光线的选择性反射。

②明度：指颜色的明暗程度，取决于照明的程度和物体表面的反射系数。

③饱和度：指某种颜色的纯、杂程度或鲜明程度。纯的颜色都是高度饱和的，混杂其他色调的颜色都是不饱和的，完全不饱和的颜色根本没有色调，如处于黑色与白色之间的各种灰色。

**（2）颜色混合**

①色光混合：遵循加法原则。不同色光同时作用时，视网膜上感受到的是不同光波的重叠，在视觉上产生色光相加的效果，因此色光混合后产生的颜色，其明度是增加的。色光混合的三原色是红、绿、蓝。

②颜料混合：遵循减法原则。由于颜料的颜色取决于反射的光的颜色，当不同颜色的颜料混合时，不同的颜料会吸收不同的色光，所有颜色的颜料都不吸收的光才能被反射出去，成为混合颜料的颜色，因此颜料混合后得到的颜色，其明度是减少的。颜料混合的三原色是黄、青、紫。　　》TIPS ⑩

**（3）颜色混合定律**

①补色律：每一种颜色都有另一种颜色以一定的比例与它混合，而产生白色或灰色，这两种颜色称为互补色。例如，黄色和蓝色、绿色和紫色都是互补色。

②间色律：混合两种非互补色，会产生一种新的混合或介于两者之间的中间色。例如，红与黄混合产生橙色，蓝色与红色混合产生紫色。

③代替律：每一种被混合的颜色本身也可以由其他颜色混合而成。例如，颜色 A+ 颜色 B= 颜色 C，若没有颜色 B，而颜色 X+ 颜色 Y= 颜色 B，那么颜色 A+（颜色 X+ 颜色 Y）= 颜色 C。

视锥细胞对红绿光更敏感，视杆细胞对蓝紫光更敏感，当人们从视锥视觉（昼视觉）向视杆视觉（夜视觉）转变时，视杆细胞对较短波长的光具有较高的感受性，蓝花反射光的波长比红花更短，因此在晚上看起来更亮。

部分教材中将 magenta 译作品红，所以会出现"黄、青、品红"三原色的说法。

（4）色觉缺陷

①色弱：对三种波长的感受性均低于正常人。

②色盲：分为全色盲和局部色盲。

A. 全色盲：只能看到灰色和白色，患者一般缺乏视锥细胞。

B. 局部色盲：分为红绿色盲和蓝色盲。　　>> TIPS ⑪

a. 红、绿色盲：最常见的色盲，男性患者远多于女性患者，患者不能感知红色和绿色。

b. 蓝色盲：缺少对蓝色敏感的视锥细胞，难以区分短波和中波光线，分辨红色、绿色、黄色没有困难，与性别无关。

③皮质性色觉缺陷或获得性色觉缺陷：由脑损伤导致的色觉异常。

局部色盲中，大部分属于红绿色盲，蓝色盲较少见。

### 3. 视觉中的空间因素

（1）视觉对比

由光刺激在空间上的不同分布引起的视觉经验，可分为明暗对比和颜色对比，如图4-13所示。　　>> TIPS ⑫

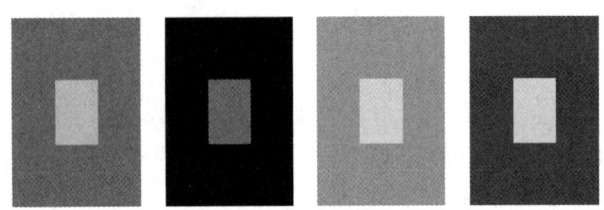

图4-13　明暗对比和颜色对比

视觉对比是感觉对比中同时对比的一种。

①明暗对比：由光强在空间上的不同分布造成，是指当某个物体反射的光量相同时，由于周围物体的明度不同，可以产生不同明度经验的现象。

②颜色对比：一个物体的颜色会受到它周围物体颜色的影响而发生色调的变化，并且物体的色调向着背景颜色的补色方向变化。

（2）边界突出与马赫带

①马赫带：指人们在明暗变化的边界上，常常在亮区看到一条更亮的光带，而在暗区看到一条更暗的线条，如图4-14所示。

>> TIPS ⑬

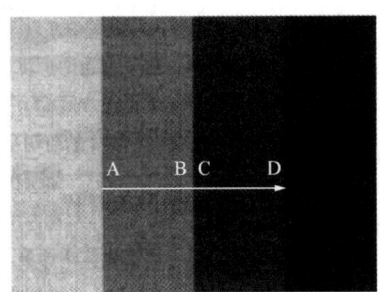

图4-14　马赫带及侧抑制解释

图解：当刺激A的时候，动作电位是图a，动作电位频率很高，说明它兴奋了；刺激A的同时刺激B，发现图b，动作电位发放的频率低了；再增加B的强度，发现动作电位发放的频率更低了，这说明B兴奋时抑制了A神经元。

②可以用侧抑制来解释马赫带的产生：侧抑制是指相邻的神经元之间互相抑制的现象。哈特林和雷特里夫用马蹄蟹进行实验。侧抑制如图4-15所示。

>> TIPS ⑭

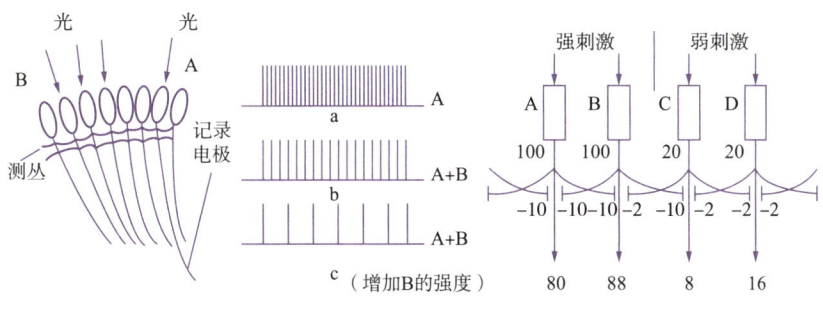

图4-15 侧抑制

（3）视敏度

①含义：视敏度是指视觉系统分辨最小物体或物体细节的能力，医学上称之为视力。视敏度的大小通常用视角大小来表示。所谓视角，即物体通过眼睛节点所形成的夹角，视角的大小取决于物体的大小及物体与眼睛之间的距离。当你能够看清一个物体或物体间距离时，视角越大，视力越差，视角越小，视力越好。

②视敏度一般可以分为最小可见敏度、最小间隔敏度和游标敏度三种。

A. 最小可见敏度：视觉系统能够分辨最小物体的能力。

B. 游标视敏度：用游标来测定，要求被试能够分辨两条线段的相对移动。

C. 最小间隔敏度：视觉系统区别物体间最小间隔的能力。

③近视和远视：近视是指来自远处的光线经过屈光系统的屈折后，聚焦在视网膜的前面，因而导致视像模糊；远视是指来自近处的光线经过屈光系统的屈折后，聚焦在视网膜的后面，因而导致视像模糊。

④影响因素：视网膜受刺激的部位、背景和照明、物体与背景之间的对比、眼睛的适应状态等。当光刺激落在中央凹附近时，视锥细胞数量多，视敏度最大；偏离中央凹越远，视锥细胞的数量越少，视敏度越小。

**4. 视觉中的时间因素**

（1）视觉适应

视觉适应是由刺激物的持续作用而引起的感受性变化。在视觉范围内，常见的有暗适应和明适应。

>> TIPS ⑮

①暗适应：是指照明停止或由亮处转入暗处时视觉感受性提高

---

 **TIPS ⑭**

在强刺激（假定为100个单位）的作用下，亮区一侧的细胞A分别接收了来自两侧的抑制（假定为10%），其数值都是10个单位，结果它的输出为80个单位；而细胞B来自亮区一侧的抑制为10个单位，来自暗区一侧的抑制为2个单位，结果它的输出为88个单位，这样就在亮区一侧出现了一条更亮的光带。同样在弱刺激（假定为20个单位）的作用下，暗区一侧的细胞C接收了来自亮区一侧的抑制（10个单位）和来自暗区一侧的抑制（2个单位），结果它的输出为8个单位，而细胞D接收的两侧抑制（假定为10%）都是2个单位，结果它的输出为16个单位，这样就在暗区一侧出现了一条更暗的光带。马赫带说明了刺激强度与亮度的复杂关系。强度是一个物理量，亮度是一个心理量。两者的关系不是线性的，强度由强逐渐变弱，但亮度并不同步变化，这种变化有利于轮廓的形成。

 **TIPS ⑮**

暗适应（如刚刚进入电影院）产生的原因是，在强光的刺激下，视网膜的视杆细胞中的感光色素视紫红质被分解，在突然进入暗处时尚未恢复，所以人不能立即看清物体，进入暗处需要等待一段时间来恢复，即视紫红质的合成增多，含量逐渐增加，对弱光的感受性逐渐提高（绝对阈限降低），这样人就能逐渐看清物体了；明适应（如从电影院出来）是由于感光物质被大量分解，人对强光刺激的感受性很高，此时神经细胞受到过强的刺激，因而人感到眼前一片光亮，睁不开眼，同样看不清物体，几秒后，感光物质被分解掉一部分后，人对强光的感受性就迅速降低，从而能看清物体了。

的时间过程。早期的暗适应是由视锥细胞与视杆细胞共同完成的，之后，视锥细胞完成暗适应过程，只有视杆细胞继续起作用。整个暗适应持续30~40分钟，之后的感受性就不再继续提高了。暗适应曲线如图4-16所示。

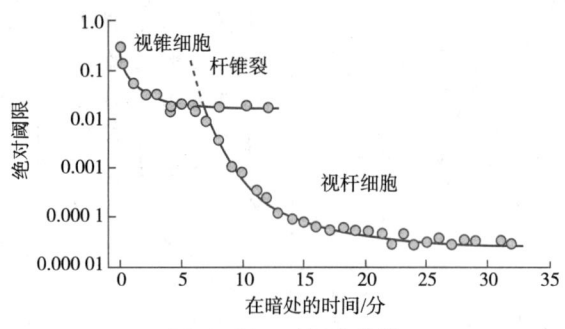

图4-16 暗适应曲线

②明适应：指照明开始或由暗处转入亮处时人眼感受性下降的时间过程。明适应的时间很短暂，5分钟左右就全部完成了。

（2）后像

①含义：刺激物对感受器的作用停止以后，感觉现象并没有立即消失，它能保留一个短暂时间，这种现象称为后像。

②分类：后像分为正后像和负后像。

后像的品质与刺激物相同称为正后像，与刺激物相反称为负后像。颜色视觉一般为负后像（看到原来颜色的互补色）。  >> TIPS ⑯

（3）闪光融合

①当我们看到一个间歇频率较低的闪光时，会有明暗交替的闪烁感觉，当断续的闪光间歇频率增加，人们会看到稳定连续的光，这种现象称为闪光融合。  >> TIPS ⑰

②刚刚能引起融合感觉的刺激的最小频率称为闪光融合临界频率或闪烁临界频率，它表现了视觉系统分辨时间能力的极限。

③费里-波特定理：亮度和闪光融合频率的对数呈线性关系；在中等亮度范围内，闪光融合频率随亮度的提高可以从5 Hz增加到55 Hz。

（4）视觉掩蔽

①含义：当一个视觉刺激受到时空上相邻的另一个视觉刺激的影响而可见度降低时，这种效应被称为视觉掩蔽。

②分类：

A. 视觉掩蔽有光掩蔽、图形掩蔽和噪声掩蔽等。

B. 根据目标刺激和掩蔽刺激出现的先后分为后向掩蔽、同时掩蔽和前向掩蔽。

 TIPS ⑯

①例如，在注视电灯光之后，闭上眼睛，眼前会出现灯的一个光亮形象，位于黑色背景之上，这就是正后像；之后可能看到一个黑色形象出现在光亮的背景之上，这就是负后像。

②又如，用眼睛注视一朵绿花，约1分钟，然后将视线转向身边的白墙，那么将在白墙上看到一朵红花；如果先注视一朵黄花，那么其后像将是蓝色的。这就是颜色负后像。

 TIPS ⑰

例如，高速转动的电风扇，我们看不清每扇扇叶的形状，这是闪光融合的结果。

a. 后向掩蔽：目标刺激或者出现在掩蔽刺激之前；

b. 同时掩蔽：目标刺激与掩蔽刺激同时出现；

c. 前向掩蔽：目标刺激紧随在掩蔽刺激之后。

③目标刺激和掩蔽刺激之间的间隔时间被称为刺激不同步时间或刺激间隔时间，这是影响掩蔽效应的一个重要变量。　>> TIPS ⑱

### 知识点 4　视觉理论 ★★★

#### 1. 三色说

（1）托马斯·杨的观点

托马斯·杨假定，人的视网膜有三种不同的感受器，分别负责感知红、绿、蓝三原色。每种感受器只对光谱的一个特殊成分敏感，当它们分别受到不同波长的光刺激时，就会产生不同的颜色经验。

（2）赫尔姆霍茨的观点

赫尔姆霍茨认为，每种感受器都对各种波长的光有反应，但红色感受器对长波光线更敏感，绿色感受器对中波光线更敏感，蓝色感受器对短波光线更敏感。因此，当光刺激作用于眼睛时，将在三种感受器中引起不同程度的兴奋。各种颜色经验是由不同感受器按相应的比例活动而产生的。

（3）支持证据

后来的研究发现，视网膜上存在三种感光细胞，分别对长、中、短波敏感，即证明视网膜上存在红、绿、蓝三种感受器。

（4）理论缺陷

三色说能解释颜色混合现象，但无法解释红绿色盲和颜色负后像。

　>> TIPS ⑲

#### 2. 对立过程理论

黑林提出了对立过程理论，也被称为四色说或拮抗加工理论。

（1）主要观点

①黑林假定，存在红、绿、黄、蓝四种原色，并且视网膜存在三对对立的颜色过程：红－绿过程、黄－蓝过程、白－黑对抗过程。

②它们在光刺激的作用下表现为对抗的过程，即一对颜色过程对其中的一种颜色（如红色）进行反应，就会阻断对另一种颜色（如绿色）的反应。

③对立过程理论认为，视觉系统对一种颜色产生疲劳反应后，与之对立的颜色过程就会被激活。这就解释了为什么颜色的后像是负后像（看到原来颜色的互补色）。对立过程理论还可以解释颜色互

后向掩蔽先呈现目标刺激，再呈现掩蔽刺激，后出现的刺激掩蔽了前面出现的刺激的现象；前向掩蔽先呈现掩蔽刺激，再呈现目标刺激，前面的刺激掩盖了后面发生的刺激的现象。同时，掩蔽是目标刺激和掩蔽刺激同时出现。

无法解释红绿色盲的原因：红绿色盲患者把光谱中的短波部分都看成蓝色，把长波部分都看成黄色，因而没有红、绿经验。三色说认为黄是由红、绿混合产生的，红绿色盲缺乏感红、感绿的视锥细胞，因此，红绿色盲不应该具有黄色的视觉经验，而事实是红绿色盲患者能看到黄色。

补现象。

（2）支持证据

从20世纪50年代末以来，生理学家先后在动物的视神经节细胞和外侧膝状体细胞内发现了编码颜色信息的对立机制。

（3）理论缺陷

无法解释用三原色混合产生光谱中的一切颜色的现象>> TIPS ⑳

### 3. 两阶段理论

两阶段理论认为，颜色视觉加工是分阶段的。

①在光感受阶段，颜色加工符合三色理论：视网膜上存在三种视锥细胞，分别对不同波长的光敏感。

②在信息传导阶段，颜色加工符合对立过程理论，即存在功能对立的细胞，颜色的信息加工表现为拮抗过程。

三种颜色信息由视锥细胞处理后，分别被编码成两种对立的神经信号，再通过对立过程传输给更高层次的视觉中枢，如图4-17所示。

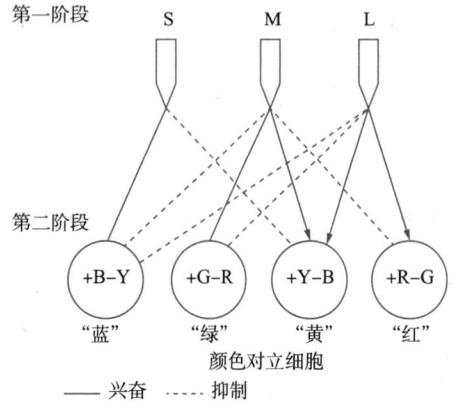

**图4-17　视觉机制的两阶段理论**

> TIPS ⑳
>
> 该理论也可以解释颜色互补现象：由于红-绿是对抗的过程，等量的红光和绿光混合，红-绿过程的作用相互抵消，因此看到了白色或灰色。

**本节小结**

视觉是人类最重要的一种感觉，它是由光刺激作用于人眼而产生的。视觉的生理机制包括折光机制、感觉机制、传导机制和中枢机制；视觉的基本现象包括明度、颜色、视觉中的空间因素和时间因素；视觉理论包括三色说、四色说和两阶段理论。

## 第三节　听　觉

### 知识点 1　听觉的含义 ★★

#### 1. 听觉刺激

听觉的适宜刺激是声波，声波是由物体振动产生的。声波通过空气传递给人耳，并在人耳中产生听觉。

### 2. 声波的物理性质

①频率：发声物体每秒振动的次数，单位是赫兹（Hz）。人耳能够接受的振动频率为 20~20 000 Hz。

②振幅：振动物体偏离起始位置的大小，单位为分贝（dB）。振幅大，压力大，听到的声音就强；振幅小，压力小，听到的声音就弱。

③波形：由发声体的特点决定。声波最简单的波形是正弦波，由正弦波得到的声音称为纯音。但在日常生活中，人们听到的大部分声音是复合音。

声波的物理特性（频率、振幅、波形）决定了听觉的基本特性（音高、音响、音色）。

## 知识点 2　听觉的生理机制 ★

### 1. 耳的构造和功能

（1）耳的构造

耳朵是人的听觉器官，由外耳、中耳和内耳组成，如图 4-18 所示。

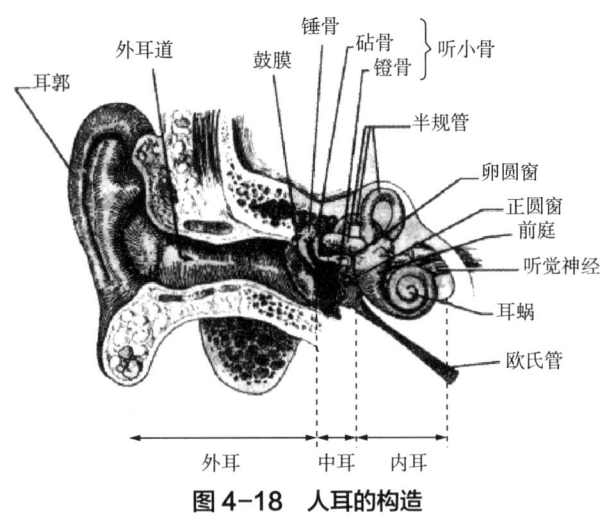

**图 4-18　人耳的构造**

①外耳：包括耳郭和外耳道，主要作用是收集声音。

②中耳：由鼓膜、三块听小骨（锤骨、砧骨和镫骨）、卵圆窗、正圆窗组成。声音从外耳道传至鼓膜时，引起鼓膜的机械振动，鼓膜的运动带动三块听小骨，把声音传至卵圆窗，引起内耳淋巴液的振动。声音的这条传导途径被称为生理性传导。

③内耳：由前庭器官和耳蜗组成，其中耳蜗是人的听觉器官。耳蜗分为鼓阶、中阶和前庭阶，鼓阶与中阶以基底膜分开。

（2）听觉的换能作用

①基底膜在靠近卵圆窗的一端最狭窄，在蜗顶一端最宽。基底膜上的柯蒂氏器包含大量支持细胞和毛细胞。毛细胞是听觉的感受

器，也是声音刺激的能量转换器。

②声音经过镫骨的运动产生压力波，引起耳蜗液的振动，由此带动基底膜的运动，并使毛细胞兴奋，产生动作电位，从而实现能量的转换。　　　　　　　　　　　　　　　　　>> TIPS ①

### 2. 听觉的传导机制和中枢机制

毛细胞的轴突离开耳蜗组成了听神经，即第八对脑神经，它先投射到脑干的髓质，再经过丘脑的内侧膝状体，最后到达大脑的听觉皮质（BA41）。

## 知识点 3　听觉的基本现象 ★

### 1. 音高

①音高（音调）是由声波频率决定的听觉特性，音高还受到其他因素的影响，如声音的持续时间、声音强度和复合音的音调等。

②人的听觉的声波频率范围为 20~20 000 Hz，其中 1 000~4 000 Hz 是人耳最敏感的区域。

③当频率约为 1 000 Hz、响度超过 40 dB 时，人耳能觉察到的频率变化范围为 0.3%。也就是说，人耳能够分辨 1 000 Hz 与 1 003 Hz 两种音调的差别，即音调的差别阈限。

### 2. 音响

①音响是由声音强度决定的一种听觉特性。强度大，听起来响度高；强度小，听起来响度低。

②对人来说，音响的下阈限为 0 dB，上阈限为 130 dB。声音超过 140 dB，将引起痛觉。

### 3. 声音的掩蔽

（1）含义

声音的掩蔽是指一个声音由于同时起作用的其他声音的干扰，而使听觉阈限上升的现象。　　　　　　　　　　　　　　　　>> TIPS ②

（2）种类

①纯音掩蔽：用一个纯音作为掩蔽音，观察它对不同频率的其他声音的影响。

②噪声对纯音的掩蔽。

③纯音和噪声对语音的掩蔽。

（3）影响因素

声音的频率、掩蔽音的强度、掩蔽音与被掩蔽音的间隔时间等。

（4）相关研究结果

①与掩蔽音频率接近的声音受到的掩蔽作用大；频率相差较远，受到的掩蔽作用就小，频率太近，产生拍音。

②低频掩蔽音对高频声音的掩蔽作用大于高频掩蔽音对低频声

**TIPS ①**

声音传导的顺序：声波—外耳道—鼓膜—三块听小骨（锤骨、砧骨和镫骨）—卵圆窗—正圆窗—基底膜上柯蒂氏器中的毛细胞（生成神经信号），通过听神经传向大脑中枢产生听觉。

**TIPS ②**

例如，在安静的房屋内，可以听到闹钟的滴嗒声、电冰箱的马达声等。而在人声嘈杂的室内，这些声音就被掩蔽了。

音的掩蔽作用。

③掩蔽音的强度提高，掩蔽作用增强。

## 知识点 4　听觉理论 ★★★

### 1. 位置理论

（1）赫尔姆霍兹的位置理论/共鸣理论

①由于基底膜的横纤维长短不同，靠近蜗底较窄，靠近蜗顶较宽，长度不同的神经纤维能够对不同频率的声音产生共鸣。

②声音的频率高，基底膜的短纤维发生共鸣；声音的频率低，基底膜的长纤维发生共鸣。基底膜的振动引起毛细胞的兴奋，因而产生不同的音高。这一理论强调了基底膜的振动部位对产生辨别音高的作用。　　　　　　　　　　　　　　　　>> TIPS ③

TIPS ③

如图 4-19 所示，赫尔姆霍兹认为，特定的频率与特定的基底膜部位产生共鸣，而其余部位就处于静止状态，就像钢琴琴弦一样。

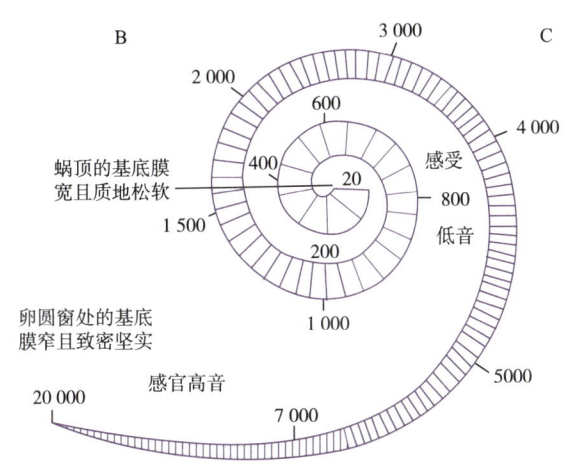

**图 4-19　不同频率的声波在基底膜的不同区域产生的最大振动**

③理论缺陷：人耳能够接受的声音频率范围为 20~20 000 Hz，最高频率与最低频率之比为 1000∶1，而基底膜上横纤维的长短之比仅为 10∶1；用基底膜长短纤维的共鸣并不能解释那么宽广的音高的辨别。

（2）贝克西的位置理论/行波理论　　>> TIPS ④

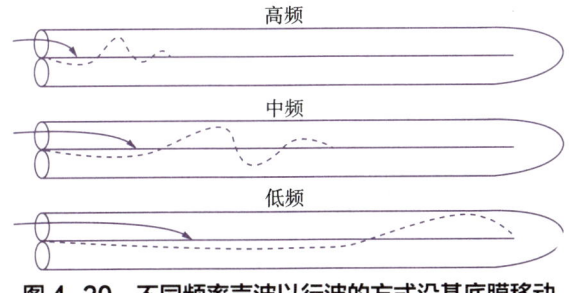

**图 4-20　不同频率声波以行波的方式沿基底膜移动**

贝克西根据研究发展和修订了赫尔姆霍兹的位置理论。

①贝克西认为，声波进入内耳将引起基底膜像行波一样振动；声音频率不同，行波最大振幅所在的部位不同。

TIPS ④

贝克西在暴露的耳蜗上做了开创性研究，认为基底膜不像赫尔姆霍兹所假设的那样以一种驻波的形式振动，而是以行波的方式由蜗底较窄的基底膜部分向蜗顶较宽部分移动，如图 4-20 所示。想象一下在海边，很急的浪（高频）一下子就会被岩石拍回去；（只能到达蜗底），而流速缓慢的海水（低频）则还可以绕开岩石，流到更远的地方（蜗顶）。

②声音频率越高，最大振幅越接近蜗底；声音频率越低，最大振幅越接近蜗顶。

③基底膜的某一部位振幅越大，基底膜柯蒂氏器上的盖膜就越弯向那个区域的毛细胞，因而使有关神经元的激活率上升。正是这些激活率最大的成组神经元分析了声音频率的信息。

总之，位置理论认为，基底膜的位置实现了对声音频率的分析，使人们知觉到不同的音高。位置理论正确解释了 1 000 Hz 以上声音音高的辨别，但难以解释 1 000 Hz 以下声音音高的辨别。因为 1 000 Hz 以下的声音会引起基底膜非常广泛区域的振动，如此广泛区域的振动不可能为毛细胞提供足以区分不同音高的信息。

### 2. 拉瑟福德的频率理论 / 电话理论

（1）主要观点

①内耳的基底膜是和镫骨按相同频率运动的，基底膜上的毛细胞产生等频率的神经冲动。

②如果声音的频率低，镫骨的振动次数少，基底膜的振动次数也少，毛细胞神经冲动的频率也就低；如果声音的频率高，镫骨和基底膜都将发生较快的振动，毛细胞神经冲动的频率也就高。毛细胞神经冲动的频率实现了对声音频率的分析。

（2）解释范围

频率理论可以解释 1 000 Hz 以下声音音高的辨别，但难以解释 1 000 Hz 以上声音音高的辨别，因为单个神经元不可能产生每秒 1 000 次以上的神经冲动。　　　　　　　>> TIPS ⑤

### 3. 韦弗尔的神经齐射理论

韦弗尔发展了频率理论，提出神经齐射理论，试图解释 1 000 Hz 以上音高的辨别。

（1）主要观点

当声音频率较低时，单个毛细胞神经冲动的频率能够编码声音频率的高低；当声音频率较高时，多个毛细胞将按照联合活动或者齐射原则发生作用，即多个毛细胞以团队合作的方式对高频的声音进行反应。

（2）解释范围

用齐射原则可以对 5 000 Hz 以下的声音进行频率分析。声音频率超过 5 000 Hz 时，位置理论是对频率进行编码的基础。

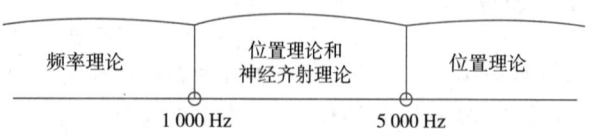

图 4-21　不同听觉理论适应范围　　　　　　>> TIPS ⑥

基底膜与镫骨的关系类似于接听电话时送话机和收话机的关系。

各个理论能够解释的频率范围如图 4-21 所示。频率理论能够解释 1 000 Hz 以下声音音高的辨别；位置理论和神经齐射理论都能够解释 1 000~5 000 Hz 声音音高的辨别，超过 5 000 Hz 的声音音高的辨别位置由位置理论来解释。

> **本节小结**
>
> 听觉的适宜刺激是声波，声波是由物体振动产生的；声波通过空气传递给人耳，并在人耳中产生听觉。声波的物理性质包括频率、振幅和波形，声波的物理特性决定了听觉的基本特性音高、音响和音色；听觉的现象包括音调、音响和声音的掩蔽；听觉的生理机制包括耳的构造和功能、听觉的传导机制和中枢机制；听觉的理论包括位置理论（包括赫尔姆霍兹的共鸣理论和贝克西的行波理论）、拉瑟福德的频率理论和韦弗尔的神经齐射理论。

## 第四节　其他感觉

### 知识点 1　化学感觉 ★

化学感觉是由**化学物质**作用于特定的感觉器官引起的，可分为嗅觉和味觉。

**1. 嗅觉**

（1）含义

①嗅觉是由有气味的**气体物质**引起的。气体物质作用于鼻腔上部黏膜中的**嗅细胞**，产生神经兴奋，经嗅束传至嗅觉的皮质部位——初级嗅皮质和次级嗅皮质，包括前额皮质和边缘系统，产生嗅觉。

②嗅觉是各种感觉中**唯一不经过丘脑的中继站**，直接将信息传动到大脑中枢的。

（2）影响嗅觉感受性的因素

①对不同性质的**刺激**有不同的感受性。

②嗅觉感受性与**环境因素**、**机体状态**有关。

③**适应**会使嗅觉感受性明显下降。

④嗅觉感受性存在**性别和年龄的差异**：女性的嗅觉比男性好，年轻人的嗅觉比老年人好；在30~30岁，嗅觉达到巅峰，40岁之后嗅觉功能缓慢衰退。

⑤长期的**职业**实践也会提高嗅觉感受性。

（3）嗅觉的产生机理

1991年，阿克塞尔和他的学生巴克联合发表论文，宣布他们发现了包括约1 000种不同基因的一个基因大家族，以及和这些基因对应的相同数目的气味受体种类。每个气味感受器都能识别多种气味，每种气味也都能被多个气味感受器识别。因此，气味感受器通过一种**复杂的合作方式**一起识别气味。

（4）嗅觉的作用

①嗅觉帮助人寻找有益的食物，避开有害的事物。

②嗅觉在人际关系和社会交往中，可以让人避开有害或不利的气味。

③嗅觉是诊断和治疗某些疾病的有效依据。　　>> TIPS ①

### 2. 味觉

（1）含义

味觉是可溶性物质作用于味蕾产生的味道感觉。

（2）感受器

味觉的适宜刺激是溶于水的化学物质，感受器是分布在舌面上的味蕾。

（3）种类

人的味觉有酸、甜、苦、咸、鲜/味精觉五种，舌两侧对酸味最敏感，舌尖对甜味最敏感，舌根对苦味最敏感，舌中对咸味最敏感。　　>> TIPS ②

（4）影响味觉感受性的因素

①嗅觉对味觉的产生有重要影响。当一个人因重感冒而鼻塞时，吃东西味同嚼蜡，这说明了嗅觉对味觉的影响。　　>> TIPS ③

②温度对味觉感受性和感觉阈限有明显的影响。

③味觉的个体差异很大，味觉也可能存在民族差异。

### 知识点 2　躯体感觉 ★

躯体感觉是由多种刺激作用于皮肤、肌肉和关节等人体组织或器官引起的，包括触压觉、温度觉、痛觉、动觉、平衡觉、内脏感觉等。

#### 1. 触压觉

（1）含义

解压觉是由非均匀分布的压力（压力梯度）在皮肤上引起的感觉。

（2）种类

触压觉分触觉和压觉两种。

外界刺激接触皮肤表面，使皮肤轻微变形，这种感觉称为触觉；外界刺激使皮肤明显变形，称为压觉。另外，**振动觉和痒觉**也属于触压觉的范围。

（3）感受器

触压觉的感受器是分布于**真皮内的几种神经末梢**，具有高度分化的特点。

迈斯纳触觉小体负责编码轻微的接触；环层小体负责编码深层的接触；梅克尔小体负责编码一般性的接触。

患新型冠状病毒感染后，患者常出现嗅觉和味觉减退或丧失。

"鲜觉"也被称为"味精觉"，是后来被发现的。引起"鲜觉"的物质存在于鸡汤、金枪鱼、海带、奶酪和大豆制品中。

例如，重感冒患者往往会感到食而无味，这是因为嗅觉和味觉常常联系在一起并相互作用，味觉受到食物气味的影响，而在感冒时，鼻子堵塞，不能闻到食物的气味。

（4）触觉感受性和触觉阈限

皮肤的不同部位具有不同的触觉感受性，面部是身体对压力最敏感的部位，其次是躯干、手指和上下肢。

人们能够分辨皮肤上两个点的最小距离称为两点辨别阈限，通常用两点阈量规进行测量。皮肤的部位不同，两点阈也不相同。手指的两点阈限值最低。

（5）触觉的定位能力

对落在皮肤上的物体的定位也是触压觉的一种形式，因身体的部位不同表示出明显的差异。

一般来说，由精细肌肉控制的身体部位，触觉定位比较敏感。指尖和舌尖有准确的定位能力；身体其他部位，如上臂、腰背部的触觉定位能力较差。

**2. 温度觉**

（1）含义

温度觉是一种温度刺激引起的感觉，由刺激温度与皮肤表面温度的关系决定。

皮肤表面的温度为生理零度，高于生理零度的温度刺激引起温觉，低于生理零度的温度刺激引起冷觉，等于生理零度的刺激不产生温度觉。

（2）感受器

皮肤对冷、热刺激的接收分别由不同感受器来完成。罗弗尼氏小体接收温的刺激，对 40 ℃左右的温度更敏感；克劳斯氏球接收冷的刺激，对 15 ℃左右的温度更敏感。

（3）影响因素

身体部位、受刺激的皮肤面积大小都会影响温度觉。不同身体部位的生理零度不同，因而对温度刺激的敏感程度也不同。例如，手部的生理零度较低，躯体、背部的生理零度较高。

**3. 痛觉**

（1）含义

当任何一种刺激对有机体具有损伤破坏作用时，都能引起痛觉。痛觉传递了机体受到伤害的信息，因而具有保护机体的作用。

（2）感受器

痛觉的感受器或伤害感受器是自由神经末梢，它分布在皮肤的表面，也存在于肌肉、肌腱、关节和内脏中。

（3）影响因素

刺激的强度、个体的差异、文化的差异和疼痛发生时心理因素的差异。

### 4. 动觉

（1）含义

动觉也称运动感觉，它反映身体各部分的位置、运动以及肌肉的紧张程度，是内部感觉的一种重要形态。

（2）感受器

动觉感受器存在于肌肉组织、肌腱、韧带和关节中，分别被命名为肌梭、腱梭和关节小体。

### 5. 平衡觉

（1）含义

平衡觉是由人体作加速度或减速度的直线运动或旋转运动时所引起的。

（2）感受器

平衡觉的感受器位于内耳的前庭器官，它包括半规管和前庭两部分。半规管反映身体旋转运动；前庭反映直线加速或减速。>> TIPS ④

### 6. 内脏感觉

（1）含义

内脏感觉也称机体觉，是由内脏的活动作用于脏器壁上的感受器而产生的。

（2）特点

内脏感觉的性质不确定，缺乏准确的定位。

**TIPS ④**

人们熟悉的晕船、晕车现象，就是由前庭器官受刺激引起的。

**本节小结**

其他感觉包括化学感觉和躯体感觉，化学感觉包括嗅觉和味觉，躯体感觉是由多种刺激作用于皮肤、肌肉和关节等人体组织或器官引起的，包括触压觉、温度觉、痛觉、动觉、平衡觉、内脏感觉等。本节内容的考查频率较低，主要以单选题的形式进行考查，同学们要注意各种感觉产生的感受器。

## 名词总结

| 感觉 | 近刺激和远刺激 | 感觉编码 | 绝对感觉阈限 |
| 绝对感受性 | 差别阈限 | 差别感受性 | 韦伯定律 |
| 对数定律 | 幂定律 | 信号检测论 | 感觉适应 |
| 感觉对比 | 联觉 | 后像 | 感觉补偿作用 |
| 视锥细胞 | 视杆细胞 | 视觉感受野 | 视觉对比 |
| 马赫带 | 明适应和暗适应 | 闪光融合 | 三色说 |
| 四色说 | 位置理论 | 频率理论 | 神经齐射理论 |

# 第五章　知　觉

## 知识导读

在实际生活中，我们不仅要认识事物的个别属性，还要认识事物的整体，了解它的意义，这就是知觉。本章首先介绍了什么是知觉，知觉与感觉的关系，知觉有什么特性，知觉的组织原则、信息加工以及分类；其次，介绍了几种重要的知觉：空间知觉、时间知觉和运动知觉；最后介绍了知觉的一种特殊形态——错觉。

在心理学考研中，第一节的内容是本章的高频考点，不管是单选题、多选题还是简答题都涉及。第二节在《普通心理学》第六版改动较大，深度与距离知觉是往年考查的重点；第三节主要以单选题、名词解释或简答题的形式进行考查，影响时间知觉的因素和似动的形式是考查的重点；第四节相对来说考查较少。

## 知识地图

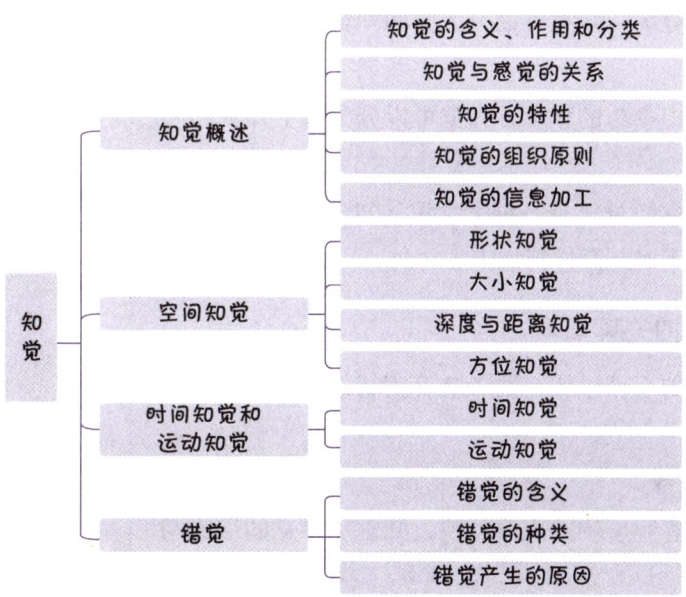

## 第一节 知觉概述

### 知识点 1　知觉的含义、作用和分类 ★

**1. 知觉的含义**

①知觉是比感觉复杂的一种心理现象，是对感觉信息的解释，并赋予感觉信息某种特定的意义。

②知觉整合了感觉提供的各种信息，形成了对某个客体的整体映象或客体所处的状态（运动或静止）的认识。

**2. 知觉的作用**

知觉作为一种活动、过程，包含了互相联系的几种作用：觉察、分辨和确认。　　　　　　　　　　　　　　　　　» TIPS ①

①觉察：是指发现事物的存在，而不知道它是什么。

②分辨：是指把一个事物或其属性与另一个事物或其属性区别开来。

③确认：是指利用已有的知识经验和当前获得的信息确定知觉的对象是什么，给它命名，并把它纳入一定的范畴。

**3. 知觉的分类**

①根据起主导作用的感官的特性，知觉可分为视知觉、听知觉、触知觉、嗅知觉、味知觉等。

②根据事物的特性分类，知觉可以分为空间知觉、时间知觉和运动知觉。

③根据意识在知觉中参与的程度，知觉可以分为阈上知觉和阈下知觉。

阈下知觉也称无觉察知觉，是一种无意识的知觉，即个体可以在低于知觉阈限的情况下对刺激进行加工。

### 知识点 2　知觉与感觉的关系 ★★

知觉和感觉是不同的心理过程，两者既有密切的联系，又有本质的区别。

**1. 知觉与感觉的联系**

①都是人脑对当前客观事物的主观反映，知觉和感觉的形成与发展离不开人脑的活动。

②同属于认知活动的初级阶段，即感性认识阶段。

③感觉是知觉的基础与有机组成部分，知觉是感觉的深入与发展。

例如，我们走在路上，看到草丛中有什么在动，但并不知道是什么（觉察），然后走近一看，发现有羽毛，有两只腿，还有翅膀，嘴巴是尖尖的（分辨），于是我们根据自己以往的经验，判断这是一只麻雀（确认）。

### 2. 知觉与感觉的区别

①两者所反映的内容不同。知觉反映的则是事物的整体属性，而感觉反映的是事物的个别属性。

②知觉虽然以感觉为基础，但知觉要比感觉复杂得多，它并不是感觉的简单总和。

③从知觉和感觉的生理机制来看，感觉是单个分析器活动的结果，而知觉则需要多个分析器的共同作用。同时，知觉还受个体已有知识经验的影响。　　　　　　　　　　　　　　　>> TIPS ②

对个别颜色、音符的认识属于感觉，对绿叶、乐曲的认识是知觉。

## 知识点 3　知觉的特征 ★★★

### 1. 知觉的选择性

（1）知觉选择性的含义

①人在知觉客观世界时，总是有选择地把少数事物当成知觉的对象，而把其他事物当成知觉的背景，以便更清晰地感知一定的事物与对象。知觉过程是从背景中分出对象的过程。

②知觉时，对象和背景是可以相互转化的，在注意的选择作用下，原来的背景有可能成为对象，而原来的对象也可能成为背景，对象与背景相互依赖。　　　　　　　　　　　　　　　>> TIPS ③

例如《奴隶市场和消失的伏尔泰半身像》（见图5-1）是经典的对象与背景相互转换的两可图（双歧图形），这张画既可以看成是伏尔泰的半身像，又可以看成是奴隶市场。

**图 5-1　对象与背景相互转化的两可图**

（2）知觉选择性的特点/影响因素

①受客观刺激物特点的影响　　　　　　　　　　　>> TIPS ④

a. 刺激物强度大、对比明显、颜色鲜艳时，容易成为知觉对象。

b. 刺激物在空间上的接近、连续或形状相似时，容易成为知觉对象。

c. 刺激物符合"良好图形"原则时，即图形具有简明性、对称性时，容易成为知觉对象。

d. 刺激物轮廓封闭或趋于封闭时，容易成为知觉对象。

例如，"万绿丛中一点红"，红就容易被区分出来。

②知觉选择性受人的主观因素的影响

知觉的选择性与知觉者的需要与动机、兴趣与爱好、目的与任务、已有知识经验及刺激物对其意义等也有密切的关系。

### 2. 知觉的整体性

（1）知觉整体性的含义

知觉的整体性是指在知觉过程中，将刺激的个别属性、个别部分综合为整体的倾向。　　　　　　　　　　　　　　　　》TIPS ⑤

（2）知觉整体性的特点/影响因素

①知觉整体性不仅与刺激物本身的特征以及各部分之间结构成分密切相关，还受到个体原有的知识经验的影响。

②刺激物的各个部分、各种属性对个体产生整体知觉的作用不同。客观刺激物的关键性成分或关键性特征对知觉的整体性起决定作用。　　　　　　　　　　　　　　　　　　　　　　　》TIPS ⑥

（3）知觉整体性的作用

①在知觉活动中，人对整体的知觉可能优先于对个别成分的知觉。内温（Navon）的实验证明了"整体优先效应"，如图5-2所示。
　　　　　　　　　　　　　　　　　　　　　　　　　　》TIPS ⑦

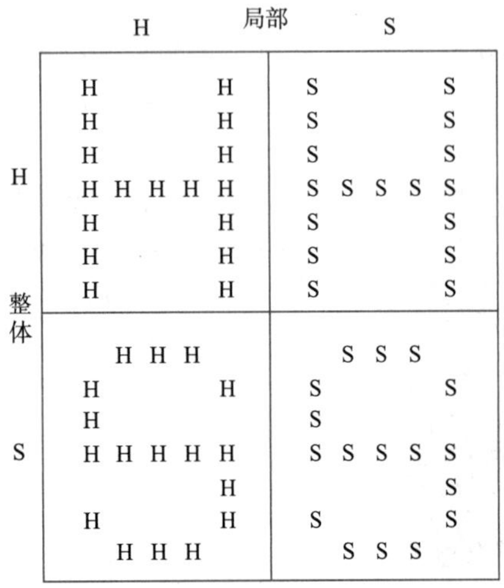

图 5-2　整体优先效应的实验材料

②知觉的整体性提高了人们知觉事物的能力。

③由于知觉的整体性，人们有时会忽略部分或细节的特征。
　　　　　　　　　　　　　　　　　　　　　　　　　　》TIPS ⑧

### 3. 知觉的理解性

（1）知觉理解性的含义　　　　　　　　　　　》TIPS ⑨

在知觉过程中，人不是被动地认识知觉对象的特点，而是以过去的知识经验为依据，力求对知觉对象做出某种解释，使它具有一定的意义。　　　　　　　　　　　　　　　　　　　　》TIPS ⑩

**TIPS ⑤**

例如，窥一斑而知全豹。

**TIPS ⑥**

例如，抽象派画家的作品可能缺乏合适的线条比例、粗细，图案也可能不恰当，但人仍能从整体上把握它、理解它、识别它和欣赏它，其原因在于作品中的关键性特征为知觉整体性创造了一定的条件。

**TIPS ⑦**

在实验中，被试的反应有局部反应和整体反应。在局部反应中，要求被试判断小字母（"H"或"S"）；在整体反应中，要求被试判断大字母（"H"或"S"）。结果发现，当要求被试进行局部反应时，如果小字母与大字母不一致，他们的反应速度就会变慢；当要求被试进行整体反应时，他们的反应速度不受组成的小字母的影响。

**TIPS ⑧**

做文字校对工作的人，由于对整个文句的感知，有时难以发现句中个别漏字或误写的字词，这就是受对整体的知觉抑制了对个别成分的知觉的影响。

**TIPS ⑨**

例如，一千个读者心中有一千个哈姆雷特。

（2）知觉理解性的特点/影响因素

①知觉理解性是以人已有的知识经验为前提对信息进行加工处理的。

②知觉理解性受言语指导的重要影响

言语指导可以为知觉理解性指引组织信息的方向。当刺激信息判断标志不甚明显时，适当的言语指导可以帮助人唤起过去的知识经验，促进其对知觉对象的理解。

（3）知觉理解性的作用

①帮助知觉对象从知觉背景中分离出来。

②有助于知觉的整体性：能够帮助人们把缺少的部分补充出来。

③能产生知觉期待和预测。

### 4. 知觉的恒常性

（1）知觉恒常性的含义

当知觉对象的刺激输入在一定范围内发生变化时，知觉映像并不因此发生相应的变化，而是维持恒定。　　》TIPS ⑪

（2）知觉恒常性的分类

①形状恒常性

当我们从不同的角度观察同一物体时，物体在视网膜上投射的形状是不断变化的。但是，我们知觉到的物体形状并没有表现出很大的变化，这就是形状的恒常性。　　》TIPS ⑫

a. 完全恒常性：看到的形状与物体的实际形状完全相同。

b. 无恒常性：看到的形状与物体在视网膜上投影的形状完全一样。

c. 实际恒常性：知觉到的形状处于物体的实际形状和物体在视网膜上投射的形状之间，而偏向于物体的实际形状，习惯上也称其为知觉恒常性。

②大小恒常性

大小恒常性是指在一定范围内，不论观看距离如何，人们都倾向于把物体看成特定的大小。　　》TIPS ⑬

大小恒常性与距离、经验、环境线索关系密切。如果在知觉某事物时距离等因素发生偏差，人在知觉该物体的大小时就会感到困惑，甚至难以知觉。例如，艾姆斯设计的艾姆斯小屋，如图 5-3 所示。

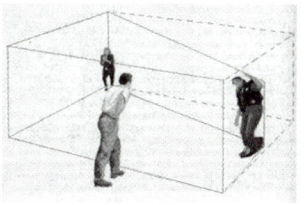

**图 5-3　艾姆斯小屋**　　》TIPS ⑭

---

**TIPS ⑩**

整体性与理解性的区别：

（1）整体性强调从整体出发把握知觉材料形成认识：对大多数人来说，整体加工都优先于局部加工。因此，一般来说，体现整体性的现象作用于不同个体会产生同样的知觉结果。

（2）理解性强调有先入为主的知识影响了对知觉材料的认识：不同的个体的知识经验不同，因此，一般来说，体现理解性的现象作用于不同个体会产生不同的知觉结果。

**TIPS ⑪**

知觉恒常性说明人的知觉依赖知识经验，也是人的认识具有能动性的一种表现。

**TIPS ⑫**

例如，在观察一本书时，不管从正上方看还是从斜上方看，这本书的形状都是长方形。形状恒常性是建立在人的生活经验与已有知识的基础上的。

**TIPS ⑬**

例如，同样一个人站在离你 3 m、5 m 的不同距离，尽管这个人在视网膜上的投射大小有很大变化，但是你看到的大小并没有明显改变。这主要是由过去经验的作用以及观察者对距离等刺激条件的主观加工造成的，也是学习和实践的结果。

**TIPS ⑭**

艾姆斯小屋从前面看似乎是正常的，但实际上右边矮左边高，小屋的左后角离窥孔要远些，因此同一物体在左后角看起来比在右后角要显得小。

③明度恒常性

明度恒常性是指在照明条件改变时，物体的相对明度或视亮度保持不变。例如，白墙在阳光和月色下看都是白色的，而煤块在阳光和月色下看都是黑色的。可见，人们看到的物体明度并不取决于照明条件，而是取决于物体表面的反射系数。

④颜色恒常性

颜色恒常性是指一个有颜色的物体在色光照明下，我们知觉到它的表面颜色并不受色光照明的严重影响，而是保持相对不变的现象。

>> TIPS ⑮

例如，用不太饱和的黄光照射蓝色色盘，我们看到的不是灰色，而是饱和度较小的蓝色；室内的家具在不同颜色灯光的照射下，颜色相对保持不变；一面红旗，不管在白天还是晚上，在路灯下还是阳光下，在红光照射下还是黄光照射下，人都会把它知觉为红色。

⑤方向恒常性

方向恒常性是指人不随身体部位或视像方向的改变而感知物体实际方位的知觉特性。

（3）影响知觉恒常性的条件

①视觉线索：指环境中的各种参照物为人们提供的物体距离、方位和照明条件的信息；这些信息对维持知觉的恒常性有重要意义。如果消除环境中的视觉线索，恒常性就会遭到破坏。

②人的知识经验：知觉的恒常性不是生来就有的，而是通过生活经验习得的，而生活经验又会受到我们居住地区的文化和环境的影响。

（4）知觉恒常性的意义

①对人们认识周围世界非常重要，能让人获得确定的知识。

②有助于建筑、艺术等实践部门的工作；有助于现代计算机技术的发展。

③知觉恒常性的变化影响人的日常生活，心理学研究表明，酒精会破坏司机的大小知觉恒常性和形状知觉恒常性，这是酒后驾车事故多发的原因之一。

### 知识点 4　知觉的组织原则 ★★★

关于视野中的哪些成分容易结合为一个图形的问题，心理学家经过大量的研究提出了一些图形的组织原则。

①邻近性：在其他条件相同时，空间上彼此接近的部分容易组成图形。

②相似性：视野中相似的成分容易组成图形。

③对称性：视野中对称的部分容易组成图形。

④良好连续：具有良好连续的几条线段容易组成图形。

>> TIPS ⑯

⑤共同命运：当某些成分按照共同方向运动或变化时，容易组成图形。

这里的"连续"未必是指事实上的连续，而是指心理上的连续。例如，有音乐素养的人会分辨出多人合唱或多种乐器合奏中每种声音的前后连续性，而不会把它们知觉为各种不同声音的混杂。

⑥封闭：视野中封闭的线段容易组成图形。

⑦线条朝向：线条朝向相同容易组成图形。

⑧简单性：视野中具有简单结构的部分，容易形成图形。

⑨均质连接性：两个相连的点子更容易被看成一组，是比相似性和临近性更有效的一个知觉组织原则。例如，在图5-4（a）和图5-4（b）中，相连的点子比邻近的点子更容易被看成一组。　>> TIPS

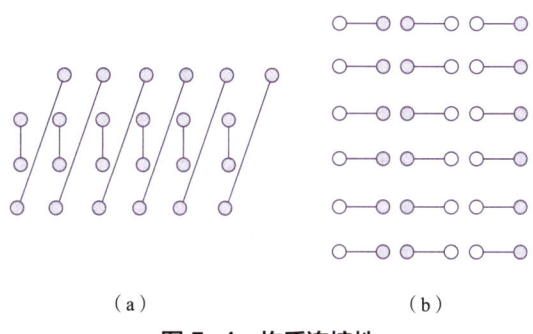

图5-4　均质连接性

⑩同域原则：处于同一地带或同一区域的刺激物更容易被视为一个整体，如图5-5所示。

图5-5　同域原则

### 知识点 5　知觉的信息加工 ★★★

**1. 知觉的自下而上加工与自上而下加工**

（1）自下而上的加工 / 数据驱动加工

知觉依赖感觉输入的信息（感觉信息），即直接作用于感官的刺激物的特性，如光的波长与振幅、空气振动的频率与声压水平、物体的原始特征与线条朝向、物体的位移等。对这些特性的加工叫自下而上的加工或数据驱动加工。　>> TIPS

（2）自上而下的加工 / 概念驱动加工

知觉依赖人的过去的知识和经验，包括知觉者对事物的需要、兴趣和爱好，或对活动的预先准备状态和期待、他的一般知识经验等（非感觉信息）。这种加工叫自上而下的加工或概念驱动加工。

　>> TIPS

均质连接性是《普通心理学》第六版新增的内容。

例如，颜色和明度知觉依赖于光的波长与强度，音调和音响知觉依赖于声波的频率与声压水平，形状知觉依赖于物体的原始特征和线条朝向，运动知觉依赖于物体的位移。

例如，我们去火车站接一位不认识的客人，对客人的期待将影响到我们对他的识别和确认。又如，在阅读课文时，由于个人的知识经验不同，我们从课文中提取的信息也是不一样的。

（3）两种加工方式的关系

在实际知觉过程中，两种加工是相互作用的，或者说，知觉是两种加工交互作用的结果。

①如果由过去经验提供的非感觉信息多，他们所需要的感觉信息就可能减少，这时自上而下的加工占优势；

②如果由过去经验提供的非感觉信息少，就需要更多的感觉信息，这时自下而上的加工占优势。

### 2. 模式识别理论

模式识别理论主要探讨人怎样从外界的刺激模式中获取感觉信息，以及如何应用以后的知识经验对感觉信息进行解释，从而获得事物的意义。

（1）模板匹配理论

①主要观点：在人的长时记忆中储存着各种各样来自个体生活经历的外部模式的缩小的拷贝或复本，即模板，这些模板与现实世界中的刺激模式存在一一对应的关系。模板匹配理论认为模式识别是刺激模式与头脑中的模板产生最佳匹配的过程。

>> TIPS ⑳

②评价：模板匹配理论提出的记忆假设模板不仅给人的记忆带来沉重负担，而且使人对事物的识别显得呆板，与实际情况不符；难以解释人对新异的、不熟悉的刺激模式的识别过程；有关知觉活动过程和知识表征的问题没有得到明确的说明。

（2）原型匹配理论

①主要观点：在人的长时记忆中储存的是原型，它是人对某类客体的内部表征，即人对某一类别或范畴中所有个体的**概括性表征**，反映了某类客体的基本成分或关键性特征，因而是一种心理上的抽象。在模式识别时，外部刺激信息只需与记忆中的原型近似匹配就能达到模式识别。因此，只要存在相应的原型，个体也可以识别新异的、不熟悉的刺激模式。

>> TIPS ㉑

②评价：原型匹配理论大大减少了模板的数量，减轻了记忆的负担，而且使人的模式识别过程更加具有灵活性，更能适应外部环境的变化。

（3）特征分析模型

①主要观点：任何模式都可以分解为诸多属性或特征，各种模式在长时记忆中的编码是以模式具有的各种基本特征来表征的。在模式识别的过程中，个体首先对刺激的各种特征或属性进行分析，抽取出刺激模式的有关特征或属性，然后将它们加以综合，再与长时记忆中储存的各种刺激特征进行比较，一旦获得了最佳的匹配，

**TIPS 20**

模板匹配理论认为的模式识别的过程：刺激信息—匹配—记忆中一一对应的模板。例如，计算机通过对具有不同宽度、间隔和长度的条形码进行模板匹配，自动记录相对应商品的品种与价格，从而快捷地计算商品的销售量和总金额。

**TIPS 21**

原型匹配理论认为的模式识别的过程：刺激信息—匹配—记忆中概括化的表征（原型）。例如，有两个翅膀的长筒可以作为飞机的原型，利用该原型，可以识别各种不同外形的飞机。

该刺激模式便得到识别。塞尔弗里奇提出了著名的特征分析模型，称为"泛魔"识别模型。该模型把模式识别的过程分为不同的层次，每个层次上都有许多执行某种特定任务的"鬼"，不同层次上的"鬼"依次工作，最终实现模式识别。　　　　　　　>> TIPS ㉒

　　a. 映象鬼：对外部刺激进行编码，形成刺激模式的映象或表象。

　　b. 特征鬼：对刺激模式的映象进行分析，将其分解为各种特征。

　　c. 认知鬼：监视和处理来自特征鬼的喊叫信号。

　　d. 决策鬼：选择喊叫声最大的那个认知鬼所负责的模式作为要识别的模式，完成模式识别。

　　②评价：特征分析模型只对部分模式识别过程做出了解释，因为它关注的只是模式识别自下而上的加工部分，忽略了基于背景信息的个体主观期待等自上而下的加工过程。

　　（4）结构优势描述理论

　　①主要观点：结构优势描述理论由布鲁斯提出。该理论认为，模式识别与其所处的环境信息有密切的联系，整体结构在模式识别过程中可以起到有利的作用，它们被统称为结构优势效应。

　　②具体包括：

　　a. 字词优势效应：个体识别一个词中的字母的正确率要比识别一个单独的字母高。

　　b. 字母优势效应：个体对字母的识别要优于对单独线段的识别。

　　c. 客体优势效应：个体对同一个客体图形中线段的识别优于对结构不严密的图形中同一线段或单独的线段的识别。

　　d. 构形优势效应：个体对一个完整图形的识别要优于对图形中的某个部分的识别。

　　特征分析模型认为模式识别的过程：抽取特征—分析特征—与记忆中的特征进行比较。例如，一个大写的英文字母 A 可以分解为下列特征：两条斜线、一条水平线和三个锐角（抽取特征），这三个锐角实际上表明这些线段的关系，即两条斜线相交和水平线与两条斜线相接（分析特征），与长时记忆中字母 A 的特征匹配（比较），因而识别出其是英文首字母 A。

**本节小结**

　　人通过感官得到了外部世界的信息，这些信息经过头脑的加工产生了对事物整体的认识，并了解它的意义，就是知觉；根据不同的分类标准，知觉可划分为不同的类型。知觉以感觉为基础，但不是个别感觉信息的简单总和；知觉的基本特征有选择性、整体性、理解性和恒常性；知觉的组织原则包括邻近性、相似性、对称性、良好连续、共同命运、封闭、线条朝向、简单性、均质连接；知觉依赖两种加工：自下而上的加工和自上而下的加工。

## 第二节　空间知觉

　　空间知觉是对物体的形状、大小、距离、方位等空间特性的知觉。它包括形状知觉、大小知觉、深度与距离知觉、方位知觉等。

# 知识点 1　形状知觉 ★★★

## 1. 什么是形状知觉

①形状知觉是人和动物共同具有的知觉能力，是视觉、触觉、动觉协同活动的结果。

②形状知觉主要有物体识别、面孔识别和文字识别三种。

a. 物体识别：指对物体形状的知觉，包括将一个物体的形状与另一个物体的形状区别开来，确认一个物体，给物体命名等。研究发现，物体识别与视觉的腹侧通路有关。

b. 面孔识别：面孔常常被表征为一个整体，面孔识别主要依赖眼睛、鼻子、嘴巴等的空间关系。面孔识别还包括表情识别，我们通过人的面部表情就能了解他的喜怒哀乐等情绪状态。面孔识别发生在腹侧的颞 – 枕联合区，也称面孔识别区，该区受损会出现面孔失识症。　　　　　　　　　　　　　　　》TIPS ①

c. 文字识别：在图形识别中有其特殊性。无论看到的是印刷体还是手写体，无论每个词的字体、字号等在视网膜上的投射位置如何改变，人的视觉系统都可以毫不费力地在 250 ms 内完成对一个字词的识别。文字识别是阅读活动的基础。认知神经科学研究发现，文字识别有专门的字形加工区，即腹侧颞叶的左侧梭状回。

## 2. 人如何知觉形状　　　　　　　　　　　　　　　》TIPS ②

（1）轮廓与边界检测

①轮廓代表了图形及其背景的一个分界面，是在视野中邻近成分的明度或颜色突然变化时出现的。

②轮廓的形成与边界检测有关。视神经节细胞具有检测边界的功能，因而与轮廓的感知有关。轮廓的形成受到视觉系统自上而下的调节。

③主观轮廓（错觉轮廓）：当客观上不存在刺激的梯度变化时，人在一个同质的视野中也能看到轮廓的现象。

主观轮廓表现了视觉系统的一个特点：当视野中出现不完整因素时，视觉系统就倾向于把它们整合起来，变成比较简单、稳定、正规化的图形。

也有人认为，主观轮廓是由图形提供的某些深度线索引起的。深度线索的变化或被破坏，会引起主观轮廓不同程度的破坏。

（2）知觉系统的整合和完善功能

知觉系统具有将个别特征进行整合的能力，这个过程也是形状知觉形成的过程。

（3）经验在形状知觉中的作用

在知觉过程中，过去的经验有重要作用，这可以用知觉定势和

有研究发现，颞极区域存在"祖母神经元"，对熟悉的面孔反应比不熟悉的面孔更强烈。

人对物体形状的知觉要经过以下几步：首先是特征分析，即提取物体形状的个别特点或特征，如线条和角度；其次将这些整合在一起，提取它们的轮廓，把它们从背景中区别出来，这个过程叫"特征捆绑"，其中注意起很大作用，这个过程也是眼睛注视的过程；最后把人的知识经验整合进去，形成物体的现状。前两步是自下而上的加工，最后一步是自上而下的加工，因此形状视觉和所有知觉一样，都是两种加工交互作用的结果，整个过程是在瞬间完成的，常常是人意识不到的。

倒视来说明。

①知觉定势：指前面的知觉经验对后来知觉的影响，如图 5-6 所示。

>> TIPS ③

（a）

（b）

（c）

图 5-6　知觉定势

**TIPS 3**

在图 5-6 中，先看 a 图，再看 b 图，容易把 b 图看成萨克斯管的吹奏者；先看 c 图，再看 b 图，容易把 b 图看成妇女的面孔。这说明前面的知觉直接影响了后来的知觉，产生了对后续知觉的准备状态。知觉、运动和思维中都存在定势现象。

②倒视：如图 5-7 所示，两张照片颠倒呈现，乍一看，没有看出什么差异，但如果把图片顺过来，就会发现，两张图片中面孔的嘴巴和眼睛其实是有明显区别的，出现这种现象的原因在于，人们平时都是按正常方向知觉人脸的整体特征的，而这种经验会影响对面孔细节的知觉。

>> TIPS ④

 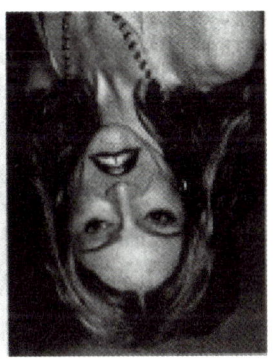

图 5-7　倒视

**TIPS 4**

面孔识别采用整体编码，倒置的面孔可能破坏了面孔的整体结构，因此倒置的面孔由一般的物体知觉系统来加工，这就是著名的面孔识别的倒置效应。

### 3. 形状知觉的理论

（1）特征分析理论

①物体形状的识别开始于对原始特征的分析与检测（见图 5-8）。形状知觉是在感觉信息的基础上，通过特征分析和整合过程形成的。这些原始特征包括点、线条、角度、朝向和运动等。

②神经科学和心理学将人脑如何将不同的特征联合在一起的问题称为特征捆绑问题。

③注意在特征整合中起着非常重要的作用，在没有注意参加时，特征可能是游离的，因而可能产生错误的结合，注意就像胶水一样，把许多特征整合在一起，因而可能知觉到事物的整体，这就是知觉特征整合理论。

④视觉系统对这些特征的检测是自动的,无须意识地努力,可以用视觉搜索实验来证明,如图5-8所示。特征分析是由视觉系统的特征检测器来完成的。　　　　　　　　　》 TIPS ⑤

**图 5-8　对图形原始特征的分析**

### TIPS ⑤

如图5-8所示,若目标图形是"O",那么很快就能发现,图形"V"的数目不影响检测图形"O"的速度。特征分析理论认为,知觉是从特征分析开始的,先有特征分析,然后经过特征捆绑,将特征整合起来,形成知觉。

(2)成分识别理论

①物体识别基于对构成物体的基本成分(几何元件)的分析,如三角形、圆柱形、锥形、弧形、端点、结合点等。知觉系统借助这些成分和它们之间的相互结合,就能识别众多物体的形状。

②复杂的物体比简单的物体有更多的几何元件,因而更容易被识别。

③人对物体的识别只需要根据物体少量的**关键性成分**,而不必确认其全部成分。在这些关键性成分中,结合点或某些特定的轮廓信息对物体的识别有重要作用。

(3)大范围优先的拓扑性质知觉理论

①拓扑性质知觉理论由陈霖提出,认为对形的识别开始于拓扑性质的检测。

②在视觉加工的早期,人的视觉系统不是提取物体的几何性质的特性,而是对刺激的整体性质(拓扑性质)更敏感,这些特性包括连通性、洞的数目等。

③相关研究发现,左半球对拓扑性质的差异更敏感,而右半球对朝向的差异更敏感。　　　　　　　　　　　　》 TIPS ⑥

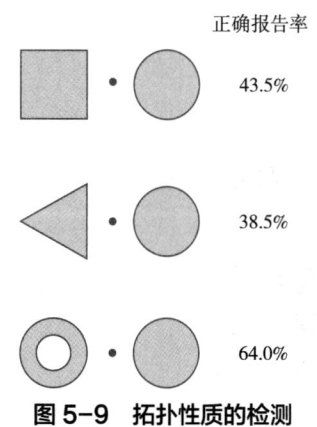

**图 5-9　拓扑性质的检测**

### TIPS ⑥

陈霖的实验向被试呈现三对图形,如图5-9所示。从拓扑性质的角度看,实心正方形、实心圆和三角形是拓扑等价的,而圆圈中间有一个洞,与其他图形不同。实验要求被试辨认每次呈现的两个图形是否相同。结果显示拓扑性质不同的圆圈和实心圆的分辨率最高,与其他两对图形刺激的结果都达到了显著差异水平,而且差异产生的原因不能用刺激间的其他几何特征的不同来解释。

### 知识点 2　大小知觉 ★

**1. 大小知觉的含义**

大小知觉是关于物体大小的知觉。

**2. 大小–距离不变假设**

①知觉的物体大小与物体在视网膜上投影的大小有关。视像的大小服从于几何投影的规律：距离远，同一物体的视像小，距离近，同一物体的视像大。用公式表示为：$a=A/D$。式中：$a$ 是视像的大小，$A$ 是物体的大小，$D$ 指对象与眼睛的距离。

②人们在进行大小知觉时，同时考虑了视网膜投影的大小和知觉距离。距离相等时，视像大，说明物体大；视像小，说明物体小。在视像恒定时，距离远，说明物体大；距离近，说明物体小。人们在知觉物体大小时，不自觉地解决了大小与距离的关系，这就是大小—距离不变假设。

**3. 影响大小知觉的因素**

①物体的熟悉性：熟悉的大小使人们能较准确地知觉到物体的实际大小。

②邻近物体的大小：两个实际大小相等的物体，在大的物体包围中的物体显得小，而在小的物体包围中的物体显得大。

③体态变化：当观察者俯视或仰视时，知觉对象都会缩小。

### 知识点 3　深度与距离知觉 ★★★

**1. 深度与距离知觉的含义**

人不仅能够知觉物体的形状，而且能够知觉物体的深度和距离。形状知觉属于二维空间的知觉，而深度知觉属于三维空间的知觉，即不仅能够知觉物体的高和宽，而且能够知觉物体的距离、深度、凹凸等。

**2. 深度与距离知觉的线索**

人眼知觉物体的深度与距离主要依赖于肌肉线索、单眼线索和双眼视差。

&gt;&gt; TIPS ⑦

（1）肌肉线索（生理线索）

①调节：指晶状体的形状（曲度）因所视物体与眼距离的改变而变化。看近物，晶状体曲度变大；看远物，晶状体曲度变小。晶状体曲度的变化是由改变睫状肌的紧张度来实现的。调节作用只在较小的距离范围内（1~2 m）起作用。

②辐合：指眼睛随距离的改变而将视轴会聚到被注视的物体上。辐合是双眼的功能，可用辐合角来表示。双眼视轴相交于物体上并形成一定的交角，称为辐合角。物体近，辐合角大；物体远，

有些教材只分成了单眼线索和双眼线索，将生理线索归为双眼线索。

辐合角小。根据辐合角大小的变化，人获得了物体远近距离的信息。

>> TIPS ⑧

（2）单眼线索

单眼线索是指用一只眼睛就能感受的深度线索。这些线索包括以下内容：

①对象的遮挡：一个物体部分地遮盖另一个物体，被遮盖的物体就被知觉成远些。

②线条透视：两条向远方伸延的平行线看起来趋于接近。

>> TIPS ⑨

③空气透视：物体反射的光线在传送过程中是有变化的，包括空气的过滤和引起的光线散射。远处的物体显得模糊，细节不如近处的物体清晰。

>> TIPS ⑩

④相对高度：在其他条件相同时，视野中两个物体相对位置较高的，显得远些。

⑤纹理梯度（结构极差/结构梯度）：指视野中的物体在视网膜上的投影大小和投影密度发生有层次的变化，远处对象投影较小，投影密度较大；近处对象投影较大，投影密度较小。

>> TIPS ⑪

⑥运动视差：当观察者与周围环境中的物体相对运动时（包括观察者移动自己的头部或观察者随运动着的物体而移动），近处物体看上去移动得快，方向相反；远处物体移动较慢，方向相同。

>> TIPS ⑫

⑦运动透视：当观察者向前移动时，视野中的景物也会连续活动，近处物体流动的速度快，远处物体流动的速度慢的现象。

>> TIPS ⑬

（3）双眼线索

①人的两眼间有一定的距离，这样物体在左、右眼上的成像便是有差异的，左眼看物体的左边多一些，右眼看物体的右边多一些，物体在左、右眼上的视网膜像的差异称为双眼视差。双眼视差是判断深度和距离的主要线索。

>> TIPS ⑭

②人在知觉物体时，如果将两眼视网膜重叠起来，它们的视像会重合在一起，即看到单一、清晰的物体；当视像落在视网膜非对应部位而且差别不大时，人将看到深度与距离；双眼视差进一步加大，人将看到双像。

>> TIPS ⑮

③当距离超过1300 m时，两眼视轴平行，双眼视差为零，对判断距离便不起作用了。

TIPS ⑧

将你的手指放在眼前，这根手指与你的两只眼睛所形成的夹角就是辐合角。当你的手指离你的鼻尖越来越远的时候，辐合角越来越小；当你的手指离你的鼻尖越来越近的时候，辐合角越来越大。

TIPS ⑨

例如，远方的铁轨会给人以集聚的知觉。同样大小的物体，近物所占视角大，在网膜上投影大，看起来较大，即知觉为近；远物所占视角小，在网膜上投影小，看起来较小，即知觉为远，因而两条平行延伸至远方的直线看起来趋于接近。

TIPS ⑩

空气透视和天气的好坏有很大的关系。天高气爽，空气透明度大，人会觉得看到的物体离自己近些；阴霾深沉或风沙弥漫，空气透明度小，人会觉得看到的物体离自己远些。所谓"望山跑死马"，山看上去很近，但实际上很远，就是不能有效利用空气透视造成的。

TIPS ⑪

向日葵田中的向日葵看起来近疏远密，反映的就是纹理梯度。

## 知识点 4　方位知觉 ★★

方位知觉也称知觉定位，是指人对物体的空间关系、位置和对机体自身所在空间位置的知觉。方位知觉是各种感觉协同活动的结果，不同物种在方位知觉中凭借的感官不完全相同。视觉与听觉在其中有特别重要的作用。

### 1. 视觉定位

①当人们用眼睛环视周围环境时，环境中的物体就在视网膜上形成了不同的投影。这些物体在视网膜上投影的相对位置的不同提供了空间方位的信息。

②人的视觉定位必须借助各种主客观的参照物。

a. 太阳的位置和地球的磁场是人们判断东南西北的参照物，天空和地面是人们判断上下的参照物，人体和外物的关系是人们判断前后、左右的参照物。以上这些参照物叫作原始的参照物或参照系。

b. 从原始参照物中分出更具体的定位指标，在视觉定位中也起重要作用。由于生活习惯的影响，不同国家、地区的人习惯采用的定位指标可能不一样。

③在视觉定位中，视觉、触觉、动觉和前庭觉的联合作用有重要意义。斯特拉顿的知觉学习实验有力了说明了这一点。

### 2. 听觉定位

（1）人的听觉定向具有的规律

①来自人体左、右两侧的声源易辨认，从不互相混淆。

②头部中切面上的声音易混淆，难辨前后、左右，须转动头部才能正确定向。

③两耳连线的中点为顶点作一圆锥，则圆锥面上各点发出的声音易混淆，前后、上下难辨。

（2）听觉线索

①单耳线索

由单耳提供的距离线索。声音强则声源近，声音若则声源远。

②双耳线索

同一声源到达两耳的距离不同，产生了两耳刺激的时间差和强度差、位相差。这是人耳进行声音定位的主要线索。

a. 时间差：指声源从不同的方向传入两耳的时间差别。

b. 强度差：指同一声源从不同的方向传到两耳时，在两耳造成的强度差别。两耳强度差是高频声音方向定位的主要线索。两耳的强度差随声音频率的不同而不同；低频声音的波长大于头宽，它的

 TIPS 12

例如，火车向前疾驶时，人会觉得靠近铁路的物体很快地向后倒去，远处的物体则慢慢向前移动。运动视差是由于在同一时间内距离不同的物体在视网膜上运动的范围不同，近处物体视角大，在视网膜上运动的范围大；而远处物体视角小，在视网膜上运动的范围小，因而产生不同的速度印象。

 TIPS 13

例如，当驾驶飞机在机场降落时，飞行员会发现前方的景物似乎朝自己运动，近处快，远处慢。运动透视是在观察者向前运动时，由于远近物体在视网膜上引起的运动速度不同而引起的；近处的物体会"逼近"观察者，显得越来越大。

  TIPS 14

人的两只眼睛相距约55~70 mm，当我们看立体的物体时，两眼从不同的角度看这一物体，视线便有点差别：右眼看到右边多些，左眼看到左边多些，这样，两条视线落在两个视网膜的部位便不完全相同，也不完全重合，这就是双眼视差。

 TIPS 15

立体电影就是根据这个原理制作的：在拍摄时，使用两台摄像机在相距几厘米的地方同时进行拍摄。放映时，把两个影像同时放映在银幕上，观众戴上左右镜片各自滤去一个影像的特制眼镜，使左、右两眼的视像落在两眼视网膜上的非对应点，并产生一定的差异，从而产生立体知觉。

传播不受头部的阻扰，因而在两耳造成的强度差较小，而高频声音的波长小于头宽，在传递途中会受到头部的阻扰，因而两耳强度差较明显。

c. 位相差：指同一声源传到两耳时，在两耳造成声波位相上的不同而形成的差别。位相差是低频声源定位的主要线索。

③听觉优势效应

听觉定位存在听觉优势效应，即听到的第一个声音将决定自己对声音的定位，而其他的声音将不同程度地受到抑制。

④人类回声定位

有些动物具有高度发展的回声定位能力。相关实验证明了，人在躲避障碍物时，会有效利用回声信息。  >> TIPS ⑯

**本节小结**

空间知觉是对物体的形状、大小、距离、方位等空间特性的知觉，包括形状知觉、大小知觉、深度与距离知觉和方位知觉。形状知觉包括物体识别、面孔识别和文字识别；轮廓在形状知觉中有重要作用，轮廓的形成与边界检测有关，知觉系统具有将个别特征进行整合的能力；知觉系统还有补充和完善的功能，能实时地补充视觉刺激中缺失的信息，使我们的知觉印象趋于完善。在形状知觉中，经验具有重要的作用，可以用"知觉定势"和"倒视"来说明。人在知觉物体大小时，不自觉解决了大小与距离的关系，即大小－距离不变假设。深度知觉的线索包括肌肉线索、单眼线索和双眼线索。方位知觉包括视觉的方向定位和听觉的方向定位，同一声源到达两耳的距离不同，产生了两耳刺激的时间差和强度差，是人耳进行声音定向的主要线索。

美国科学家约翰·奥基夫发现了定位细胞。2005年，挪威心理学家和神经科学家莫泽夫夫妇发现了脑内存在另一种神经元，可以产生一种坐标体系，从而使精确定位与路径搜寻成为可能，他们称之为网格细胞。

## 第三节 时间知觉和运动知觉

### 知识点 1 时间知觉 ★★★

**1. 时间知觉的含义**

时间知觉是人对客观事物或事件的连续性和顺序性的认识。

**2. 时间知觉的形式**

①时序知觉（时间分辨）：分辨事件发生的前后顺序，如早晨先洗漱再吃早餐。

②时距知觉（持续时间估计）：估计事件存在的持续时间，如已经看教材通看了1小时。研究时距知觉通常采用时间估计或时距判断的方法，如1分钟有多久，吃顿饭用了多长时间。

③时间点知觉（时间确认）：能够确认某个事件发生的具体时间，如知道今天是几号。

④时间预测：指人对时间顺序进行推论并间接认知未来时间的心理过程，如离考试还有 2 个月。

**3. 时间知觉的依据**

①根据自然界的周期性现象：如日升日落、季节交替、月亮圆缺等。

②根据有机体的各种节律性活动：如心率、脉搏、饥饿感、生物钟等。

③借助计时工具：如日历、时钟、手表等。

**4. 影响时间知觉的主客观因素**

（1）感觉通道的性质

在判断时间的精确性方面，听觉＞触觉＞视觉。

时间知觉的阈限也会受感觉通道的影响，听觉优于视觉。

（2）从事活动的兴趣以及在一定时间内事件发生的数量和性质

>> TIPS ①

①感兴趣的事物，觉得时间过得快；厌恶的事物，觉得时间过得慢。

②回忆往事时，则相反，同样一段时间，经历越丰富，就觉得时间越长；经历越简单，就觉得时间越短。

③在一定时间内，刺激数量的增加使被试知觉到的时距延长。当任务是结构化的、可预期的，知道活动执行的顺序时，时间知觉会比较准确。

（3）注意的作用

①对需要付出较大努力的活动，或者参加需要高度集中注意的活动，会觉得时间过得很快；对某些单调、乏味、不需要注意努力的任务，觉得时间过得很慢。

②扎卡伊提出了时间知觉的认知 - 注意理论

a. 该理论认为，人的信息加工系统包括两个相互独立的信息处理器：一个处理与时间无关的信息，称为非时间性的处理器；另一个处理与时间有关的信息，称为认知计时器。

b. 人的注意资源有限，需要在这两个处理器中进行分配，因而存在竞争。当一个人的注意指向信息加工的内容时，就会觉得时间过得很快；当一个人的注意指向时间本身时，就会觉得时间过得很慢。

c. 换句话说，时间知觉与个体对时间的注意程度有关，对时间越注意，时间过得越慢，有趣的或困难的作业使个体感知到的时间缩短。

（4）年龄差异

年龄越大，个体会觉得时间过得越快。

例如，精彩的电影会让人觉得时间过得很快；枯燥的报告会让人觉得时间很慢；如果你上一年的生活丰富多彩，学了很多东西做了很多兼职，就会觉得时间很长；如果只是教室寝室两点一线的生活，就会觉得时间很短。

①一个可能的解释是，我们对时间的感知是通过把这段时间和我们经历过的时间总量自动加以比较来进行的。也就是说，一个人一生已经经历的岁月，是感知一段特定时间的参照基础。

②年龄影响时间知觉，可能与人体内某些生物化学的变化有关。例如，神经递质**多巴胺**释放量的逐渐减少，可能是时间体验随年龄发生变化的原因。

（5）疾病的影响

有些疾病会影响人的时间知觉。

①抑郁症患者会觉得时间过得很慢。

②精神分裂症患者会出现丧失时间知觉的情况，觉得时间似乎凝固了，只记得住院治疗以前的时间，而不记得住院之后的时间。

③大多数躁狂症患者在发病期间报告时间过得很快。

（6）时间知觉与空间知觉的交互作用（见图5-10）

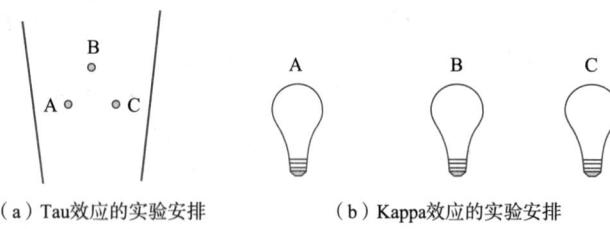

图 5-10　Tau 效应和 Kappa 效应的实验图片

①时间对空间产生影响称为陶效应（Tau 效应）：从三个空间等距点 A、B、C 刺激前臂皮肤，然后使 A 与 B 之间的刺激时距大于 B 与 C 之间的时距，则会感觉 A 与 B 的空间距离大于 B 与 C 的空间距离，即由于刺激的时距加大，刺激物的空间间隔也增加了。

②空间对时间产生的影响称为卡帕效应（Kappa 效应）：空间距离增大，被试觉得时距增加。在实验中将三个灯泡排成一行，开亮 A 灯泡和 B 灯泡之间的时间间隔等于开亮 B 灯泡和 C 灯泡之间的时间间隔，但由于 A 与 B 的距离大于 B 与 C 的距离，被试觉得 A 灯泡和 B 灯泡之间亮的时间间隔要长些。有实验表明，Kappa 效应在儿童身上表现得特别明显。

③当个体形成利用图像运动的速度作为距离估计线索的定势时，则发生逆 Tau 效应，即时距越长，距离估计越短。　　≫ TIPS ②

（7）时间知觉存在较大的误差和个体差异

一般而言，人对 1 秒左右的时间间隔估计得最准确。

### 知识点 2　运动知觉 ★★★

**1. 运动知觉的含义**

物体的运动特性直接作用于人脑，为人们所认识，就是运动知

 **TIPS 2**

注意区分这三种效应：时间对空间的影响是 Tau 效应，空间对时间的影响是 Kappa 效应，用时间间隔去估计空间距离的是 Tau 效应，用运动速度来估计距离的是逆 Tau 效应。

觉。它可分为真动知觉和似动知觉。

**2. 物体运动信息的获取**

（1）网像运动系统

视网膜相邻的点受到连续的刺激是运动知觉的信息来源。例如，当物体从一处向另一处运动时，物体在空间的连续位移引起了视网膜上相应部位的连续变化。这种变化经过视觉系统的编码，就产生了运动知觉。格列高里将其称为网像运动系统。

（2）头－眼运动系统

中枢发出的一种动作指令，其作用是与网像运动系统的信息相互抵消或抑制。

①物动眼静时，视网膜上出现的映像流没有被中枢发出的动作指令所抵消，因而人看到运动着的物体。

②物动眼动（人眼追踪着运动着的物体）时，只有中枢发出动作指令，无视网膜映像流与之抵消，因而人也能看到物体运动。

③物静眼动时，不仅得到来自视网膜映像流的视觉信息，也得到来自中枢动作指令的非视觉信息，则两种信息抵消，看到物体就是静止的了。

（3）运动检测器

人脑对运动的检测与神经元中存在运动检测器有关，这些神经元只对出现在感受野中的某个方向的运动敏感。有研究发现，大脑两半球的颞中回与运动检测有密切关系。

**3. 运动知觉的种类**

（1）真正运动的知觉

物体按特定速度或加速度从一处向另一处做连续的位移；或者物体静止，观察者朝向目标的运动。由此引起的知觉就是真正运动的知觉。

真正运动知觉的主要形式有：

①自身运动知觉

观察者知觉到自身朝向目标的运动称为自身运动知觉。人脑能够检测到视网膜上映像的扩张或收缩，因而提供了自身运动的信息。

用手取物或用手操纵物体是自身运动的另一种重要形式，用手取物的运动包括最初用手伸向物体的大运动和最后抓取物体的小运动两个不同的阶段。

②物体运动知觉

物体运动知觉直接依赖对象的运动速度；物体运动的速度太慢或太快，都不能使人产生运动知觉。

物体运动的速度可用单位时间内物体运动的视角大小（角速度）来表示，其单位为弧度/秒，刚刚能觉察出单位时间内物体运动的最小视角范围是**运动知觉的下阈**。有研究发现，在 2 m 距离时，运动知觉的下阈为 0.66 mm/s，低于这个运动速度的物体，只能知觉为相对静止的物体。

同样，当物体运动速度过快时，人们看到的只是弥漫性的闪烁，刚刚能觉察出闪烁时物体运动的角速度为运动知觉的上阈。**运动知觉的上阈为 605.2 m/s**，运动知觉的差别阈限符合韦伯定律，约为标准速度的 20%。

③**生物体运动知觉**

人不仅能识别自身的运动和一般物体的运动，而且对**有生命的物体（生物体）**的运动特别敏感。例如，能从一个人的运动中看出他的年龄和性别，判断他是不是自己的朋友等，这种运动知觉被称为生物体运动知觉。

（2）似动

似动是指在一定的时间和空间条件下，人们在静止的物体间看到了运动，或者在没有连续位移的地方看到了连续的运动。

似动的主要形式有以下几种：

①动景运动

当两个刺激物按一定空间间隔和时间距离相继呈现时，人们会看到一个刺激物向另一个刺激物的连续运动，也称**最佳运动**或 **Phi 运动**，如图 5-11 所示。　　　　　　　　　　　　　　》**TIPS ③**

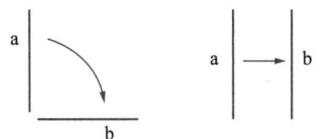

**图 5-11　动景运动示意图**

②诱发运动

由于一个物体的运动使得与其相邻的一个静止的物体产生运动的印象。　　　　　　　　　　　　　　　　　　》**TIPS ④**

③自主运动

在暗光下，长时间注视一个光点，会看到光点似乎在运动的现象。　　　　　　　　　　　　　　　　　　　　》**TIPS ⑤**

④运动后效

在注视向一个方向运动的物体之后，如果将注视点转向静止的物体，会看到静止的物体似乎是朝着相反方向运动。　》**TIPS ⑥**

---

例如，在图 5-11 中，当两条直线按 60 ms 的时距先后呈现时，就能看到从一条线到另一条线的运动。当呈现时距大于 200 ms 时，被试看到的是两条直线相继出现；当呈现时距小于 30 mm 时，被试看到的是两条直线同时出现。电影制作、霓虹灯活动广告、灯光照明设计，都是按动景运动发生的原理制成的。格式塔心理学家威特海默最早发现了动景运动。有研究者认为，似动可能依赖低水平的方向选择细胞的活动，这些细胞对具有低空间频率的图像运动敏感。

例如，夜空中，月亮是相对静止的，浮云是运动的。但由于浮云的运动，人们看到月亮在动，而云是静止的。一般来说，人会倾向于把较大客体当作静止的背景，把较小的客体知觉为在运动，因此，较大物体的运动往往会诱导出较小的物体在运动的知觉。

例如，没有月光的夜晚，仰视星空，会发现一个细小而发亮的东西在天空游动；在暗室内，注视点燃的烟头，会看到这个光点似乎在运动。

例如，注视瀑布的某一处，然后看向静止的田野，会觉得田野中的一切在向上飞升；注视飞速开过的火车之后，会觉得附近的树木向相反的方向运动。

> **本节小结**
>
> 对客观事物和事件的连续性与顺序性的认识，就是时间知觉；时间知觉包括时序知觉、时距知觉、时间点知觉、时间预测四种形式；自然界的周期现象、有机体的生物节律、计时工具等是时间知觉的依据；影响时间知觉的主客观因素包括感觉通道的性质、从事活动的兴趣以及在一定时间内事件发生的数量和性质、注意的作用、年龄差异、疾病的影响以及时间知觉与空间知觉的交互作用等。
>
> 物体的运动特性直接作用于人脑，为人们所觉察就是运动知觉；运动知觉分为真正运动的知觉和似动，真正运动的知觉包括自身运动知觉、物体运动知觉和生物体运动知觉三种形式；似动包括动景运动、诱发运动、自主运动、运动后效四种形式。

## 第四节　错　觉

### 知识点 1　错觉的含义 ★

**1. 什么是错觉**

错觉是指当知觉不能正确地表达外界事物的特性时，出现种种歪曲的知觉的现象。错觉可以发生在视觉方面，也可以发生在其他知觉方面。　　　　　　　　　　　　　　　>> TIPS ①

动景运动就是一种运动错觉。

**2. 研究错觉的意义**

（1）研究错觉具有重要的理论意义

研究错觉的成因有助于揭示人正常地知觉客观事物的规律，以便更好地理解知觉过程。

（2）研究错觉还有实践意义

①对错觉的了解有助于消除错觉对人类实践活动的消极影响，防范事故发生。

②人们可以利用错觉为人类服务，某些错觉现象被大量运用于绘画、摄影、建筑、服装、装潢等艺术和生活领域。

### 知识点 2　错觉的种类 ★

常见的有大小错觉、形状和方向错觉、螺旋错觉、运动错觉、时间错觉等。其中大小错觉与形状和方向错觉被统称为几何图形错觉。　　　　　　　　　　　　　　　　　　　>> TIPS ②

关于错觉的种类，在考试当中较少涉及，312统考主要是以单选题的形式考查，因此配套课程中主要给大家介绍识别不同错觉种类的技巧。

**1. 大小错觉**

大小错觉是指人们对几何图形大小或线段长短的知觉由于某种原因而出现错误。

①**缪勒 – 莱耶错觉（箭形错觉）**：下面的箭头似乎比上面的长，实际相等，如图 5-12 所示。

②潘佐错觉（铁轨错觉）：两条辐合线中间的直线，看起来上面的直线似乎比下面的长，实际相等，如图5-13所示。

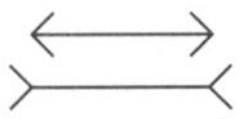

**图5-12　缪勒－莱耶错觉（箭形错觉） 　图5-13　潘佐错觉（铁轨错觉）**

③垂直－水平错觉：看上去垂直的直线似乎比水平的线长，实际相等，如图5-14所示。

④贾斯特罗错觉：下面的弧形似乎比上面的短，实际相等，如图5-15所示。

**图5-14　垂直－水平错觉　　图5-15　贾斯特罗错觉**

⑤多尔波也夫错觉：包含在小圆中的圆形似乎比包含在大圆中的圆形大，实际相等，如图5-16所示。

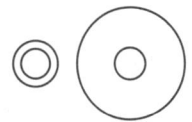

**图5-16　多尔波也夫错觉**

⑥月亮错觉：月亮在天边（刚升起）时显大，在天顶时显小。

**2. 形状和方向错觉**

①佐尔拉错觉：一些平行线由于附加线段的影响而被看成不平行，如图5-17（a）。

②冯特错觉：两条平行线由于附加线段的影响，使中间显得狭小而两端显得宽，直线好像是弯曲的，如图5-17（b）。

③爱因斯坦错觉：许多环形曲线中，正方形的四边略显弯曲，如图5-17（c）。

④波根多夫错觉：被两条平行线切断的同一直线，看上去不在一条直线上，如图5-17（d）。

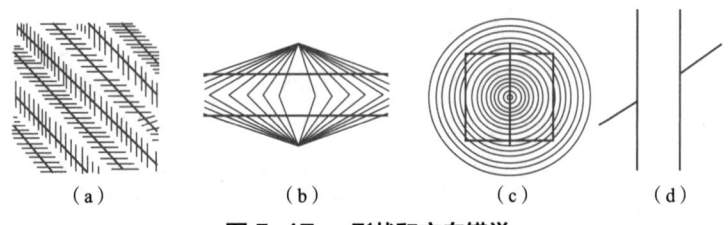

（a）　　　　（b）　　　　（c）　　　　（d）

**图5-17　形状和方向错觉**

### 3. 螺旋错觉

螺旋错觉是指同心圆构成的黑圈让人产生螺旋上升的错觉，如图 5-18 所示。

**图 5-18　螺旋错觉**

### 4. 运动错觉

运动错觉是指目光注视静态的圆环，感觉其他的圆朝不同方向在转动，如图 5-19 所示。

**图 5-19　运动错觉**

## 知识点 3　错觉产生的原因 ★

#### 1. 刺激取样的误差理论

①刺激取样的误差理论也称为<u>眼动理论</u>，该理论认为，个体在知觉图形的时候，眼睛主要集中在线条和轮廓上。

②由于周围轮廓会影响眼动的方向和范围，从而造成刺激的取样误差。

③因为眼睛做水平运动比上下运动容易一些，所以该理论可以很好地解释水平——垂直错觉。　　　　　　　　　　　　» TIPS ③

#### 2. 神经抑制作用理论

①神经抑制作用理论联系了现代神经生理学的思想，用<u>神经抑制作用</u>来解释错觉。

②该理论认为，当相邻的图形轮廓靠近时，会产生侧抑制，从而使神经兴奋中心发生变化。该理论可以解释佐尔拉错觉。

**TIPS ③**

例如，垂直－水平错觉是由于眼睛做上下运动比做水平运动困难一些，人们看垂直线比看水平线费力，因而垂直线看起来长一些；在缪勒－莱耶错觉中，由于箭头向外的线段引起距离较大的眼动，箭头向内的线段引起距离较小的眼动，因而前者看上去长一些。

### 3. 认知观点

①也称深度加工和常性误用理论。

②该理论认为，人们在知觉三维空间的时候，为了保持恒常性，总会自觉或者不自觉利用视觉。

③当个体知觉两维空间的时候，也会用这些线索来知觉刺激。此理论可以解释潘佐错觉。

### 4. 移情说

①观察者由于认同图形的某部分，并将自己的情感投射到图形上面，因此引起视觉变形。

②例如，在缪勒-莱耶错觉中，由于向外的箭头使人在情绪上体验为扩张，其间的线段因而显得较长，而向内的线段在情绪上体验为收缩，其间的线段因而显得较短。

### 5. 完形倾向说

①人的知觉系统具有某种完形的倾向，这种倾向夸大了似乎能分开的事物各特征间的距离，因而引起错觉。

②该理论解释错觉时存在问题。因为在许多情况下，完形倾向能使许多不完满的图形趋于完善，但不一定会引起错觉。

### 6. 透视说

①由于图形通过透视暗示着深度，因此导致图形大小知觉的变化。

②以潘佐错觉为例，两条斜线提供的线条透视暗示着距离的不同，上方的水平线看上去远些，因而显得长；下方的水平线看上去近些，因而显得短。

> **本节小结**
>
> 　　当人们的知觉不能正确地表达外界事物的特性，出现种种歪曲时就形成了错觉；研究错觉现象具有重要意义。错觉的种类有很多，常见的有大小错觉、形状和方向错觉、螺旋错觉和运动错觉等。其中，大小错觉、形状和方向错觉可统称为几何图形错觉。关于错觉产生的原因有多种解释，但还没有一种理论能够很好地解释所有错觉现象。本节内容相对考查较少，主要以单选题的形式考查对错觉种类的识别。

## 名词总结

| | | |
|---|---|---|
| 知觉 | 知觉与感觉 | 知觉的选择性 |
| **知觉的整体性** | 知觉的理解性 | 知觉的恒常性 |

| | | |
|---|---|---|
| 知觉组织原则 | 自下而上加工 | 自上而下加工 |
| 模板匹配理论 | 原型匹配理论 | 特征分析模型 |
| 结构优势描述理论 | 主观轮廓 | 特征捆绑问题 |
| 大小－距离不变假设 | 深度知觉的线索 | 时间差 |
| 强度差 | 动景运动 | 自主运动 |
| 运动后效 | 错觉 | |

# 第六章 记　忆

## 知识导读

你还记得你前面学了哪些内容吗？记忆是过去经历的事物在大脑这种特殊物质上留下的"痕迹"。本章内容先介绍了什么是记忆，记忆的过程，记忆有哪些不同的种类，记忆所产生的生理机制；然后从编码和容量、存储、提取和遗忘等方面介绍了几种不同的记忆系统：感觉记忆、短时记忆和长时记忆。此外，还介绍了工作记忆、工作记忆包括的几种成分及其功能；最后介绍了内隐记忆和外显记忆的关系。

在心理学考研中，第一节主要以名词解释的形式考查居多，在统考中主要以单选题的形式考查；第二、三、四、五节都是本章的高频考点，在单选题、多选题、名词解释和论述题中都可能进行考查，同学们要注意进行对比学习。本章相关实验在《实验心理学》中有详细解释和介绍，需要考实验心理学的考生，建议结合本套书《实验心理学》进行学习。此外，本章内容也是同学们高效学习的"宝典"，因此，掌握好本章内容对学习效率的提升大有裨益。

## 知识地图

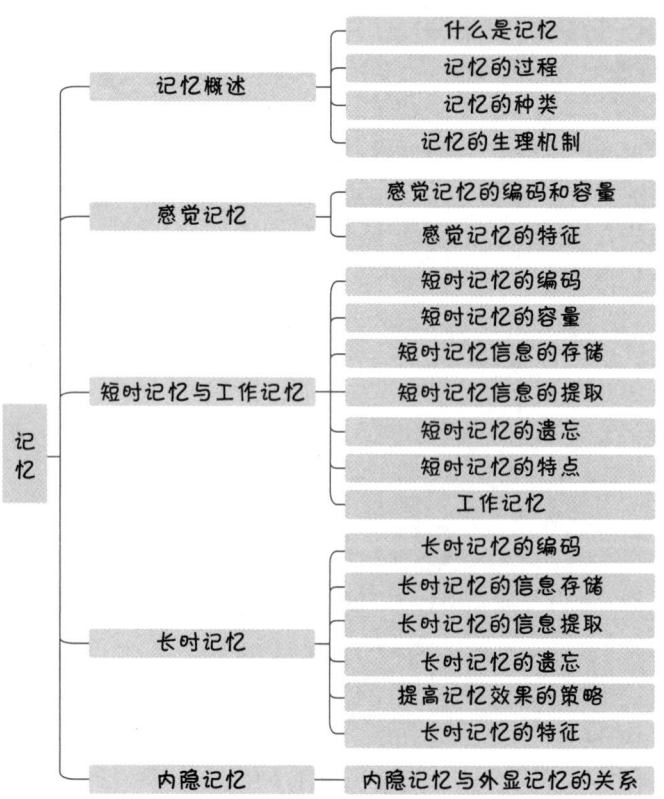

记忆
- 记忆概述
  - 什么是记忆
  - 记忆的过程
  - 记忆的种类
  - 记忆的生理机制
- 感觉记忆
  - 感觉记忆的编码和容量
  - 感觉记忆的特征
- 短时记忆与工作记忆
  - 短时记忆的编码
  - 短时记忆的容量
  - 短时记忆信息的存储
  - 短时记忆信息的提取
  - 短时记忆的遗忘
  - 短时记忆的特点
  - 工作记忆
- 长时记忆
  - 长时记忆的编码
  - 长时记忆的信息存储
  - 长时记忆的信息提取
  - 长时记忆的遗忘
  - 提高记忆效果的策略
  - 长时记忆的特征
- 内隐记忆
  - 内隐记忆与外显记忆的关系

## 第一节 记忆概述

**知识点 1  什么是记忆 ★**

**1. 记忆的含义**

①记忆是在头脑中积累和保存个体经验的心理过程。

②从信息加工的观点来看，记忆是人脑对外界输入的信息进行编码、存储和提取的过程。

**2. 记忆的作用**

①记忆作为一种基本的心理过程，与其他心理活动密切相关。

②记忆在个体的心理发展中发挥着重要作用，个体的动作、语言和思维的发展，智力的发展，好习惯的养成，良好人格特质的培养都离不开记忆。

③记忆对人类社会的发展有重要意义，没有记忆，就没有现在的人类文明。

总之，记忆连接着心理活动的过去和现在，是人们学习、工作和正常生活的基本前提与保障。

**知识点 2  记忆的过程 ★★**

从传统观点来看，记忆包括识记、保持、再认或回忆三个基本环节。

从信息加工的观点来看，记忆是人脑对客观事物的信息进行编码、存储和提取的过程。两种观点一一对应。 ≫ TIPS ①

（1）编码（识记）

编码（识记）是获得个体经验的过程。编码有不同的方式，主要有视觉编码、听觉编码和语义编码等。

（2）存储（保持）

存储（保持）是把感知过的事物、体验过的情感、做过的动作等以一定的形式保持在人脑中。知识在人脑中的存储方式也称知识的表征，可以是图像，也可以是一系列概念组成的命题。

（3）提取（回忆或再认）

提取（回忆或再认）是指从记忆中查找已有信息的过程。记忆的好坏就是通过信息提取表现出来的。回忆和再认是提取的基本形式。

**知识点 3  记忆的种类 ★★★**

**1. 感觉记忆、短时记忆和长时记忆**

根据信息保持时间的长短，记忆分为感觉记忆、短时记忆、长

设想一下计算机编码、存储和提取信息的过程。首先，计算机会把输入的信息转化成电子语言，如同大脑把感觉信息转化成神经语言；然后，计算机会把这些信息永久性地存储到磁盘上，之后信息还可以从磁盘中提取出来。

时记忆。

（1）感觉记忆（瞬时记忆/感觉登记）

感觉记忆是记忆系统的**开始阶段**；当客观刺激停止作用后，信息在极短的时间内被保存下来；主要按照刺激的**物理特征**进行编码；持续时间为几秒；**容量很大**；是记忆系统对外界输入信息进一步加工之前的**暂时登记**，以便把信息转入短时记忆。　　>> TIPS ②

感觉后象是感觉记忆的例证。例如，烟花燃放结束后你仍能短暂保存烟花的形象，这就是感觉记忆。

（2）短时记忆

短时记忆是感觉记忆和长时记忆的**中间阶段**；编码方式以听觉编码为主，也存在视觉编码和语义编码；**保持时间约为1分钟**；容量有限，为（7±2）个组块。短时记忆的信息经过**复述**转入长时记忆，其功能是暂时存储和加工信息，以使信息进入长时记忆。

>> TIPS ③

例如，当你记住了某个验证码准备填写时，这就是短时记忆。

（3）长时记忆

长时记忆是保持时间在1分钟以上的记忆；以语义编码为主；保持时间长甚至终生难忘；**容量没有限制，能存储大量信息**。长时记忆中的信息大部分源于对短时记忆内容的复述，也有由于印象深刻而一次性获得的。长时记忆主要负责存储信息，存储大量信息为我们服务。

>> TIPS ④

童年时吃过的辣条至今记忆犹新，这就是长时记忆。

（4）阿特金森和谢夫林的记忆三阶段模型

①该模型说明了感觉记忆、短时记忆和长时记忆之间的关系，如图6-1所示。

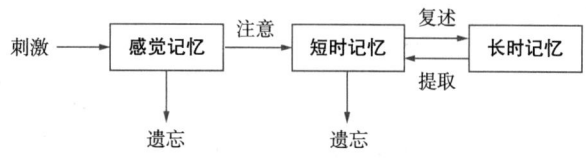

**图6-1　记忆的三阶段模型**

②该模型认为，记忆由感觉记忆、短时记忆和长时记忆三个子系统组成，信息首先进入感觉记忆，其中那些引起个体注意的感觉信息才会进入短时记忆，未被注意的信息就会被遗忘；在短时记忆中存储的信息经过复述，存储到长时记忆中，未被编码或复述的信息也会产生遗忘；而保存在长时记忆中的信息在需要时又会被提取出来，进入短时记忆中。

③近年来，心理学家修订了记忆的三阶段模型，如图6-2所示。修订的模型增加了自动化加工和工作记忆的概念。

a. 根据修订的记忆模型，一些信息可以经过**自动化的、非注意**的加工"走后门"溜入我们的长时记忆。这解释了外部事件进入感觉记忆后可以不通过短时记忆的复述直接转变成长时记忆这种现象。

b. 模型还主张用**工作记忆的概念代替短时记忆**。　　» TIPS ⑤

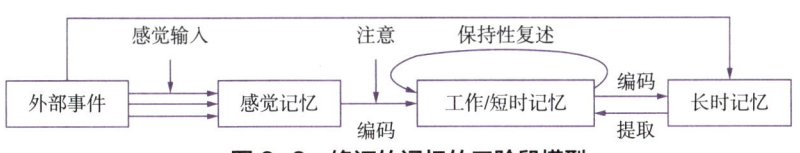

图 6-2　修订的记忆的三阶段模型

### 2. 程序性记忆和陈述性记忆

研究者进一步把**长时记忆**分为程序性记忆和陈述性记忆。

（1）程序性记忆

程序性记忆是指**如何做事情的记忆**，包括对知觉技能、运动技能、认知技能的记忆；很难用语言表达出来；需要通过多次练习才能获得；提取往往不需要意识的参与；程序性记忆一旦形成，将会持续很长时间，甚至终生难忘。

（2）陈述性记忆　　» TIPS ⑥

陈述性记忆是指对**有关事实和事件记忆**；能够用语言表达出来；可通过语言传授一次性获得；提取往往需要意识的参与。

### 3. 情景记忆和语义记忆　　» TIPS ⑦

**图尔文**根据储存内容的不同，将**长时记忆中的陈述性记忆**分为情景记忆和语义记忆。

（1）情景记忆

是指对**个人亲身经历**的、发生在一定时间和地点的事件的记忆。这种记忆与个人的亲身经历相联系。除非事件特别重要或者事件能够引发强烈的情绪，否则，情景记忆比较容易被遗忘。另外，情景记忆比语义记忆也**更容易受到干扰**。

（2）语义记忆

是指人对**一般知识和规律的记忆**。例如，对公式、乘法口诀、法律条文、心理学的研究对象的记忆等都属于语义记忆。

### 4. 内隐记忆和外显记忆

根据**意识参与的程度**，记忆分为内隐记忆、外显记忆。　» TIPS ⑧

（1）内隐记忆

内隐记忆是指过去的经验对当前任务产生的**无意识**的影响。这种记忆对行为的影响是自动发生的，个体无法意识到，因此又称为**无意识的记忆**。

（2）外显记忆

外显记忆是指过去的经验对当前任务产生的**有意识**的影响，它对行为的影响是个体能够意识到的，因而也称**有意识记忆**。

---

**TIPS ⑤**

修订后的模型认为，如果有些信息特征极其强烈或鲜明，也会直接进入长时记忆（如一眼万年）。

**TIPS ⑥**

陈述性记忆回答"是什么"的问题，程序性记忆回答"怎么做"的问题。例如，记住了韦伯定律是陈述性记忆，掌握了骑自行车的技能是程序性记忆。

**TIPS ⑦**

你能记起自己第一次约会时的情景，记起上周一的早餐你吃了些什么，这些记忆都属于情景记忆；对各种物体名称、年月日的表达法、单词和语言等知识的记忆则属于语义记忆。

**TIPS ⑧**

例如，背单词、记电话号码都属于外显记忆；电视广告上频繁出现的商品，虽然我们没有意识到已经记住了这些商品，但在购物时会更容易想到它们，说明广告利用内隐记忆影响了我们的购买行为。

#### 5. 前瞻性记忆和回溯性记忆

根据不同类型的记忆任务，记忆分为前瞻性记忆和回溯性记忆。

（1）前瞻性记忆

①含义：前瞻性记忆是对未来完成某项活动的记忆。例如，再过几个月就要参加考研考试了。

②研究范式：前瞻性记忆的研究一般采用双任务的实验范式。在这种范式的研究中，被试要完成的首要任务通常是回溯性记忆任务，把前瞻性记忆任务插入首要任务中。被试在完成回溯性记忆任务时，需要根据某一事件或者时间的线索把注意转移到将要做的事情上面，完成前瞻性记忆任务。　　》TIPS ⑨

（2）回溯性记忆

回溯性记忆是对过去发生的事件或者以前学过的信息的记忆。例如，你记得刚刚学了哪些记忆的分类。

#### 6. 形象记忆、情绪记忆、逻辑记忆、动作记忆

根据记忆的具体内容，记忆分为形象记忆、情绪记忆、逻辑记忆、动作记忆。　　》TIPS ⑩

（1）形象记忆（表象记忆）

以感知过的事物形象为内容的记忆，在头脑中保持的是客观事物的具体形象或外部特征，具有直观性，以表象的形式储存。

（2）情绪记忆

以体验过的情绪或情感为内容，以亲身感受和深切体验为形式的记忆。

（3）逻辑记忆（语词记忆）

以概念、判断、推理等为形式，对事物的关系以及事物本身的意义和性质等内容的记忆。它具有高度的概括性、理解性、逻辑性和抽象水平，以语词为中介，为人类所特有，是记忆发展的高级形式。

（4）动作记忆（运动记忆）

以过去经历过的运动状态或动作形象为内容的记忆。其信息的保持和提取一般比较容易，也不容易遗忘。动作记忆一旦形成，保持的时间往往很久。

### 知识点 4　记忆的生理机制 ★

#### 1. 与记忆相关的神经网络

（1）海马　　》TIPS ⑪

①海马在短时记忆转化为长时记忆过程中有重要作用。

②海马负责陈述性记忆的巩固。

双任务的实验范式：例如，让被试记忆一系列单词，然后测试他的记忆成绩（回溯性记忆任务）。在测试时，要求被试遇到某个特定的词时，需要按某个键（前瞻性记忆任务），将按键的反应时或正确率作为测量前瞻性记忆的因变量指标。

例如，想起你最好的朋友的容貌是形象记忆；你第一次约会时的脸红心跳是情绪记忆；三角形的三个内角和等于180°，这是逻辑记忆；你学会了游泳的技能，这是动作记忆。

例如，切除癫痫症患者双侧的海马，患者丧失了将所学过的东西由短时记忆转化成长时记忆的能力，前一天认识的朋友第二天又不认识了，记忆永远停留在切除海马之前，海马被切除以后，记忆没有办法久留。

③海马对空间记忆发挥重要作用。

④海马受损引起顺行性遗忘。

（2）杏仁核

杏仁核与情绪记忆特别是消极情绪的记忆有关。

（3）前额叶

①前额叶在情景记忆、工作记忆、空间记忆、时间顺序记忆，以及记忆的编码、储存和提取过程中都起着重要的作用。 >> TIPS ⑫

前额叶受损的患者分不清事件发生的前后顺序；麦克高夫的实验发现前额叶受损的猴子工作记忆也相应受损。

②研究还表明，人脑左侧额叶的语言运动区受损伤，将造成语言记忆的缺陷，患者能记住别人的面貌，但是记不住单词。右侧额叶受损伤后，非语言刺激的记忆发生困难，而对语言记忆的影响却不大。

### 2. 记忆的生物化学机制

（1）反响回路

①在神经系统中，大脑皮质与皮质下组织之间存在某种闭合的神经环路。

②当外部刺激作用于神经环路的某个部分时，回路中便会产生神经冲动，而且这种神经冲动并不随着刺激的停止而立即消失，它会继续在回路中往返传递与持续一段时间，于是反复传递的信息就被保存下来。

③反响回路可能是短时记忆的生理基础。 >> TIPS ⑬

贾维克和艾斯曼设计了小白鼠跳台实验，每次小白鼠一跳下平台就给予电击，多次训练后，小白鼠不敢往下跳只能在平台上待着，也就是形成了回避反应；之后让形成回避反应的小白鼠电痉挛休克，再放回平台，结果发现，小白鼠还是会立即往下跳。这说明电痉挛休克可能破坏了小白鼠短时记忆中的回避反应回路，从而引起了遗忘。这部分内容已从《普通心理学》第六版中删除。

（2）突触结构

①作为人类长时记忆的神经基础包含着神经元突触的持久性改变，这种变化往往是由特异的神经冲动导致的。近来的研究表明，神经元和突触结构的改变是短时记忆向长时记忆过渡的生理机制。

②坎德尔等研究了突触变化在记忆中的作用，发现更多神经递质的释放提高了突触传递信息的效率，增加了突触连接的强度。

（3）长时程增强现象

①波里斯等首先发现了长时程增强现象。长时程增强现象是指传递信息的神经元和接收信息的神经元之间突触连接的强度增加，是突触传递功能可塑性的反应。

②大量研究表明，长时程增强是人类学习和记忆的神经基础。利用长时程增强机制，海马能对新习得的信息进行持续数周的加工，然后再将这种信息传送到大脑皮层中一些相关部位进行更长时间的存储。长时程增强在短时记忆转化为长时记忆中起关键作用。

### 3. 记忆的 SPI 理论　　>> TIPS ⑭

图尔文提出的 SPI 理论，试图将记忆系统和记忆过程的概念统一到一个更综合的框架中。

记忆系统就是记忆的不同种类，记忆过程就是编码、存储和提取。

（1）主要观点

①该理论认为记忆系统是由多个执行特定功能的记忆模块构成，假定存在五种主要的记忆系统：程序记忆系统、知觉表征系统、语义记忆系统、初级记忆系统和情景记忆系统。

②这五种记忆系统在种系发生和个体发展上都存在先后的顺序；它们在加工过程中也存在一定的联系。　　>> TIPS ⑮

③该理论假定，这些系统的编码是串行的，存储是并行的，提取是独立的。　　>> TIPS ⑯

（2）评价

① SPI 理论系统总结了记忆研究的大量成果，并且提出了一种整合记忆过程和记忆系统的方式，这对推进记忆的研究具有重要的理论意义；对解释已有的许多实验结果也有重要的作用。

②但这个理论还只是一个抽象的模型，它没有说明不同记忆系统的神经解剖和神经生理基础。

谐音记忆"初晨知雨晴"：一大早就知道今天是下雨还是天晴。初——初级记忆系统、晨——程序记忆系统、知——知觉表征系统、雨——语义记忆系统、晴——情境记忆系统。

信息以串行的方式在系统中得到编码，也就是说信息在前一个系统中得到成功的加工，才能在下一个系统中进行编码；存储并行是指一次编码的事件会在多个记忆系统中产生效应，并保存在不同的脑区内；提取独立是指从一个记忆系统中提取信息可以不受其他记忆系统的影响。

**本节小结**

　　记忆是人脑对外界输入的信息进行编码、存储和提取的过程；记忆可以从不同角度进行分类，根据信息保持时间的长短，记忆分为感觉记忆、短时记忆、长时记忆；研究者进一步将长时记忆分为陈述性记忆和程序性记忆，图尔文进一步将陈述性记忆分为情景记忆和语义记忆；根据意识参与的程度，记忆分为内隐记忆、外显记忆；按照不同类型的记忆任务分为前瞻性记忆和回溯性记忆；根据记忆的具体内容分为：形象记忆、情绪记忆、逻辑记忆、动作记忆。记忆的生理机制包括与记忆相关的神经网络、记忆的生物化学机制以及记忆的 SPI 理论。

## 第二节　感觉记忆

### 知识点 1　感觉记忆的编码和容量 ★★★

感觉记忆按照刺激的物理特征进行编码，甚至能和原始刺激完全一致，它有较大的容量。

**1. 视觉的感觉记忆——映像记忆**

（1）含义

映像记忆是指眼睛短暂保持视觉图像的过程，保持时间约为 1 秒。

（2）斯伯林的整体报告法

①实验过程：给被试呈现一个包含 12 个英文字母的矩阵。矩阵一共 3 行，每行 4 个字母。矩阵呈现的速度非常快，只有 50 毫秒的时间，然后让被试报告他们能够记住的字母。

②实验结果：被试平均能记住 4.3 个字母。　　>> TIPS ①

（3）斯伯林的局部报告法

①实验过程：刺激和刺激呈现的时间和整体报告法是一致的，但报告的方式有差异。具体来说，字母矩阵呈现后并不要求被试报告所有看到的字母，而是根据声音信号的提示报告其中的某一行。如高音出现报告第一行，中音出现报告第二行，低音出现报告第三行。声音的出现随机安排，被试在声音信号出现前并不可能预见要报告的是哪一行，因此被试必须记住全部项目才能根据声音信号做出反应。研究者根据被试对某一行的回忆成绩来推断他对全部项目的记忆情况。　　>> TIPS ②

②实验结果：当字母刺激消失后，立即给予声音信号，被试能报告的字母数平均为 9.1 个。但当字母刺激消失 1 秒后再呈现声音信号，回忆的成绩就和整体报告法没有差别了。

③实验结论：斯伯林认为，存在一种感觉记忆，它具有相当大的容量，但是保持的时间非常短暂。斯柏林用局部报告法证明了感觉记忆的存在。

### 2.听觉的感觉记忆——声像记忆/回声存储

（1）含义

声像记忆/回声存储是指声音刺激结束后，短暂地保持声音的映象，保持时间为 5~10 秒。　　>> TIPS ③

（2）"四耳人"实验

莫瑞模仿部分报告法设计了"四耳人"实验，证明了听觉感觉通道感觉记忆的存在。

### 3.触觉的感觉记忆

①格兰斯对触觉的感觉记忆进行了研究，采用类似于视觉感觉记忆的局部报告法和整体报告法，证明了触觉感觉记忆的存在以及触觉感觉记忆可能的容量。

②相关研究结果发现，触觉感觉记忆保持的时间与刺激呈现的数量有关，为 1~5 秒。

## 知识点 2  感觉记忆的特征 ★★

①编码主要依赖于信息的物理特征，具有鲜明的形象性。

②信息保存的时间很短暂：映像记忆的保持时间约为 1 秒，声像记忆的保持时间为 5~10 秒。

③信息保持的容量较大：声像记忆的容量比图像记忆小。

④感觉记忆中只有引起个体注意的信息，才有机会进入短时记忆。

---

 **TIPS ①**

斯伯林很疑惑为什么在这么简单的任务中怎么会出现这么低的回忆成绩，是被试没有看清更多的字母还是看到后又忘记了呢？因此，他创造了全新的局部报告法，只要求被试将记住的一部分报告出来，而不是报告全部。

 **TIPS ②**

这种推论类似于学校的考试，从学生对几个试题的回答来对题目的总体知识做出近似的估计。既然任何一行的字母差不多都能全部报告出来，那么他们必定在记忆中保持了全部三行字母，因此，斯伯林认为，被试看到的或能记住的字母确实要多于报告出来的，只是其中一部分后来在被试报告其他字母时迅速遗忘了。

 **TIPS ③**

"余音绕梁，三日不绝"就是听觉的感觉记忆，也就是声像记忆。

> **本节小结**
>
> 感觉记忆是记忆系统的最初阶段，视觉的感觉记忆是图像记忆，斯伯林利用局部报告法证明了感觉记忆的存在；听觉的感觉记是声像记忆。感觉记忆依赖于信息的物理特征编码，容量非常大，保存时间较短，感觉记忆中的信息只有通过注意才能进入短时记忆，否则很快就消失了。

## 第三节 短时记忆与工作记忆

### 知识点 1　短时记忆的编码 ★★★

#### 1. 编码方式

短时记忆的编码方式包括听觉编码、视觉编码和语义编码。一般来说，听觉编码占主导地位，特别是对于言语材料来说更是如此。

（1）听觉编码

人们通过研究语音相似性对回忆效果的影响证实了语音听觉编码方式的存在。

康拉德在研究中发现发音相似的字母更容易混淆，而形状相似的字母之间很少发生混淆，说明听觉编码是短时记忆的一种主要编码方式。

（2）视觉编码

短时记忆的最初阶段存在视觉形式的编码，之后才逐渐向听觉过渡。　　　　　　　　　　　　　　　　》TIPS ①

波斯纳要求被试判断同时呈现和先后呈现的两个字母是否相同，字母有同形关系(AA)和同音关系（Aa）两种；结果发现：当两个字母同时呈现时，被试对同形关系的字母反应更快；当两个字母先后呈现时，被试对同形关系和同音关系的反应时没有差异。

（3）语义编码

舒尔曼的研究证明，短时记忆中存在语义编码，即把刺激转换为意义存储在头脑中。

#### 2. 影响编码效果的因素

①觉醒状态：大脑皮质的兴奋水平直接影响记忆编码的效果。

②加工深度：加工深度越深，编码效果越好。

③组块：组块是指一个有意义的信息单元；对记忆的内容组块化或扩大每一个组块包含的信息量，可提高记忆的编码效果。

### 知识点 2　短时记忆的容量 ★

①短时记忆的容量是有限的，正常成人的短时记忆容量为 5~9

> **TIPS ①**
>
> 同时呈现时，同形关系（AA）比同音关系（Aa）具有形方面的优势，这种优势只有在依靠视觉编码进行加工操作时才会出现。由此可以推断，短时记忆的最初阶段存在视觉形式的信息编码过程，然后才向听觉编码过渡。

个单元，平均是 7 个。

②米勒提出人的短时记忆容量为（7±2）个组块，组块的大小随个人知识经验的不同而有所不同，它既可以是一个数字、一个字母，也可以是几个数字、几个字母。

③人们可以利用已有的知识经验，通过扩大每个组块的信息量来达到增加短时记忆容量的目的。　　　　　　　　» TIPS ②

### 知识点 3　短时记忆信息的存储 ★

①复述是短时记忆信息储存的有效方法。对信息的复述，一方面可以使信息保持在短时记忆中，另一方面能够使信息进入长时记忆。

②复述分为两种：

a. 机械复述（保持性复述）：将短时记忆中的信息不断地进行简单重复。

b. 精细复述：把短时记忆中的信息和已有的知识经验联系起来进行复述，它是存储信息最有效的方法。

### 知识点 4　短时记忆的信息提取 ★★

①斯滕伯格认为，短时记忆中对项目的提取有三种可能的方式：　　　　　　　　　　　　　　　　　　　　　　　　» TIPS ③

a. 平行扫描：同时对短时记忆中保存的所有项目进行提取。

b. 自动停止系列扫描：对项目逐个进行提取，一旦找到项目就会停止查找。

c. 完全系列扫描：对全部项目进行完整的搜索，然后做出判断。

②斯滕伯格的实验结果证明，短时记忆中项目的提取是完全系列扫描。

### 知识点 5　短时记忆的遗忘 ★★★

短时记忆信息存储的时间很短，如果得不到复述，将会迅速遗忘。

**1. 短时记忆遗忘的原因**

①衰退说认为，短时记忆的遗忘是由于记忆痕迹的自然消退，即记忆痕迹没有得到巩固，随着时间的推移自然消退了。

②干扰说认为，遗忘是短时记忆中的信息受到其他无关信息的干扰造成的。

**2. 沃和诺尔曼的"探测法"实验**

①实验过程：让被试听由若干个数字组成的数字序列，在数字序列呈现后，伴随着一个声音信号呈现一个探测数字，这个探测数

组块是短时记忆容量的信息单位，如一个单词、一串号码。组块化是将若干单个刺激联合成较大信息单位的信息加工过程。例如，记电话号码时，经常是四个数字一块记，四个数字是一个组块，而这个过程，就是使用了组块化的策略。

例如，在某电视节目中，记忆类项目要求参赛选手在识记完一张目标图片之后，从众多的图片中找出目标图片。1 号选手一眼全部扫过去，找出目标图片，这就是采用的平行扫描。2 号选手对每张图片逐个进行观察，一旦找到目标图片，就停止，这就是采用的自动停止系列扫描。3 号选手将所有的图片观看完之后，最终做出判断，即采用的是完全系列扫描。

字曾经在前面出现过一次。被试的任务就是回忆在探测数字后边是什么数字。从回忆数字到探测数字之间是间隔数字，呈现这些间隔数字所需要的时间为间隔时间。在实验中，他们采用了两种速度来呈现数字：一种是快速的，每秒 4 个；另一种是慢速的，每秒 1 个。

②实验结果：在快、慢两种呈现速度下，被试的回忆正确率都随间隔数字的增加而降低，而不受间隔时间的影响。实验结果如图 6-3 所示。

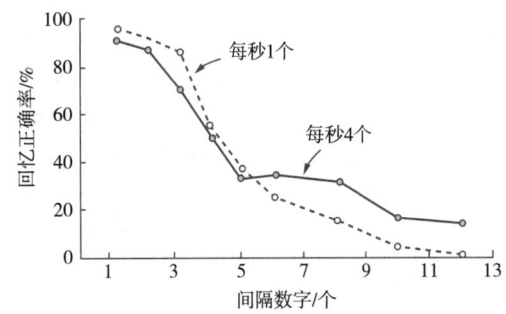

**图 6-3　干扰项目数量对短时记忆信息保持的影响**

③实验结论：研究结果支持了干扰说，说明短时记忆的遗忘主要是由干扰引起的。

### 知识点 6　短时记忆的特征 ★★

①信息保持时间约为 1 分钟。
②以听觉编码为主，也包括视觉编码和语义编码。
③容量有限，米勒指出，短时记忆的容量为（7±2）个组块。
④精细复述是短时记忆中的信息转换为长时记忆非常有效的策略。
⑤信息提取的方式是完全系列扫描。
⑥短时记忆的遗忘可能是由于信息的干扰导致。

### 知识点 7　工作记忆 ★★

**1. 工作记忆的含义**

工作记忆是指信息加工过程中，对信息进行暂时存储和加工的、容量有限的记忆系统。　　　　　　　　　　　　

**2. 工作记忆的成分及其功能**

巴德利等人认为，工作记忆不是一种单一的成分，而是由多种成分组成的；工作记忆包括四种成分，不同的成分具有不同的功能。

（1）语音环路

语音环路用于存储和加工以语音或者声音为基础的信息，由语

> **TIPS 4**
>
> 短时记忆中的信息既有从感觉记忆转来的，又有从长时记忆中提取出来的。因此，工作记忆是处于工作状态的短时记忆，它短暂地存储当前信息，还对这些信息进行加工。假如你想尽力记住一个电话号码，同时在找笔和便签记录下来。短时记忆可以让你把电话号码记在心里，工作记忆让你执行心理运算来完成有效的搜索，工作记忆为人们的思想和行为每时每刻的流畅性提供基础。

音存储和发音复述两部分构成。　　　　　　　　» TIPS ⑤

①**语音存储**：保存语音的信息，约 2 秒之内衰退。

②**发音复述**：有两个功能，一是把视觉形式的信息转化为语音信息，使其进入语音存储；二是默读复述使语音信息保持下来。

» TIPS ⑥

（2）视觉空间模板

视觉空间模板用于存储和加工**视觉和空间信息**。信息可以直接进入视觉空间模板，也可以表象的方式进入视觉空间模板。

（3）情景缓冲器

情景缓冲器是容量有限的存储系统，**暂时存储来自语音环路和视觉空间模板与长时记忆中的信息**，这些信息既可以是单维度的，也可以是多维度结合的信息，它为不同信息间的相互作用提供了一个界面；以备中央执行系统使用。

（4）中央执行系统

**中央执行系统是注意资源有限的控制系统**，是工作记忆中重要成分。

其功能主要包括：协调语音环路、视觉空间模板和情景缓冲器的活动，负责加工由上面三种成分和长时记忆传入的信息，负责注意资源的分配、选择性地注意以及在不同的任务中进行转换等。

四种组成成分的关系如图 6-4 所示。　　　　　　» TIPS ⑦

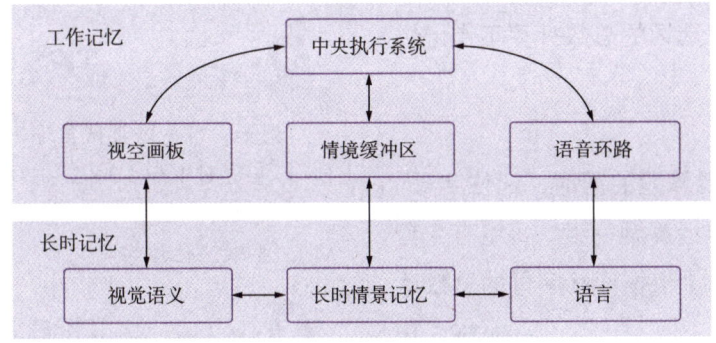

**图 6-4　巴德利的多重记忆模型**

### 3. 工作记忆和短时记忆的区别

①在记忆的三阶段模型中，短时记忆是一种**单一的成分**，既用来存储信息，也用来加工信息；而工作记忆是由**不同成分构成的**，语音环路、视觉空间模板和情景缓冲器各有不同的功能，中央执行系统负责协调三种成分的关系。　　　　　　　　　　　» TIPS ⑧

②和短时记忆相比，工作记忆是一个更加**主动**的过程，负责注意资源的分配，协调各成分之间的关系，与长时记忆相连，并能处

---

**TIPS ⑤**

例如，为了记住手机号码，不停地默念数字，此时就是语音环路在发挥作用。

**TIPS ⑥**

康拉德的语音类似性效应证明了语音环路的存在：语音相似的刺激容易混淆，回忆效果差；词长效应则证明了发音复述过程的存在：词长增加，发音就长，复述花费的时间相应增长。

**TIPS ⑦**

记忆口诀："钟情银饰"。"钟"表示"中央执行系统"，"情"表示"情景缓冲器"，"银"表示"语音环路"，"饰"表示"视觉空间模板"。

**TIPS ⑧**

这一差异可以解释，短时记忆受损的患者为什么在学习和理解等方面并没有什么问题，因为患者的记忆存储功能受损，但学习和理解等方面的功能仍可依靠中央执行系统来完成，中央执行系统可以使用长时记忆中的信息完成学习和理解等认知活动。这一差异也可以解释为什么被试在记住这个数字的同时，还能完成推理任务，这是因为记住数字主要是由语音环路来完成，而推理任务主要是由中央执行系统来完成，因此，在记住多个数字的同时依然可以完成推理任务。

理由长时记忆传入的信息，强调对信息的加工过程。

③工作记忆强调其功能，为复杂认知活动提供空间，强调其在复杂的认知活动中的作用，而短时记忆强调对信息的短时存储。

### 4. 工作记忆在高级认知活动中的作用

工作记忆在许多高级认知活动中，如问题解决、空间认知、语言习得加工等方面发挥着重要作用，是人类高级认知活动的基础。

①有研究发现，语音环路能促进语言的理解。语音环路在词汇习得方面也发挥着非常重要的作用。

②脑损伤的患者的研究表明，中央执行系统的功能主要由前额叶完成，而前额叶受损的患者难以修正语言理解的错误，不能很好地理解句法歧义句，说明中央执行系统在语言理解中有重要作用。

### 5. 工作记忆容量的测量方法

（1）阅读广度测验

最早由德纳曼等人编制。测验时，给被试呈现不同数量的句子，要求被试认真阅读，并记住每个句子的尾词。一般来说，最少两个句子为一组，最多六个句子为一组，每组都有五套句子，共有100个句子。测试从两个句子组开始，逐渐增加，直至六个句子组。一组句子呈现完毕后，首先会呈现一个判断句，要求被试判断句子的意思是否与刚才呈现过的某个句子的意思一致，然后按句子呈现的顺序回忆尾词。根据回忆尾词的总数计算工作记忆的容量。

（2）操作广度测验

操作广度测验要求被试在完成数学运算题的同时，记住字母。实验材料最少3个运算题一组，最多7个运算题一组。每组有3套运算题，总共有75道运算题和75个字母。根据回忆字母的总数计算工作记忆的容量。　　≫ TIPS ⑨

（3）N-back 任务

N-back 任务是呈现一系列的字母等刺激，要求被试判断当前呈现刺激与前面的第 N 个刺激的异同。N 可以是1、2、3等。N-back 任务的检测指标主要是各个 N 级的正确率和反应时，正确率越高，反应时越短，说明工作记忆的容量越大。　　≫ TIPS ⑩

**TIPS ⑨**

例如，首先给被试呈现一个数学计算题目 [如 (3×2)+1=？]，计算完后，呈现一个字母（如 M），要求记住该字母。

**TIPS ⑩**

测验时，一系列字母在屏幕中央依次呈现，呈现一段时间后消失，每个字母呈现在屏幕上时，被试判断当前刺激是否与前面第 N 个刺激相似。例如，2-back 任务是判断当前的刺激是否与其前面第 2 屏的刺激相同，3-back 任务是判断当前的刺激是否与其前面第 3 屏的刺激相同，依次类推。

> **本节小结**
>
> 短时记忆保持时间较短，大约为1分钟；短时记忆以听觉编码为主，也包括视觉编码和语义编码；短时记忆的容量是（7±2）个组块，精细复述使短时记忆中的信息进入长时记忆；斯滕伯格通过实验证明，短时记忆信息提取方式是完全系列扫描。在完成当前任务时起作用的短时记忆称为工作记忆，工作记忆由语音环路、视觉空间模板、情境缓冲器、中央执行系统四个成分组成；工作记忆与短时记忆在构成、功能等方面都存在不同；工作记忆在高级认知活动中有重要作用；测量工作记忆容量的方法有阅读广度测验、操作广度测验和N-back任务。

## 第四节　长时记忆

### 知识点 1　长时记忆的编码 ★

#### 1. 编码形式

①长时记忆的编码主要是<u>语义编码</u>，即把信息转换成意义存储在人脑中。

②长时记忆中也存在视觉编码和听觉编码。　　» TIPS ①

#### 2. 影响编码的因素

①<u>觉醒状态</u>：大脑皮质的兴奋水平，直接影响记忆编码的效果。

②<u>加工深度</u>：对材料加工越深，记忆效果越好。

### 知识点 2　长时记忆信息的存储 ★★

长时记忆信息的存储是一个动态过程，在存储阶段，已保持的经验会发生以下变化：

#### 1. 量的方面

存储信息的数量随着时间的推移而逐渐<u>减少</u>。

#### 2. 质的方面

①内容变得简略和概括，不重要的细节趋于消失。

②内容变得更加完整、合理、有意义。

③内容变得更加具体，或更加夸张和突出。

④内容出现错误。　　» TIPS ②

a. 大量研究发现，人们会发生<u>错误记忆或记忆错觉</u>，表现为人们对过去事件的报告与事实出现严重的偏离，或人们记住了根本没有发生过的事情。

b. <u>巴特利特最早通过实验</u>对错误记忆进行了研究，其著名的研究是"<u>幽灵之战</u>"，巴特利特的研究说明了个体<u>先前的经验</u>会影响对新信息的记忆。

在梁宁建的《心理学导论》中，长时记忆中的信息编码以意义编码为主，意义编码包括表象编码和语义编码，这两者又称为信息的双重编码。其中，表象编码是指以表象代码形式编码和存储关于具体事物或事件的信息，主要加工和处理非言语对象或事件的知觉信息。

长时记忆质的方面的变化体现了人脑对记忆信息的重构；自传体记忆和闪光灯记忆都是很好的体现。

c. 洛夫斯特让被试观看交通事故的视频，通过操纵提问方式或者提问内容，证明了目击者的证词受到了影响，说明个体接触到的事后信息（经验）会影响个体对过去发生事件的回忆。

d. 研究错误记忆的常用范式是 DRM 范式。在这种范式中，记忆包括学习和测验两个阶段；在学习阶段学习一些语义相关的词语，如飞机、大炮、坦克等与武器相关的词语，在测验阶段进行回忆或者再认。结果发现，与上述词语存在意义关系的关键诱饵词（如子弹），尽管在学习阶段没有出现过，但很容易错误地认为出现过。

》 TIPS ③

e. 记忆的错误信息效应：个人的记忆容易受误导性信息的影响而出错，误导性信息越多，记忆出错的可能性就越大。

f. 总之，对当前信息或事件的记忆会受到个体先前的知识经验和事后接触到的信息等因素的影响，在记忆建构的过程中，新旧信息发生整合，导致记忆的错误。

关于错误记忆的更多研究方法可以结合本套书的《实验心理学》进行理解学习。

### 知识点 3　长时记忆信息的提取 ★

**1. 长时记忆信息提取的两种形式**

（1）再认

①含义

再认是指人们对感知过、思考过或体验过的事物，当它再度呈现时仍能认识的心理过程。

②再认的两种形式

再认基于两个方面的信息。

一是基于对刺激的熟悉感。熟悉感是一种快速的、自动化的过程，根据当前的刺激和前面呈现的刺激的类似性做判断，对特定刺激没有真实的记忆细节，只是感觉似曾相识。

二是基于对刺激的回想。回想则是一种相对较慢、需要注意参与的过程，能够回想出刺激出现的情境或者特定细节等。

（2）回忆

①含义

回忆是指人们过去经历过的事物以形象或概念的形式在人们的头脑中重新出现的过程。

②舌尖现象

明明知道而当时又回忆不起来的现象，即话到嘴边又说不出来。

**2. 长时记忆信息提取的线索**

情境、生理或者心理状态是长时记忆重要的提取线索。

①情境依存性的记忆：指提取信息时的情境和编码时的情境越

相似，越有助于记忆的现象，也称编码特异性原则。　　▶ TIPS ④

②状态依存性的记忆：提取信息时的生理或者心理状态和编码时的状态越相似，越有助于记忆的现象。　　▶ TIPS ⑤

### 知识点 4　长时记忆的遗忘 ★★★

**1. 遗忘的含义**

遗忘是指记忆的内容不能保持或者提取时有困难。例如，识记过的事物，在一定条件下不能再认和回忆，或者再认和回忆时发生错误。

**2. 遗忘的类型**

①能再认不能回忆称为不完全遗忘，不能再认也不能回忆称为完全遗忘。

②一时不能再认或回忆称为临时性遗忘，永久不能再认或回忆称为永久性遗忘。

③丧失了脑损伤之后的记忆称为顺行性遗忘；丧失了脑损伤之前的记忆称为逆行性遗忘。　　▶ TIPS ⑥

**3. 遗忘的进程**

德国心理学家艾宾浩斯最早研究了遗忘的发展进程。

①记忆材料：无意义音节。

②测量方法：节省法（重学法）。学习材料达到一定的标准后，间隔不同的时间再重新进行学习，直到达到和第一次相同的记忆标准，然后根据两次学习所用的时间或背诵次数计算节省的百分数。

节省的百分数 =（（初学所用时间或次数 – 重学所用时间或次数）/ 初学所用时间或次数）× 100%

③实验结果：得到了著名的艾宾浩斯遗忘曲线（见图6-5），说明遗忘在学习之后立即开始，在时间进程上遗忘是一个先快后慢的过程。　　▶ TIPS ⑦

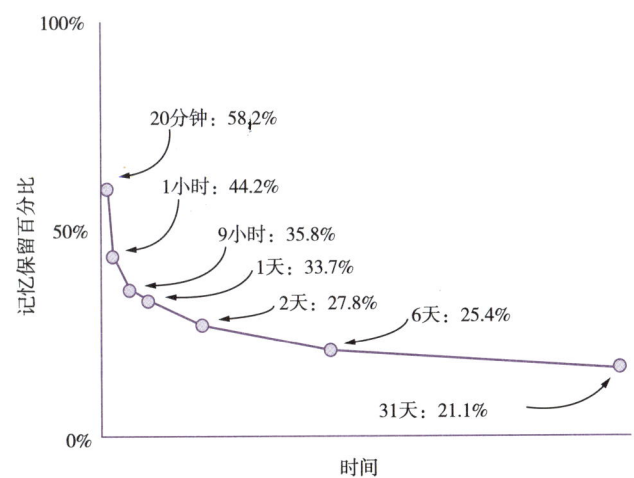

图 6-5　艾宾浩斯遗忘曲线

学生在平时上课的教室参加考试比在陌生的地方参加考试取得的成绩更好。

心情好的时候回忆更多美好往事，心情不好回忆更多伤心事。正是由于情绪线索和记忆之间的这种联系，情侣之间吵架的时候往往容易翻旧账，越吵越生气，很早以前的事情都能搬出来。

患者的大脑两半球的海马组织被切除之后，无法形成新的记忆，医生离开病房几秒后，患者就记不住他了，但患者依然记得手术前发生的一些事情，能够说出老朋友的名字，很明显，患者患有顺行性遗忘，不能把新的记忆转入到长时记忆中去。后来的研究发现，该患者损伤的只是陈述性记忆，程序性记忆是完好的。

①无意义音节指的是由一个元音、两边各一个辅音构成的音节，如 ZEH、GUB，这种没有意义的单词材料，这样可以排除个体已有的知识经验对记忆结果的影响。

②艾宾浩斯的遗忘曲线是通过无数次测验产生的不同的记忆数据，是一个具有共性的群体规律，但是每个人的生理特点、生活经历、教育背景不同，人们的记忆方式和记忆特点也不一样，因此不能完全照搬。

## 4. 影响遗忘的因素

**（1）识记后的时间**

根据艾宾浩斯遗忘曲线，保持和遗忘是时间的函数，遗忘的进程是先快后慢，因此识记后较短时间内遗忘得较快，之后遗忘的速度变慢。

**（2）识记材料的性质与数量**

一般情况下，对形象的材料比对抽象的材料遗忘得慢；对有意义的材料比对无意义的材料遗忘得慢；在学习程度相等的情况下，识记材料越多，忘得越快。

**（3）学习的程度**

低度学习（对材料的识记没有一次能达到准确背诵的程度）的材料容易遗忘，而过度学习（恰能背诵之后继续学习一段时间）的材料比恰能背诵的材料记忆效果要好。150%的过度学习最佳。

>> TIPS ⑧

例如，一篇课文学习10遍后恰好能背诵，这10遍的学习程度为100%，此时再学习5遍，则学习程度为150%，后来这5遍就是过度学习。

**（4）识记材料的系列位置**

学习材料出现的位置影响记忆效果的现象称为系列位置效应；最后呈现的材料最易回忆，称为近因效应；最先呈现的材料较易回忆，称为首因效应；因此，在学习过程中，要对材料的中间部分加强学习。自由回忆的系列位置曲线如图6-6所示。>> TIPS ⑨

①近因效应：考英语六级听力时，总是能记住录音中结尾的部分；首因效应：背英语作文时，总是第一段记得更清楚。

②系列位置效应的产生与前摄抑制和倒摄抑制有关，材料的中间部分同时受到前摄抑制和倒摄抑制的影响，遗忘最多；而首尾材料仅受到一种抑制的影响，遗忘较少。

③系列位置效应被认为是支持短时记忆和长时记忆划分的依据（双重记忆理论）。按照双重记忆理论的解释，首因效应起作用是因为首先接触的材料有足够时间进入长时记忆，而近因效应采用的是短时记忆。

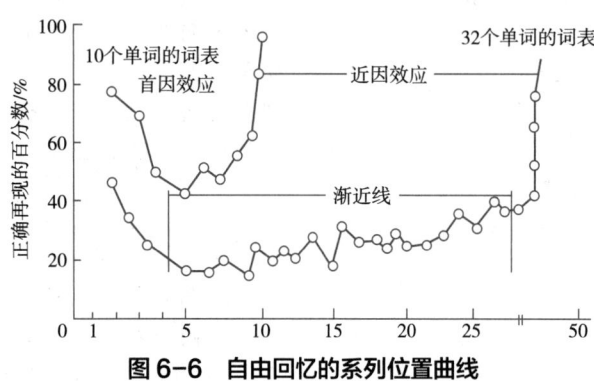

图6-6　自由回忆的系列位置曲线

**（5）识记者的态度**

识记者是否想记住以及识记材料的重要性、趣味性等，对遗忘的快慢也有一定的影响。

一般来说，识记者想记住的材料更容易被记住，重要的、有趣的材料也更容易被记住。

## 5. 遗忘的原因/理论

**（1）衰退说**

衰退说认为，遗忘是记忆痕迹得不到强化而逐渐减弱，以致最后消退的结果。

>> TIPS ⑩

记忆痕迹就好像沙滩上的小路，如果很久没有人行走，小路就会逐渐消失。

（2）干扰说

干扰说认为，遗忘是因为在学习和回忆之间受到其他刺激的干扰所致。干扰说可以用前摄抑制和倒摄抑制来说明。 >> TIPS ⑪

①**前摄抑制**：指**先**学习的材料或者从事的活动对识记和回忆后学习材料的干扰作用。

②**倒摄抑制**：指**后**学习的材料或者从事的活动对识记和回忆先学习材料的干扰作用。

（3）压抑说

压抑说认为（弗洛伊德），遗忘是由**情绪或动机的压抑作用引起的**。有些经验进入人的意识会使人产生痛苦的体验，因此被压抑到无意识中。如果这种压抑被解除了，记忆就能恢复。

（4）提取失败说

储存在长时记忆中的信息是永远不会丢失的，遗忘是因为在提取有关信息时**没有找到适当的提取线索**，如果线索找到了，信息就能被提取出来。 >> TIPS ⑫

### 知识点 5　提高记忆效果的策略 ★

记忆包括编码、存储和提取三个阶段，因此从这三个阶段入手：

**1. 编码阶段**

（1）在清醒状态下去记忆

觉醒状态会影响编码的效果。因此，根据自己的生物钟，在大脑最为清醒的状态下去记忆，将会事半功倍。

（2）集中注意去记忆

排除干扰，在允许集中注意的情境中学习，或者主动把注意集中在需要记忆的信息上，会有助于提高记忆成绩。

（3）进行深层次的意义加工

克雷克等人提出的**记忆加工水平理论**认为，信息保持时间的长短与对信息加工的深度有关。如果对记忆材料的加工涉及更多的分析、理解、比较，也就是涉及更多意义层面的加工，那么记忆的效果就会更好。

（4）把记忆的材料形象化、韵律化

采用一定的方法，如画图、动画、使用谐音等形式把要记忆的材料形象化、韵律化，有助于提高记忆效果。 >> TIPS ⑬

**2. 存储阶段**

①及时复习、经常复习。

②使用精细复述：尽量把要记忆的材料和已有的知识经验联系起来；可以把一些要记忆的字母组合、数字等无意义的信息人为地赋予一定的意义；还可以把要记忆的信息分类、列成提纲等。这些

前摄抑制：先学了英文字母，再学汉语拼音，在学汉语拼音的时候，总是读成英文字母（先学干扰后学）；倒摄抑制：先学了英文字母，再学汉语拼音，学习英文字母的时候，总是把英文字母读成汉语拼音（后学干扰先学）。

舌尖现象支持了提取失败说。

记忆的自我参照效应是指人们将所要记的信息和自己相联系时，回忆的效果会更好。例如，当人们把要记忆的词汇和自我联系起来时，词汇的记忆效果会更好。

精细化的复述方式都可以提高你的记忆效果。

③正确分配复习的时间：大量研究表明，分散复习（前后间隔一定时间的复习）优于集中复习（连续不断进行的复习）。因此为了提高记忆效果，在学习过程中应该分散复习或者分散学习。

④阅读与回忆交替进行：阅读与回忆交替进行可以提高复习的效率。回忆能提高学习者的积极性，发现问题和错误，有利于及时纠正，使复习更具有目的性。

⑤适当过度学习：适当地过度学习有助于记忆，也有助于个体减轻考试焦虑，从而在考试时更加自信。

### 3. 提取阶段

（1）利用编码特异性原则

在提取阶段，尽量利用编码阶段建立的各种情境或者线索帮助我们回忆。如果可行，可以回到记忆的地点进行回忆。

（2）利用测试效应帮助记忆

在记忆过程中，当我们学习某些内容后，可以采用回忆测试的方式帮助我们提高记忆成绩。

测验效应是指在学习某一内容后，进行再认和回忆等提取测试比简单的重复学习能够更好地提高记忆的效果。研究发现，采用回忆测试比采用再认测试，测试效应更强。　　　　　　》》TIPS ⑭

## 知识点 6　长时记忆的特征 ★★

①长时记忆的保持时间在 1 分钟以上，甚至终生。
②长时记忆的编码以语义编码为主要形式。
③容量很大。
④长时记忆中的内容会发生动态变化。
⑤长时记忆的信息提取有再认和回忆两种基本形式。

**本节小结**

　　长时记忆是指存储时间在 1 分钟以上的记忆，长时记忆以语义编码为主要形式，长时记忆的信息存储是一个动态的变化过程；长时记忆的信息提取有再认和回忆两种形式。当识记过的材料不能保持或提取有困难就是遗忘；艾宾浩斯以无意义音节为材料，用重学法研究得出艾宾浩斯遗忘曲线，得出遗忘的进程是先快后慢；影响遗忘的因素包括识记后的时间、识记材料的性质与数量、学习的程度、识记材料的系列位置、识记者的态度；关于遗忘的理论包括衰退说、干扰说、压抑说、提取失败说。

 **TIPS ⑭**

官方给大家出谋划策如何更好地记忆啦，大家可以学以致用，充分发挥到自己的考研复习中。

## 第五节 内隐记忆

### 知识点 1  内隐记忆与外显记忆的差异 ★★

**1. 加工深度对内隐记忆和外显记忆的影响不同**

对刺激项目的加工深度并不影响内隐记忆的成绩，但影响外显记忆的成绩。

**2. 内隐记忆和外显记忆的保持时间不同**

回忆量会随着学习和测验之间时间间隔的延长而逐渐减少，而内隐记忆随时间的延长而发生的消退要比外显记忆慢得多。

**3. 记忆负荷量的变化对内隐记忆和外显记忆产生的影响不同**

外显记忆成绩随着所学词汇数目的增加而逐渐下降，而内隐记忆成绩则不受词汇数目增加的影响。

**4. 呈现方式的改变对外显记忆和内隐记忆的影响不同**

以听觉形式呈现的刺激以视觉形式进行测验时，这种感觉通道的改变会严重影响内隐记忆的作业成绩，而对外显记忆的效果没有影响。

**5. 干扰因素对外显记忆和内隐记忆的影响不同**

外显记忆很容易受到其他无关信息的干扰，前摄抑制和倒摄抑制现象的存在很好地说明了这点，但是内隐记忆不受影响。 >> TIPS ①

表6-1  内隐记忆和外显记忆的区别

| 记忆类型 | 识记（输入） | 保持（存储） | 回忆（检索、提取） |
|---|---|---|---|
| 内隐记忆 | 无意识 | 无意识 | 无意识 |
|  | 有意识 | 有意识 |  |
| 外显记忆 | 不随意记忆（无意记忆） | 无意识 | 有意识 |
|  | 随意注意（有意记忆） | 有意识 |  |

**本节小结**

内隐记忆是指在没有意识参与的情况下，过去经验对当前活动的影响；与外显记忆相比，内隐记忆不受加工深度、保持时间、记忆负荷量和干扰等因素的影响；但是呈现方式会影响内隐记忆。

## 名词总结

| | | | |
|---|---|---|---|
| 记忆 | 感觉记忆 | 短时记忆 | 长时记忆 |
| 陈述性记忆 | 程序性记忆 | 情景记忆 | 语义记忆 |

① 内隐记忆最早在遗忘症患者的研究中发现。这些患者虽然不能回忆或再认刚学过的词，但要求患者把这些字母补全成一个词（词干补笔任务），他们倾向于填写成刚刚学过的词，而不是其他单词；说明遗忘症患者存在自动的、不需要意识参与的记忆。

② 外显记忆常采用再认和回忆的方法进行测量，内隐记忆常采用词干补笔、知觉辨认、填字组词、词对补全等任务进行测量，具体可以参考本套书《实验心理学》进行理解学习。

③ 内隐记忆和外显记忆根本差别体现在刺激信息的检索和提取阶段，即外显记忆对信息的检索和提取是有意识进行的，而内隐记忆对信息的检索和提取是无意识进行的。两者的区别如表6-1所示。

| | | | |
|---|---|---|---|
| 内隐记忆 | 外显记忆 | 前瞻性记忆 | 回溯性记忆 |
| 形象记忆 | 情绪记忆 | 逻辑记忆 | 动作记忆 |
| 长时程增强 | 整体报告法 | 局部报告法 | 组块 |
| 机械复述 | 精细复述 | 平行扫描 | 自动停止系列扫描 |
| 完全系列扫描 | 工作记忆 | 再认 | 回忆 |
| 舌尖现象 | 遗忘 | 顺行性遗忘 | 艾宾浩斯遗忘曲线 |
| 过度学习 | 系列位置效应 | 近因效应 | 首因效应 |
| 前摄抑制 | 倒摄抑制 | 衰退说 | 干扰说 |
| 压抑说 | 提取失败说 | | |

# 第七章 思 维

## 知识导读

学习知识，解决问题，探索新知，创造未来，都离不开思维。本章先介绍了什么是思维，思维的特征是什么，思维与感觉、知觉和记忆的关系，思维有哪些不同的种类，思维的过程是怎么进行的以及思维产生的生理机制；接着介绍了思维的心理表征形式：表象和概念；然后介绍了推理、问题解决等思维过程；最后介绍了人的决策行为的一些特点。

在心理学考研中，第一节主要以单选题、名词解释的考查形式居多，同学们应着重掌握核心概念；第二、三、四节的内容在考试中单选题、名词解释和简答题中都有涉及；第五节是本章的高频考点，也是简答题、论述题的高发区，考生要重点掌握；第六节相对考查比较少，应着重掌握相关理论和启发法策略。

## 知识地图

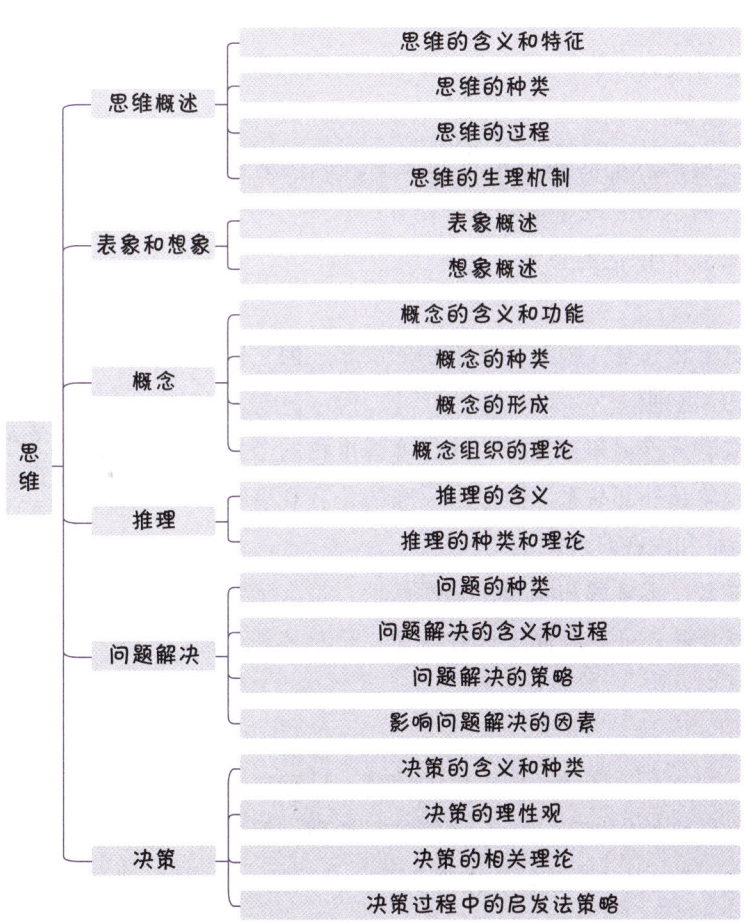

# 第一节 思维概述

## 知识点 1 思维的含义和特征 ★★

### 1. 思维的含义

思维是借助语言、概念、表象等实现的，对客观事物概括的、间接的反映。它能揭示事物的本质特征和内部联系，是认识的高级形式。思维包括概念形成、推理、问题解决和决策等不同的形式。 >> TIPS ①

### 2. 思维的特征

（1）概括性

①概括性是指在大量感性材料的基础上，把一类事物共同的特征和规律抽取出来，加以概括。

②概括在人们的思维活动中起着重要作用。一方面，概括能使人们透过事物的表面现象掌握事物的内部联系和本质特征；另一方面，概括是思维活动迁移的基础，概括水平越高，越有可能把解决问题的方法迁移到新的情境中。

（2）间接性

①思维的间接性是指人们借助于一定的媒介或已有的知识经验对客观事物进行间接的认识。

②思维的间接性可以使人们超越感知觉的限制，认识那些看不见、摸不着的事物，揭示事物的本质和规律。 >> TIPS ②

### 3. 思维与感觉、知觉和记忆的关系

（1）区别

思维与感觉、知觉虽然都是人脑对客观事物的反映，但它们对客观事物的认识存在根本区别。

①从反映的内容来看，感觉和知觉反映的是客观事物的个别属性、整体特征、表面现象及外部联系，而思维反映的是客观事物共同的、本质的属性与特征和内在联系。

②从反映的形式来看，感觉和知觉属于感性认识，是人脑对客观事物外部特征的直接反映；而思维属于理性认识，是对客观事物必然联系的间接反映。

（2）联系

思维离不开感觉、知觉、记忆活动所提供的信息。只有在大量感性信息的基础上，在记忆的作用下，人们才能进行推理、解决问题和做出决策，进而揭示事物的本质特征和内部联系。

---

思维是借助表象、概念等心理表征形式实现的；而概念形成、推理、问题解决和决策是思维活动的不同形式。

①概括性是抽取事物之间共同的特征和规律，强调的是经过长时间的观察，总结经验。例如，有朝霞过后就会降雨，出现晚霞第二天便是晴天，这些感性资料概括出了一定的天气变化规律。

②间接性是通过一些已知的信息去认识那些未知的信息，强调间接推断的过程。例如，医生通过患者的临床症状诊断疾病，医生没有直接看到病毒对人体的侵袭，却能通过体温、血液成分和体征变化的程度来诊断患者的病症情况，这就是间接的反映。在《普通心理学》第五版当中思维的特征还包括"思维是对经验的改组"，在第六版当中已被删除。

## 知识点 2　思维的种类 ★★

### 1. 直观动作思维、形象思维和抽象思维

这是根据思维过程凭借心理表征的形式来划分的。

（1）直观动作思维

直观动作思维又称动作思维，是指人们凭借实际的动作来解决问题的思维活动。　　》 TIPS ③

（2）形象思维

形象思维又称具体形象思维，指人们凭借头脑中的形象（表象）来解决问题的思维活动。　　》 TIPS ④

（3）抽象思维

抽象思维又称抽象逻辑思维或逻辑思维，是指人们运用概念、判断、推理等形式来解决问题的思维活动。抽象思维可以脱离具体的形象来进行，是思维的高级形式。　　》 TIPS ⑤

### 2. 辐合思维和发散思维

根据探索结果的方向性，吉尔福特将思维分为辐合思维和发散思维。

（1）辐合思维

辐合思维又称聚合思维或求同思维，指人们根据已知的信息，利用熟悉的规则解决问题；也就是从给予的信息中，产生合乎逻辑的结论。它是一种有方向、有范围、有条理的思维方式。

（2）发散思维

①含义：又称求异思维，指人们沿着不同的方向思考，重新组织当前的信息和记忆系统中存储的信息，产生多个解决问题的方法的思维活动。

②特点：发散思维具有流畅性、变通性和独特性的特点。

　a. 流畅性：指单位时间内发散项目的数量。发散思维能力好的的人能在短时间内说出较多的项目。　　》 TIPS ⑥

　b. 变通性：指发散项目的范围或维度，范围越大、维度越多，变通性越好。变通性是触类旁通、随机应变的能力。　　》 TIPS ⑦

　c. 独特性：指对问题能提出超乎寻常的、独特新颖的见解。吉尔福特采用"命题测验"来衡量发散思维的独特性，这种测试要求被试给一段故事情节加上一个适当的标题，通过标题的新颖性来衡量发散思维的独特性。　　》 TIPS ⑧

③测量方法：吉尔福特设计了"不寻常用途测验"来测量这些特点，测验要求人们在给定的时间内尽可能多地说出某个物体的用途，通过说出物品用途的数量、维度、独特性等方面来衡量发散思维的特点。

直观动作思维以动作来解决问题，具有直观性和动作性特点，即思维与产生的动作不可分，离开了具体动作的操作就不再思维。例如，3岁前的幼儿通过摆弄积木搭建出楼房等造型，这就是通过直观的动作来进行思考并解决问题。成人也有直观动作思维，比儿童的水平要高。例如，体操运动员一边进行运动操作，一边进行思维；维修人员修理电器时，动作就是解决问题的重要方式。

艺术家、作家、导言、设计师等更多地运用形象思维。例如，2022年北京冬奥会的吉祥物"冰墩墩"就是形象思维的结果。

学生学习各种科学知识，科学工作者从事科学研究，都要运用抽象思维。

例如，在规定时间内，让被试说出所有带"爱"的歌曲，说出的歌曲越多，说明被试的流畅性越好。

例如，教师要求学生在规定时间内"列举报纸的用途"，学生列举的用途越多，越能突破常规用途，说明变通性越好。

例如，同样是看到海浪，让被试即兴发挥，其越能说出独特新颖的见解，说明独创性越好。

### 3. 常规性思维和创造性思维

这是根据思维的创新程度来划分的。

（1）常规性思维

常规性思维是指人们运用已获得的知识经验，按现成的方案和程序解决问题的思维活动。　　≫ TIPS ⑨

例如，学生按照教师所教的解题方法做题，工人按设计好的图纸建造楼房。

（2）创造性思维

创造性思维是指重新组织已有的知识经验，提出新的方案或程序，创造出新成果的思维活动。创造性思维的成分包括发散思维（主要成分）、辐合思维和想象。　　≫ TIPS ⑩

例如，现金支付是传统的支付方式，而通过微信扫码则是新的支付方式，它需要互联网、微信平台等技术方面的支持，是创造性思维的产物。

### 4. 经验思维和理论思维

这是根据思维凭借的知识经验来分化的。　　≫ TIPS ⑪

（1）经验思维

经验思维是指人们凭借日常生活经验进行的思维活动。由于知识经验的不足，这种思维易产生片面性，甚至得出错误或曲解的结论。

（2）理论思维

理论思维是指根据科学的概念和论断判断某一事物，解决某个问题的思维形式。这种思维活动往往能抓住事物的本质，使问题得到正确的解决。

例如，"门当户对"就是经验思维；心理学学生了解了"心理是客观现实在人脑中的主观映像"是理论思维。

### 5. 直觉思维和分析思维

这是根据思维过程的清晰程度划分的。

（1）直觉思维

直觉思维是指人们在面临新问题、新事物和现象时，能迅速理解并做出判断的思维活动。这是一种直接的、领悟性的思维活动，具有快速性、跳跃性等特点。　　≫ TIPS ⑫

例如，医生通过观察和询问马上做出某种疾病的诊断，警察在人群中迅速辨别出罪犯，都是直觉思维的结果。

（2）分析思维

分析思维也就是逻辑思维，它遵循严密的逻辑规律，逐步推导，最后得出合乎逻辑的正确答案或做出合理的结论。　　≫ TIPS ⑬

例如，学生在解数学题时，通过一定步骤推理和论证得到正确的答案，就是分析思维。

## 知识点 3　思维的过程 ★

所谓思维过程也称思维操作，是指人通过分析、综合、比较、归类、抽象和概括、系统化、具体化等认知操作活动，对客观事物进行加工，通过概念、判断、推理等思维形式，揭露客观事物的本质特征和内部联系。

### 1. 分析与综合

①分析：是在头脑中把客观事物的整体分解为各个部分、各种特性的思维过程。　　≫ TIPS ⑭

例如，把一篇课文分解成若干段落；对一个学生从德智体美劳等几个方面进行分析。

②综合：是在头脑中把客观事物的各个部分、各种特性或个别联系和关系总和起来形成整体的思维过程。　　≫ TIPS ⑮

例如，学生在理解课文各个段落大意的基础上，归纳出课文的中心思想。

### 2. 比较与归类
①比较：在人脑中确定客观事物之间异同及其关系的思维过程。
②归类：在人脑中根据事物的异同区分为不同种类或类型的思维过程。

### 3. 抽象与概括
①抽象：在分析、综合和比较的基础上，在头脑中将各种事物的共同特征和本质属性抽取出来，并舍弃其个别特征和属性的过程。　　　　　　　　　　　　　　　　　》TIPS ⑯

②概括：是在比较和抽象的基础上，在头脑中把抽象出来的客观事物所共有的本质特征或属性综合起来，并推广到同类事物上去的思维过程。　　　　　　　　　　　　　　　　》TIPS ⑰

### 4. 系统化与具体化
①系统化：在人脑中将知识的各个要素分门别类地构成一个有机的、层次分明的整体的思维过程。　》TIPS ⑱
②具体化：把抽象概括出的一般原理应用到具体对象上去的思维过程。　　　　　　　　　　　　　　　　　》TIPS ⑲

## 知识点 4　思维的生理机制 ★

### 1. 额叶
①额叶在思维活动，特别是问题解决和决策活动中具有重要作用。
②额叶编制行为的程序，调节与控制人的行为和心理过程。
③有研究发现，额叶最前部的额极皮质参与推理和决策过程；还发现眶内侧前额皮质的激活越强，决策的框架效应越小，说明该区域与理性的决策有关。

### 2. 颞叶和顶－枕叶
①大脑半球左侧颞叶和顶－枕叶与问题解决有密切关系。
②当左侧颞叶受损时，语言听觉记忆出现障碍，患者口头作业的完成情况很差，书面作业完成得好些；顶枕叶受损，综合信息的能力遭到破坏，特别是空间综合能力遭到破坏最明显。

例如，抽取钢笔、铅笔、圆珠笔等的共同本质属性——写字的工具，而忽略外形、颜色等非本质属性。

例如，在抽象的基础上，把各种各样的笔的本质属性概括为用来写字的工具。一切定理、定义、概念都是高级概括的产物。

如生物学中把动物分成无脊椎动物和脊椎动物。脊椎动物又分为鱼类、两栖类、爬行类、鸟类、哺乳类；无脊椎动物分成原生动物、腔肠动物、环节动物、节肢动物等。这样就把动物的知识要素系统化了。

如举例说明并阐述某个定理、定律，用一般原理解答问题等，都是思维的具体化过程。

---

**本节小结**

思维是借助语言、概念、表象等实现的，对客观事物概括的、间接的反映；它能揭示事物的本质特征和内部联系，是认识的高级形式；思维具有概括性、间接性的特点；思维既需要感觉、知觉和记忆所提供的信息，又能比感知觉和记忆反映出客观事物更本质的特征；思维的种类分为直观动作思维、形象思维和抽象思维，辐合思维和发散思维，常规思维和创造性思维，经验思维和理论思维，直觉思维和分析思维；思维的过程包括分析与综合、比较与归类、抽象与概括、体系化与具体化的过程；思维活动涉及额叶、颞叶以及顶－枕叶的活动，是多个脑区联合活动的结果，其中额叶发挥着重要作用。

## 第二节 表象和想象

### 知识点 1　表象概述★★

**1. 表象的含义**

表象是指人们在头脑中出现的关于事物的形象。

从信息加工的角度来说，表象是指物体或事件的一种像图画一样的心理表征。　　>> TIPS ①

例如，在你脑海里浮现小学老师的形象；看了电影后，很多镜头会在脑海里浮现出来。这些都属于表象。

**2. 表象的特征**

（1）直观性

①表象以具体的形象在头脑中出现。人头脑中产生某种事物的表象，就好像直接看到或者听到这种事物的某些特征一样。

②遗觉象：指刺激停止后头脑中保持异常清晰、鲜明的表象，是在儿童身上经常发生的一种心理现象。给儿童呈现一张复杂的图形，几十秒之后他们头脑中仍保存着当时的表象，就好像图形仍在眼前一样。

③表象是在知觉的基础上产生的，表象和人们看到的物体有相似性但又有所不同，主要表现在以下三个方面。　　>> TIPS ②

a. 看到的物体鲜明生动，表象比较暗淡模糊。

b. 看到的物体持久稳定，表象不稳定。

c. 看到的物体完整，表象不完整，时而出现这一部分，时而出现另一部分。

知觉是在现实的刺激直接作用于感官时产生的，依赖于当前的信息输入。而表象不依赖于当前的直接刺激，它依赖于已储存于记忆中的信息和相应的加工过程。例如，在电视中看到奥运会开幕式的形象是具体的、完整的和稳定的，而回忆这些镜头时，脑中出现的形象就比较模糊、不稳定，而且常常是不完整的。

（2）概括性

①表象是人们多次知觉的结果，反映了事物的大体轮廓和主要特征，具有概括性，是一种概括化的形象。　　>> TIPS ③

②表象的概括性与思维不同，主要表现在以下三个方面。

a. 表象是形象概括，而思维是用概念和语词进行概括。

b. 表象的概括始终具有形象性特点，仍属于感性认识范畴；思维的概括具有抽象性特点，属于理性认识范畴。

c. 在表象的概括中，混杂着客观事物的本质属性和非本质属性；而思维揭示的是客观事物的本质属性，舍弃了非本质属性。

例如，看到某棵树的形象是具体的，但脑海中出现"树"的表象则是各种各样树的概括了的形象。

（3）可操作性

①人们可以在头脑中对表象进行操作，这种操作就像人们通过外部动作操作物体一样。

②库珀用"心理旋转"的实验证明了表象的可操作性。有研究发现，三维图形倾斜的角度越大，旋转时所需要的时间就会越长，倾斜180°时旋转所需的时间最长。心理旋转实验的字母图形如图7-1所示。　　>> TIPS ④

心理旋转的具体实验过程可以参考本套书的《实验心理学》进行理解学习。

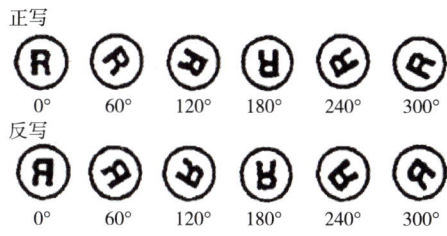

**图 7-1　心理旋转实验的字母图形**

**3. 表象的种类**

（1）视觉、听觉、动觉、嗅觉、味觉、触觉等表象

根据产生的主要感觉通道分类，表象可以分为视觉表象、听觉表象、动觉表象、嗅觉表象、味觉表象和触觉表象等。 TIPS ⑤

①视觉表象是指在大脑中出现的个体感知过的具有视觉特征（颜色、形状、大小等）的形象，一般比较鲜明，是经常发生、比较鲜明的表象形式。例如，"人面桃花相映红"。

②听觉表象是指大脑中出现的个体感知过的具有听觉特征（音调、响度、音色等）的形象，其中语言听觉表象和音乐听觉表象最为鲜明和突出。例如，"余音绕梁，三日不绝"。

③动觉表象是指在大脑中出现的有关动作方面的形象，可以是视觉的，如各种动作姿势；也可以是动觉的，如使用力气或动作幅度大小的表象。例如，"运动员腾空而起的滑雪动作"。

④嗅觉、味觉、触觉等也都具有与其感知相对应的表象。

（2）记忆表象和想象表象

根据创造程度的不同，表象可以分为记忆表象和想象表象。

①记忆表象是指过去感知过的事物形象在人脑中的重现，保留了客观事物的主要形象特点，如想起朋友的容貌。

②想象表象是指人脑在已有表象基础上进行加工改造和整合而形成的新形象，这些形象人们可能从未看过或世界上还不存在，因而具有新颖性。

（3）个别表象和一般表象

根据概括程度的差异，表象可以分为个别表象和一般表象。

①个别表象是指对某个具体事物形成的表象。

②一般表象是指人感知某一类事物后加以概括，形成反映某类事物的表象。

**4. 表象的理论**

（1）佩维奥的双重编码理论

①佩维奥认为，人脑中同时存在语言和非语言符号的双重编码系统。

a. 语言符号系统：负责处理语言的信息。

b. 非语言符号系统 / 表象系统：负责处理非语言的或者形象的

**TIPS ⑤**

味觉表象（想起妈妈做的饭菜的味道）、触觉表象（想起触摸小猫的手感）。

信息，如图片。

②两个系统既相互独立，又相互联系。

a.独立表现为：一个系统的激活不以另一个系统的激活为前提，或者两个系统可以平行被激活。　　　　　　　　　　》 TIPS ⑥

b.联系表现为：一个系统的激活能够引起另一个系统的激活，两个系统存在相互作用。　　　　　　　　　　》 TIPS ⑦

③从认知加工的角度来说，对某个刺激能够采用两种方式编码，会比采用一种方式编码具有认知加工上的优势。　》 TIPS ⑧

（2）科斯林的表象存在论和计算模型

以科斯林为代表的表象存在论研究者认为，表象与现实客体的知觉相似，人们可以对表象进行操作，而这种操作类似于对具体事物的操作。为此，研究者还进行了心理扫描实验，重点研究了距离效应和大小效应。

在上述心理扫描实验研究的基础上，科斯林提出了表象的计算理论。　　　　　　　　　　　　　　　　　　》 TIPS ⑨

①表象有两个主要因素

a.**表层表征**：出现在视觉短时记忆中的类似图画的表征。表象依赖于表层表征，表层表征出现在短时记忆中，容量有限、极易衰退。表层表征保留了客体的位置、方位、大小等空间特征。

b.**深层表征**：储存在长时记忆中的信息，用于生成表层表征。**深层表征又分两种**：本义表征提供关于某一客体的形象信息，在计算机模型中作为坐标表储存，它们指明各点在视觉短时记忆中的位置，以形成客体的精确表象（表象文件）；命题表征是由抽象的命题表构成的，它们是解释客体的(命题文件)。

②该理论认为从深层的本义表征生出表象

表征生成表象的过程如下：

a.**图示过程**：将深层的本义表征转换为视觉短时记忆中的表象。

b.**发现过程**：在视觉短时记忆中搜索某个特定客体或其部分。

c.**放置过程**：实现各种必要的操作，使客体的各部分处在表象中正确的位置上。

d.**表象过程**：协调上述三个过程的活动。

**5.表象在思维中的作用**

（1）表象为概念的形成提供感性基础

表象既有直观性，又有概括性。表象离开了具体的事物，摆脱了感知觉的局限性，因而为概念的形成奠定了感性的基础。

有了表象做支持，儿童更容易形成抽象的概念。在教学过程中，可以利用表象帮助学生掌握抽象的概念。　　》 TIPS ⑩

**TIPS ⑥**

例如，人们可以利用表象进行思维，也可以在无表象参与的情况下进行抽象思维。

**TIPS ⑦**

例如，看到"猫"的照片不仅能引发"猫"的表象，而且能激活词语"猫"。同理，看到"猫"这个词语，不仅能激活其意义，还能引发"猫"的形象。

**TIPS ⑧**

有研究发现，具体词的记忆效果要比抽象词的记忆效果好，这是因为具体词既可以进行言语符号编码，也可以进行表象编码，而抽象词较难引发表象，主要依靠言语符号编码来记忆。因此，使用两种编码方式比单纯使用一种编码方式记忆的效果要好。

**TIPS ⑨**

这个理论尝试具体说明表象过程是怎样进行的，深层表征是记忆表象，表层表征是注意表象。

**TIPS ⑩**

例如，有了表象支持，儿童更容易形成抽象的概念。

（2）表象有助于问题解决和推理

表象是思维的基本单位，形象思维主要是借助表象进行的，表象也有助于抽象思维；表象有助于问题解决；在推理中，表象也有重要作用。

>> TIPS ⑪

表象是人类表征知识的重要形式，许多知识在人脑中以表象的形式存储，在学习和记忆以及问题解决、创造活动中具有重要作用；画家、作家、工程师、运动员、发明家等各种实践活动都要求具有相应的表象。

### 知识点 2　想象概述★

#### 1. 想象的含义

想象是对头脑中**已有的形象**进行加工改造，**形成新形象**的过程。

#### 2. 想象的种类

按照想象活动是否具有目的性，可以区分为无意想象和有意想象。

（1）**无意想象**

是一种**没有预定目的、不自觉地**产生的想象。它是当人们的意识减弱时，在某种刺激的作用下，不由自主地想象某种事物的过程。

（2）**有意想象**

是按一定目的、自觉进行的想象。

在**有意想象**中，根据想象内容的新颖程度和形成方式的不同，可分为再造想象、创造想象和幻想。

①**再造想象**：根据言语描述或者图形示意形成新形象的过程。再造想象的创造性水平较低。

②**创造想象**：根据一定的目的在头脑中独立地创造出某种新形象的过程。

>> TIPS ⑫

例如，电视剧里面孙悟空的形象是导演根据作者对孙悟空的形象的描述，然后创造出来的形象，这是一种再造想象；吴承恩根据当时的一些神话故事，创造出孙悟空这样的人物，是创造想象。再造想象是再加工，创造想象是从无到有。

③**幻想**：指向未来，并与个人愿望相联系的想象，它是创造想象的特殊形式。

#### 3. 想象的功能

①**预见**功能：想象可以预见活动的结果，指导人们活动进行的方向。

②**补充知识经验**：想象可以帮助人们认识生活中接触不到的事物，起到补充知识经验的作用。

③**代替功能**：当需要不能实际满足时，就可以利用想象获得满足。

④**调节机体的生理活动**：想象能够对机体的生理活动进行调节。

#### 4. 想象的综合过程

创造想象往往是通过对头脑中已有形象的黏合、夸张、典型化、联想等方式实现的。

①**黏合**：把事物中从未被结合过的属性、**特征结合**在一起，形成新形象的过程。例如，美人鱼、猪八戒等形象。

②**夸张**：是通过改变事物的特征点，或**突出某些特征**形成新形象的过程。例如，千手观音、九头鸟的形象。

③**典型化**：综合**一类**事物的共同特征创造出新形象的过程。例

如，"阿 Q"人物形象的创造。

④联想：利用一个事物想到另一事物，从而创造新形象或者新事物的过程。例如，看到鸟飞创造出飞机。

> **本节小结**
> 表象是指在人脑中出现的关于事物的形象或者像图画一样的心理表征；它具有直观性、概括性、可操作性的特点；根据不同的分类标准，表象划分为不同的类型；表象的理论包括佩维奥的双重编码理论和科斯林的表象存在论和计算模型；表象在思维中具有重要作用。想象是对头脑中已有的形象进行加工改造，形成新形象的过程，想象分为无意想象和有意想象，有意想象又分为再造想象、创造想象和幻想，想象具有预见、补充知识经验、代替和调节四个作用，想象的综合过程包括黏合、夸张、典型化、联想。

## 第三节　概　念

### 知识点 1　概念的含义和功能★

#### 1. 概念的含义

①概念是具有共同属性的一类事物的总称。　　>> TIPS ①

②概念包括内涵与外延两个方面。内涵是指概念的共同属性；外延是指具有这些属性的事物；内涵越大，外延越小。　>> TIPS ②

#### 2. 概念的功能

①概念是人类知识经验的概括和总结，只有掌握了相当领域的概念，才能更好地解决问题。

②概念把一类事物和另一类事物区分开来，具有分类或者范畴化的功能。由于概念具有分类的功能，因此它有利于人们对事物的认识，简化认知过程。

③概念是人类交流的基础，人利用概念可以有效地进行交流。

#### 3. 概念的特点

①概念是一个层级系统，包括上位概念、基本水平的概念和下位概念等层级，由它们构成一个概念家族。基本水平的概念是人们描述物体时经常使用的概念，是最容易激活的概念，也是儿童首先习得的概念。　　　　　　　　　　　　　　　　　>> TIPS ③

②概念是用词来表达、巩固和记载的，是指词的意义方面。概念的形成是借助词和句子来实现的。但是概念与词并不是一一对应的关系，同一个概念可以由不同的词来表示，同一个词也可以表达不同的概念。　　　　　　　　　　　　　　　　>> TIPS ④

例如，"椅子"这个概念就是对婴儿椅、背靠椅、餐桌椅的总称。

例如，"人"的概念内涵较小，它的范围（外延）包括了男人、女人、中国人、外国人、白种人和黄种人等；而"黄皮肤黑眼睛的中国人"，它的内涵比较丰富，但外延缩小了。

例如，以"水果"为例，水果是上位概念，苹果、梨、香蕉等是基本水平的概念，红富士、雪花梨则是下位概念。

例如，"医生"与"大夫"两个不同的词表达了同一概念。而"千金"一词却表达了"许多钱""女儿""珍贵"等不同的概念。

## 知识点 2　概念的种类 ★★

### 1. 合取概念、析取概念和关系概念

这是根据反映事物属性的数量及其相互关系来划分的。》TIPS ⑤

①**合取概念**：指两个或者两个以上的特征必须同时具备的概念，即"此和彼"的概念。例如，"毛笔"。

②**析取概念**：指多个可能的特征中，至少具备一个特征的概念，即"此或彼"的概念。例如，"好学生"。

③**关系概念**：根据事物之间的相互关系形成的概念，如高低、上下、左右、大小等。

### 2. 自然概念和人工概念

这是根据形成的自然性来划分的。》TIPS ⑥

①**自然概念**：在日常生活中自然而然形成的概念；其内涵和外延都比较模糊，更多使用典型性特征或特有特征来说明；典型性特征是指一个概念表现出的典型特点，但并非概念的所有成员都具备这一特征。

②**人工概念**：指根据一套规则或者定义性特征来定义的概念，也称正式的概念；其内涵和外延都比较清晰；定义性特征是定义一个概念必要且充分的特征。

### 3. 具体概念和抽象概念

这是根据所包含的属性的抽象与概括程度来划分的。》TIPS ⑦

①**具体概念**：人脑按客观事物的外部特征或属性形成的概念。

②**抽象概念**：人脑按客观事物本质特征或本质属性以及内在联系形成的概念。

### 4. 前科学概念和科学概念

这是根据形成的途径划分的。

①**前科学概念**：又称为日常概念，是个体在日常生活中通过人际交往的经验积累而形成的概念。前科学概念受个人生活范围和知识经验的限制，往往不能把握客观事物的本质特征或属性，概念的内涵常常包含事物的非本质属性，存在片面性，甚至是错误的。

②**科学概念**：又称为明确概念，指在科学研究中，经过假设和检验后逐渐形成的，反映客观事物本质特征及内在联系的概念。一般而言，那些可以用语言进行阐述和解释的科学概念，是在有计划、有目的的教学过程中获得的。　》TIPS ⑧

## 知识点 3　概念的形成 ★★

### 1. 概念形成的含义

概念的形成是指个体掌握概念的过程。具体来说，就是把一定

**TIPS ⑤**

例如，"毛笔"这个概念必须同时具有"用毛制作的"和"写字的工具"这两个属性，因此是合取概念；而"好孩子"这个概念，可以是"有礼貌""乐于助人""帮妈妈做家务"等其中一个属性，也可以是同时都具有这些属性，所以"好孩子"是一个析取概念。因此，合取概念的属性之间是"且"的关系，析取概念的属性之间是"或"的关系。

**TIPS ⑥**

日常生活中说的"爱、诚实、尊严"等都是自然概念，"会飞"是鸟的典型性特征。人工概念代表了被精确定义的理论和抽象概念，比如你在生物课上学到的"鸟是有羽毛的两足动物"就是人根据一套规则主观设定的，属于人工概念。一个概念既可以是人工概念，也可以是自然概念。

**TIPS ⑦**

例如，幼儿将苹果与皮球归为一类，香蕉与口琴归为一类，由此形成的概念是具体概念；若能将香蕉与苹果归为一类，将口琴与皮球归为一类，由此形成的概念则是抽象概念。

**TIPS ⑧**

例如，在生活中，小朋友从周围人口中，学会了用"你神经病"来形容别人的不恰当行为，这种在日常生活中习得的"神经病"的概念，就属于日常概念；但后来通过专业的学习会发现，神经病是指当个体的神经系统出现障碍时表现出的疾病，这时候他形成的概念就是科学概念。

的信息归类的过程，又称概念掌握。　　>> TIPS ⑨

### 2. 概念形成阶段

①抽象化：对客观事物的属性或特征进行抽象。

②类化：对客观事物的各种属性及其特征进行归类。

③辨别：对客观事物属性或特征之间差异的认识。

### 3. 概念形成的理论

（1）假设检验说

布鲁纳认为，概念形成的过程是不断提出假设、验证假设的过程。

被试根据对实验材料的选择与主试提供的反馈，形成了概念包含属性的假设。如果某种假设被证明是正确的，概念也就形成了。

>> TIPS ⑩

（2）原型理论

①茹什认为，在掌握概念时，不是掌握它的一个或者几个定义性特征，而是通过接触具体的实例形成概念的原型。原型是指概念范畴中最能代表该范畴的典型成员。

②原型理论认为，形成概念就是在头脑中形成概念的原型。在归类时，把某一具体实例与原型比较，根据实例与原型相似度，判断具体实例是否属于某一概念范畴。　　>> TIPS ⑪

（3）内隐学习说

里伯指出，一些抽象概念的复杂结构是在无意识的内隐学习中获得的。在概念形成中，被试依赖于一些属性在无意识中累加的频次来区分概念中的相关属性和无关属性。

里伯等的实验说明，当刺激结构高度复杂时，采用比较被动的、无意识的学习方式可能有效。即一些抽象概念的复杂结构是在无意识的内隐学习中获得的。

（4）共同要素说

赫尔认为，概念的形成是将一类概念的共同特征抽取出来，并对它们做出反应的过程。　　>> TIPS ⑫

（5）社会实践说

奥苏伯尔认为，概念是在不断的社会实践中发展起来的。

### 4. 概念形成的策略

布鲁纳通过人工概念形成的实验提出概念形成的四种策略，如表7-1所示。

**TIPS ⑨**

成人主要通过学习规则来获取概念，儿童通过正例和反例的经验习得。

**TIPS ⑩**

该假设建立在实验室实验的基础上，虽然有一定的实验证据，但是并不一定符合概念形成的实际情况。例如，儿童形成"猫"的概念，他们不一定事先存在关于"猫"的假设，然后再去验证这个假设。

**TIPS ⑪**

例如，燕子比企鹅更能代表"鸟"，是"鸟"的原型，因此在提到"鸟"的概念时，人们往往会想到燕子。原型模型对自然概念的解释很有说服力，但有些抽象概念很难确定其原型。

**TIPS ⑫**

赫尔通过强化反应的原理来解释概念形成，认为同类事物的关键特征可以由学习者从大量同类事物的不同例证中独立发现。如果学生能够正确地识别出某个概念的一个例子，就给予强化，告诉他是对的；如果学生对刺激识别错了，则告诉他错了。通过一系列尝试，正确的反应与适当的刺激就联结起来了，因此，学生的概念也就形成了。例如，小朋友刚刚认识小猫的时候，每次见到猫都会说小猫，大人会说：是的，好棒；在他见到小狗的时候也会说小猫，大人会告诉他这是小狗，多次尝试，小朋友就形成了小猫的概念。

①**保守性聚焦**：指把第一个肯定实例（聚焦点）包含的**全部属性**都看作未知概念的有关属性而建立假设（整体假设），然后**每次只改变其中一个属性或特征**来对这个假设进行检验。保守性聚焦的记忆负担最轻，是一种更为有效的概念形成策略。

②**冒险性聚焦**：指把第一个肯定实例包含的**全部属性**都看作未知概念的有关属性而建立假设（整体假设），然后**同时改变一个以上的属性**来检验这个假设。这种策略带有冒险性，不能保证一定成功，但有可能在较短时间内发现概念。

③**同时性扫描**：指根据第一个肯定实例所包含的**部分属性**形成的多个部分假设，然后对多个**部分假设进行验证**。采用这种策略，记忆负担较重，难度较大。

④**继时性扫描**：指在已形成的部分假设的基础上，根据反馈，**每次只检验一种假设**。若这种假设被证明是正确的，就保留它，否则就采用另一个假设。

表 7-1　概念形成策略的比较

| 聚焦策略：针对概念涉及的属性进行检验 | | 扫描策略：直接对概念进行检验 | |
|---|---|---|---|
| 形成一种假设，包含第一个肯定实例中的全部属性 | | 形成多个部分假设，包含第一个肯定实例中的部分属性 | |
| 只改变一个属性 | 改变多个属性 | 同时检验多个假设 | 每次只检验一种假设 |
| 保守性聚焦 | 冒险性聚焦 | 同时性扫描 | 继时性扫描 |

## 知识点 4　概念组织的理论 ★★★

人们获得的大量的概念是如何组织起来的，有两种理论对此进行了解释。

>> TIPS ⑬

### 1. 层次网络模型

（1）提出者

柯林斯。

（2）主要观点

①该理论认为，概念本身以**节点的形式**被存储在概念网络中，每个概念由语义特征来定义，这些特征实际上也是概念。

②各类属概念间按**逻辑的上下位关系**组织在一起，概念间通过连线表示它们的类属关系，这样彼此具有类属关系的概念组成了一个概念的网络。在网络中，层次越高的概念，其抽象概括的水平越高。

③每个概念的特征实行**分级存储**，即每一层概念的节点上只存储该概念的独有特征，而同层各概念共有的特征则被存储在上一层的概念节点上。

④**提取概念**的意义就是网络搜索的过程；搜索的距离越长，反应时间越长，搜索距离的长短用连线的长短来表示。

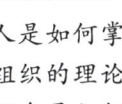

TIPS ⑬

概念形成解释了人是如何掌握这些概念的，概念组织的理论解释了人学会的这些概念是如何存储在我们的记忆系统中的。

层次网络模型如图 7-2 所示。　　　　　　　　>> TIPS ⑭

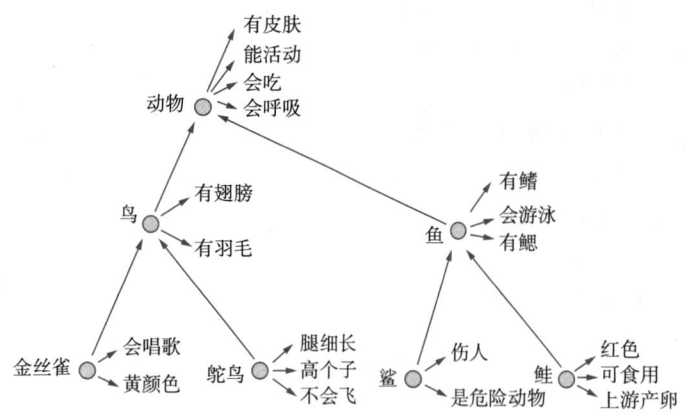

图 7-2　层次网络模型示意图

**TIPS ⑭**

层次网络模型强调概念是严格按照逻辑的上下位规则进行存储的（研究证明并不属实），这个理论模型中认为"动物"的概念就比"鸟"是高一层次。

（3）评价

层次网络模型简洁地说明了概念间的关系，但是它所概括的概念间的关系类型较少；而且许多实验发现，这种严格按照类属概念上下位关系组织概念的方式不一定具有心理现实性。

**2. 激活扩散模型**

（1）提出者

柯林斯等在层次网络模型的基础上提出。

（2）主要观点

①该模型认为，由于经验的作用，概念组成一个相互联系的概念网络；概念网络以语义相关性为基础，意义相互联系的概念组织在一起。

②在概念网络中，连线长短表示概念联系的紧密程度，连线越短，概念间的联系越紧密。

③当一个概念被加工时，**意义激活会自动传递到相关概念**，使相关概念的意义也得到激活，而且激活的强度随着传递距离的增加或者传递时间的延长而降低。如图 7-3 所示。

（3）评价

激活扩散模型不仅较好地说明了概念的组织，而且成功地解释了心理学研究中的一个重要现象：语义启动效应。　>> TIPS ⑮

**3. 特征表理论**　　　　　　　　　　　　　　>> TIPS ⑯

（1）提出者

波纳。

（2）主要观点

①这个理论把概念的语义特征分解为**定义性特征和特异性特征**。定义性特征是定义一个概念所必须具备的特征，它相当于概念的本质特征；特异性特征是具有描述功能的特征，它相当于概念的非本质特征。

**TIPS ⑮**

①激活扩散模型认为，根据概念之间的语义联系强度或语义相似性距离为基础，将概念组成一个网络。例如，看到红色会想到国旗，看到国旗会想到祖国。

②这一模型能够很好地解释"语义启动效应"，启动分为正启动和负启动：正启动是指前面呈现的刺激对加工后面呈现的刺激的促进作用，如先呈现"护士"比先呈现"树木"，被试识别"医生"的时间更短，因为"护士"和"医生"两者之间具有语义上的联系；负启动则是起抑制作用。

③该模型忽视了个体知识的差异导致的概念激活的差异。

**TIPS ⑯**

例如，采取合取规则整合"用毛制作"和"写字工具"两个定义性特征形成"毛笔"的概念。特征表可以很好地解释明确定义性特征的人工概念，但很难解释定义界限很模糊的自然概念，如"游戏"这一概念。

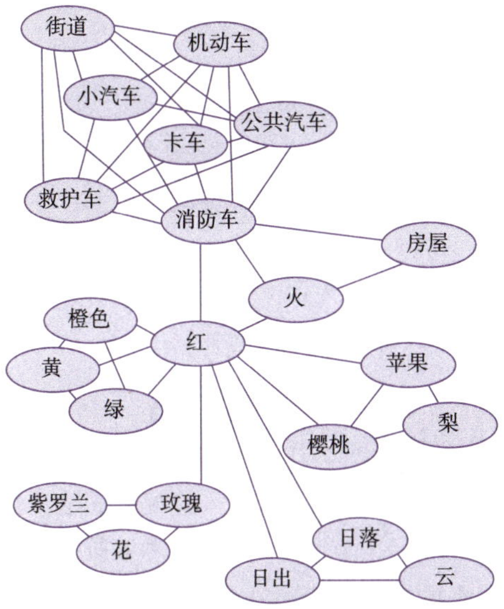

**图7-3 激活扩散模型示意图**

②特征表理论认为，**概念的结构由概念的定义性特征和整合这些特征的规则构成**。这些规则也称概念规则，它包括肯定、否定、合取、析取、条件等。概念的定义性特征和规则相互结合就构成了各种不同性质的概念。

4. 原型模型

（1）提出者

茹什。

（2）主要观点

①茹什认为概念主要是以原型来表征的。

②原型理论认为，概念是由原型加上与原型特征有相似性的成员来组成的。

> **本节小结**
> 概念是具有共同属性的一类事物的总称；概念有不同的种类；关于概念形成的途径：布鲁纳提出假设检验说、茹什提出原型理论、里伯提出内隐学习说、赫尔提出了共同要素说、奥苏伯尔提出社会实践说；布鲁纳通过人工概念形成的实验提出概念形成的四种策略：保守性聚焦、冒险性聚焦、同时性扫描、继时性扫描。概念结构的理论包括层次网络模型、激活扩散模型、特征表理论和原型模型。

# 第四节 推 理

## 知识点 1  推理的含义 ★

1. 推理的含义

推理是指根据一般原理推出新结论，或者从具体事物归纳出一般规律的思维过程。前者叫**演绎推理**，后者叫**归纳推理**。

### 2. 归纳推理和演绎推理的关系

（1）归纳推理和演绎推理的区别

①演绎推理是从一般到特殊的过程，而归纳推理是从特殊到一般的过程。

②演绎推理的结论一般不超过前提所确定的范围，其前提与结论之间的联系是必然的，而归纳推理的结论一般超出前提所确定的范围，其前提和结论之间的联系具有或然性。

（2）归纳推理和演绎推理密切联系、互相依赖、互为补充

①演绎推理的一般性知识的大前提必须借助归纳推理从具体的经验中概括出来，因此，没有归纳推理也就没有演绎推理。

②归纳推理也离不开演绎推理，在归纳推理的过程中，常常需要运用演绎推理对某些归纳的前提或结论加以论证，因此，没有演绎推理也就不可能进行正确的归纳。

## 知识点 2　推理的种类和理论 ★★★

### 1. 归纳推理

①完全归纳推理：由一类中的每一个对象都有或没有某些性质，推理出这类的全部对象都有或没有某些性质的推理方法。

②不完全归纳推理：由一类中的部分对象具有某些性质，并且没有遇到相反的情况，从而得出这一类的所有对象都具有这种性质的推理方法。

### 2. 演绎推理

（1）三段论推理

三段论推理是由两个假定真实的前提，和一个可能符合，也可能不符合这两个前提的结论所组成。例如，所有的 A 都是 B，所有的 B 都是 C，因而所有的 A 都是 C。

人们在进行三段论推理时会出错，其可能原因有：

①**气氛效应**：伍德沃斯等人认为，在三段论中，前提所使用的逻辑量词（所有、一些……）产生了一种"气氛"，使人们容易接受包含有同一逻辑量词的结论，但这一结论不一定是正确的。

②**换位理论**：查普曼等人认为，对前提理解的错误导致了推理的错误。

③**心理模型理论**：约翰逊-莱尔德认为，人们推理的过程就是创建并检验心理模型的过程，即首先根据前提条件创建一个心理模型，并得出一个有待证明的结论，然后根据前提条件搜寻其他可能创建的心理模型。推理中出现错误，是由于人们受工作记

---

**TIPS 1**

例如，直角三角形的面积等于底乘以高除以2，钝角三角形的面积等于底乘以高除以2，锐角三角形的面积等于底乘以高除以2。所以，一切三角形的面积等于底乘以高除以2。

**TIPS 2**

例如，瑞雪兆丰年就属于不完全归纳推理。

**TIPS 3**

例如，"所有的鱼都生活在水里，鲸鱼生活在水里"，由于前提形式所使用的逻辑术语"所有"会产生一种前提气氛，使人容易接受包含同一术语的结论，因而得出"鲸鱼是鱼"的错误结论。气氛效应低估了人们进行推理时的逻辑思维的作用，强调了非逻辑思维的部分。

**TIPS 4**

例如，"所有A是B"，人们往往认为"所有B也是A"，对前提解释上的错误就导致了推理错误的发生。错误的解释了前提也说明了人的知识经验影响了推理。

忆容量的限制，只根据前提创建了一个心理模型，而没有考虑建立更多的心理模型，而且推理所需建立的心理模型越多，推理就越困难。　　≫ TIPS ⑤

（2）线性推理/关系推理

线性推理是指所给予的两个前提说明了三个逻辑项之间的关系是可传递的。　　≫ TIPS ⑥

（3）条件推理/假言推理

①含义：条件推理是指人们利用条件性命题进行的推理。例如，"如果明天下雨，球赛就停止"。

②沃森的"四卡片选择作业"证明了人们在条件推理中存在证实倾向，即人们倾向于证实某种假设或规则，而很少去证伪它们。

实验过程：在沃森的"四卡片选择作业中"，他给被试看四张卡片，卡片的一面写有字母，另一面写有数字，如图7-4所示。同时主试给被试提出一个规则"若卡片的一面是元音字母，则另一面为偶数"，要求被试说出为证实这一规则的真伪必须翻看哪些卡片。

**图 7-4　选择作业的刺激卡片**

实验结果：大部分人选择了 E 和 4，而正确答案应该是 E 和 7。

结果解释：如果卡片"E"后面是奇数，"7"后面是元音字母，那么就证明该规则是错误的，但多数人选择翻看卡片"4"，认为若卡片"4"后面是元音字母，就可以证实该规则。实际上只要保证元音字母的背面是偶数，而对偶数背后的字母没有要求。因此，卡片"4"后面是不是元音字母并不能验证上述规则的真伪。卡片 7 是必须被翻看的，如果后面是元音字母，则可以证伪该规则，但多数人并不翻看它，因为人们并未想寻求信息来证伪上述规则，因此人们存在一种强烈的对规则的证实倾向。

**本节小结**

推理是指根据一般原理推出新结论，或者从具体事物归纳出一般规律的思维过程；前者称为演绎推理；后者称为归纳推理。归纳推理分为完全归纳推理和不完全归纳推理；演绎推理又分为三段论推理、线性推理、条件推理；在三段论推理中，前提所使用的逻辑量词、对前提理解的错误以及工作记忆容量的限制等都可能导致推理的错误；在条件推理中，常出现证实倾向。

**TIPS ⑤**

例如，高中时期做排列组合，尤其是关于扔骰子的题目，经常会出现没有考虑到更多点数的情况，因而出现答案错误，这就是由于没有创建更多心理模型而导致了推理的错误。

**TIPS ⑥**

例如，小明比小红高，小红比小英高，则小明比小英高。

## 第五节 问题解决

### 知识点 1　问题的种类 ★

**1. 根据问题的明确程度分类**

①定义良好的问题：初试状态、目标状态以及由初始状态如何达到目标状态的一系列过程都很清楚的问题。　》TIPS ①

②定义不良的问题：初试状态或目标状态不清楚，或者对两者都没有明确说明。　》TIPS ②

**2. 根据解题者是否有对手分类**

①对抗性问题：在解决对抗性问题时，人们不仅要考虑自己的想法，还要考虑对手的想法。

②非对抗性问题：在解决问题时没有对手参与的问题。

**3. 根据解题者具有的相关知识的多少分类**

①语义丰富问题：解题者对要解决的问题具有很多相关的知识的问题。

②语义贫乏问题：解题者对要解决的问题没有相关的经验的问题。

例如，如何根据已知条件求证几何问题，属于定义良好的问题。

例如，如何写好一篇学术论文，怎样保持良好的人际关系，怎样成为一名优秀的篮球运动员，都属于定义不良的问题。

### 知识点 2　问题解决的含义和过程 ★

**1. 问题解决的含义**

问题解决是指根据一定的问题情境，按照一定的目标，应用一系列的认知操作，使问题得以解决的过程。

**2. 问题解决的过程**

①问题解决的具体心理过程分为四个阶段：

a. 发现问题：认识到问题的存在，并产生解决问题的需要和动机。

b. 分析问题：找出问题的要求和条件，发现它们之间的联系与关系，把握问题的实质，确定解决问题的方向。

c. 提出假设：提出解决问题的方案、策略或途径。

d. 验证假设：通过实际活动或思维操作验证所提出的假设是否可以真正解决问题，达到目的。

②纽威尔和西蒙使用问题空间的概念说明问题解决的过程。问题空间包括问题的初始状态和目标状态，以及由初始状态转化为目标状态可能的操作。纽威尔和西蒙认为，问题解决就是经过一系列的操作把问题的初始状态转换为目标状态的过程。
　》TIPS ③

### 知识点 3　问题解决的策略 ★★★

纽厄尔和西蒙认为，算法和启发法是通用的问题解决的策略。

例如，在解决数学证明类的问题时，已知条件就是问题的初始状态，求证的结果就是问题的目标状态，解决问题思维操作的过程就是中间状态。

### 1. 算法式策略

①含义：算法式策略是根据一定的规则或者程序等<u>一步一步</u>地解决问题的方法。算法策略并不是随机地尝试错误，它类似于一些公式和程序，如果运用得当，就能一步一步地解决问题。　　≫ TIPS ④

②优点：算法式策略能够保证问题的解决。

③缺点：采用这种策略解决问题有时费时费力；当问题复杂时，人们很难依靠这种策略来解决问题。另外，有些问题没有现成的算法或尚未发现其算法，这时采用算法式策略将是无效的。

### 2. 启发式策略

（1）含义

启发式策略是<u>根据一定的经验</u>，在问题空间内<u>进行较少的搜索</u>，以达到解决问题的一种策略。　　≫ TIPS ⑤

（2）优点

走捷径的、凭经验解决问题的策略，解决问题的效率较高。

（3）缺点

不能完全保证问题解决的成功。

（4）常用的启发式策略

①<u>手段–目的分析法</u>

将需要达到的问题的目标状态分成若干子目标，通过<u>实现一系列的子目标最终达到总目标</u>。但有时人们为达到目的，会<u>暂时扩大目标与初试状态的差异</u>，以便最终达到目标。如河内塔问题就需要用手段–目的分析法进行解决。

②<u>爬山法</u>

类似于手段–目的分析法的一种解决问题的策略。它是指<u>逐步缩短初始状态和目标状态的距离</u>，以实现问题解决的一种方法，即一步步通过完成子目标，最后完成总目标的一种策略。　≫ TIPS ⑥

③<u>逆向搜索法</u>

从问题的目标状态开始搜索直至找到通往初始状态的通路或方法。这种方法适合于解决那些从初始状态到目标状态<u>只有少数通路</u>的问题，一些几何类问题较适合采用这一策略。　≫ TIPS ⑦

④<u>选择性搜索</u>

指根据已知的信息和某些规则，选择问题解决的<u>突破口</u>，并从突破中获得更多信息，以便进一步搜索直到解决问题。　≫ TIPS ⑧

⑤<u>类比迁移策略</u>

指把个体先前解决问题（基础类似物）的经验应用到解决新问题上（目标相似物）的策略。这对解决不熟悉问题是一种主要策略。
　　　　　　　　　　　　　　　　　　　　　≫ TIPS ⑨

---

例如，手上有一串钥匙，只有一把钥匙可以打开房门，但是你不知道到底是哪一把，你只好一把把试过去，这时你采用的策略就是算法式策略。

例如，上述开锁问题，假如你观察钥匙和锁的特征，凭经验挑选钥匙来开门，这时采用的就是启发式策略。

TIPS ⑥

爬山法与手段–目的分析法的不同在于，手段–目的分析法有时会暂时扩大目标，而爬山法是一种向前工作、不能逆回的策略。例如，河内塔问题就需要暂时扩大初试状态与目标状态之间的差异，因此采用手段–目的分析策略；而要确定一种新药的用药量，对用药量由高到低逐步尝试，找到有效的用药量，这就是采用的爬山法。

例如，高中在解决几何证明问题时往往采用反证法。

例如，警察在办案时，往往根据现场信息和案件的类型划定嫌疑人的特征，找到突破口。

例如，人们在发明潜艇后，科学家试图测定潜艇在海下的方位，通过研究蝙蝠的导航机制，最终发明了声呐技术。

### 知识点 4　影响问题解决的因素 ★★★

问题解决除了受策略因素影响外，还受到其他很多因素的影响。

**1. 知识因素**

①有关专家和新手问题解决的大量研究表明，知识经验在问题解决中起重要作用。

②专家和新手在知识的数量上和知识组织方式上的差异可能是造成问题解决效率不同的主要原因。　　>> TIPS ⑩

**2. 问题表征的方式**

①问题表征是指问题空间，包括问题的初始状态和目标状态，以及由初始状态转化为目标状态可能采取的操作等。

②解决问题时首先根据问题情境建立一个问题表征，即已知条件是什么，要达到什么目标，有可能采取什么方法达到目标等。

③问题表征涉及对问题的理解，问题表征不同，问题解决的效果就会不同。

④问题表征的方式受人已有知识的影响，也受问题呈现方式或者表述方式的影响。　　>> TIPS ⑪

**3. 无谓的限制**

①有效的问题解决需要明确问题的已知条件或者限定条件，但有时我们会受到并不存在的限定条件的影响，阻碍问题的解决。例如，九点连线问题。

②明确问题的条件，去除不必要的条条框框，去除不必要的自我设限，将有助于问题的解决。

**4. 定势**

①含义：定势是指重复先前的心理操作所引起的对当前活动的**准备状态**。它是运用先前解决问题的方法来解决新问题的倾向。卢钦斯的量水实验有力地说明了定势在问题解决中的重要作用。

②作用：积极作用表现为在条件不变的情况下，运用先前的方法能够快速解决问题；消极作用表现为用旧的方法解决新的问题，妨碍新方法或简单方法的发现和运用，阻碍创新。

③顿悟是指个体突然理解了问题情境中的各种关系，发现了问题解决的方法，从而解决问题的过程。顿悟能够帮助人们打破定势。

有关顿悟的认知机制，一种观点认为，顿悟源于对问题心理表征的变换，它与分析推理式的问题解决有着质的不同，顿悟是因为问题解决者重新表征了问题，采用新的角度来解决问题；另一种观点认为，顿悟与分析推理式的问题解决不存在质的差异，也是从问

**TIPS ⑩**

蔡等的研究发现，新手往往根据问题的表面结构特征进行分类，而专家则根据问题的深层结构进行分类，专家的知识是按层次结构的方式组织起来的，这种组织方式是专家长期经验积累的结果。

**TIPS ⑪**

在考研做题中，如若把问题理解错了，那么解题就会失败。

题的初始状态一步一步地达到目标状态的过程，只是人们没有意识到这个过程。

### 5. 功能固着

①含义：功能固着是指人们把某种功能赋予某种物体的倾向。它是一种特殊类型的定势，是对物体特定功能的固着，即没有看出具有某种特定功能的物体还有其他用途。 >> TIPS ⑫

②邓克尔/杜克的盒子问题、梅尔的摆荡结绳实验都说明了在功能固着的影响下，人们不易摆脱事物用途的固有观念，因而直接影响人们灵活地解决问题。

③克服功能固着需要人们灵活机智地使用已有的工具或材料，使之服务于解决问题的目的，这称之为**功能变通**。要具有这种能力，一方面需要有丰富的知识，要熟悉物体的不同功能；另一方面也要具有思维的灵活性，能够从多个方面考虑物体的用途。

### 6. 动机和情绪

①一般而言，适度的动机强度有利于问题的解决，太强或太弱的动机可能会降低问题解决的效率。

②紧张、惶恐、烦躁、压抑等消极的情绪会阻碍问题的解决，而乐观、平静、积极的情绪将有助于问题的解决。

### 7. 人际关系

①人处在一个复杂的社会中，人际关系作为一种外部因素会影响问题的解决。

②良好的人际关系能够促进问题的解决，而不良的人际关系则会妨碍问题的解决。

### 8. 原型启发

①在问题解决的过程中，因受到某种客观事物的启发而找到解决问题的途径和方法的过程称为原型启发。 >> TIPS ⑬

②原型对问题能否起到启发作用，一是看原型与要解决的问题是否具有相似性，二是看个体是否处于积极的思维状态中。

### 9. 酝酿效应

①当反复探索一个问题的解决而毫无结果时，把问题暂时搁置一段时间，再回过头来解决，反而可能很快找到解决办法，这种现象称为**酝酿效应**。

②通过酝酿，最近的记忆和已有的记忆被整合在一起，弱化了心理定势的效应，并容易激活比较遥远的思维线索，因而容易重构出新的事物，产生对问题的新看法，使问题得以顺利解决。

### 10. 个性特征

①心理学研究表明，具有远大理想、意志坚强、用于进取、富

**TIPS ⑫**

①定势对问题的解决既有积极作用也有消极作用。例如，有人喜欢养猫，猫总是喜欢跑来跑去，于是他就在门上给开了两个洞，大猫一个大洞，小猫一个小洞。你是不是觉得他挺聪明的？但其实只要开一个大洞就行了。

②功能固着对问题的解决只有消极作用。例如，小李办公桌上有一颗螺丝松了，在找不到螺丝刀的情况下，他并没有想到用桌子上的一把水果刀来拧紧螺丝，这就是受到功能固着的影响，没想到水果刀也可以用来拧螺丝。

**TIPS ⑬**

例如，鲁班的腿被带齿的丝茅草划破了。受其启发，鲁班发明了锯子。

于自信、有创新意识、人际关系良好、果断、勤奋等人格特征的人，常常能克服各种内外困难，善于迅速而有效地解决问题。

②一个人的智力水平、气质类型等也会在一定程度上影响解决问题的效率和方式。

> **本节小结**
>
> 问题有不同的种类，问题解决是指根据一定的问题情境，按照一定的目标，应用一系列的认知操作，使问题得以解决的过程；认知心理学家用问题空间的概念来说明问题解决的过程。问题解决的策略包括算法式策略和启发式策略，几种常用的启发式策略包括手段－目的分析法、爬山法、逆向搜索法、选择性搜索、类比迁移策略；影响问题解决的因素包括知识因素、问题的表征方式、无谓的限制、定势、功能固着、动机和情绪、人际关系、原型启发、酝酿效应、个性特征等。

## 第六节 决　　策

### 知识点 1　决策的含义和种类 ★

#### 1. 含义

决策是指在几种备选方案中做出选择的过程，可分为确定性决策和风险决策。

#### 2. 分类　》TIPS ①

①确定性决策：在确定的条件下，对备选的方案做出选择的过程。

②风险决策：是在不确定的条件下做出选择的过程。

### 知识点 2　决策的理性观 ★

#### 1. 古典决策理论

（1）主要观点

古典决策理论认为决策者具有完全的理性能力，这种理性观与"经济人假设"相联系，假设决策者总是追求个人利益的最大化，决策者具有完全的理性能力，具体表现在以下方面：

①知道要解决的问题和要达到的目的。

②能得到所有有关的信息。

③对解决问题的方案"无所不知"。

④深知各方案实施后的结果，并能对这些方案的结果进行评价。

⑤决策者能够追求最优的方案。

（2）评价

古典决策理论是建立在"经济人假设"的基础上，没有考虑人的认知因素在决策过程中的作用，因而不能解释实际的决策行为。

**TIPS ①**

例如，我们已经熟知学校各个食堂窗口的食物口味后，在决定午饭吃什么时，根据自己的喜好、健康状况和经济条件选择窗口就属于确定性决策；我们在购买股票时，不清楚不同选择的结果，此时做出的决策就是风险决策。

### 2. 行为决策理论

①西蒙认为，决策是对行动目标与手段的探索、判断、评价，直至最后选择的过程。

②决策者的理性是<u>有限的理性</u>：决策者不可能找到所有备选方法，不可能预测所有方案的结果。

③决策的标准是<u>满意性原则</u>：个体并不考虑所有可能的选项及其可能的结果，而是仅仅考虑几个选项，一旦满意就会立即停止搜索。

④决策要考虑到决策的<u>时效</u>性，以及决策的<u>后果</u>。不考虑后果的决策，有可能造成严重的后果。

⑤人们一般根据<u>以往的经验</u>进行决策，而不是根据建立在逻辑推理基础上的、考虑到各种条件后的算法进行决策。

## 知识点 3　决策的相关理论 ★★

### 1. 期望效用理论

（1）提出者

冯·诺依曼和摩根斯坦。

（2）主要观点

①期望效用值可用公式来表示：$EU=\sum P_i \cdot U(X_i)$。式中，$X$ 是指一个概率事件，$U(X_i)$ 只是结果 $i$ 的效用；$P_i$ 是指结果 $X_i$ 发生的客观概率。

➤➤ TIPS ②

②决策者追求效用的最大化。

（3）评价

期望效用理论采用严格的数学的方法来说明决策者对效用的偏好；但是后来的许多研究发现，人们的实际决策并非完全符合期望效用理论的观点。

### 2. 前景理论

（1）提出者

卡尼曼。

（2）主要观点

①大多数人在面临<u>获得的时候是风险规避</u>的，而在面临<u>损失的时候是风险偏好</u>的。

➤➤ TIPS ③

②面临损失时的风险偏好与<u>损失厌恶</u>有关，即人们对损失比对获得更敏感。

③<u>框架效应</u>：是指对于同样的信息，用<u>不同的方式来表达</u>，会影响决策的现象。

➤➤ TIPS ④

## 知识点 4　决策过程中的启发法策略 ★★

卡尼曼等人认为，人在决策和判断时采用的是启发法策略，主要有<u>代表性启发法</u>、<u>易得性启发法</u>和<u>锚定与调整启发法</u>。

---

**TIPS ②**

期望效用值是指结果的效用与事件发生概率的乘积。例如"有 80% 的概率赚 8 000 元"，那么"8 000"元就是结果的效用，80% 是发生概率，它的效用值是 6 400 元。

**TIPS ③**

赌徒谬误和热手效应可以对此进行解释。赌徒谬误是指人们错误地认为，一个给定随机事件的概率受到之前发生的随机事件的影响。例如，一个赌徒连着输了 5 局，相信自己第 6 局肯定能赢。热手效应是指人们错误地认为某一事件的过程将会继续下去。例如，许多球迷相信，球员前次投篮成功后再次投篮成功的概率高于前次投篮失手后再次投篮成功的概率。丢失 100 元的痛苦感要高于获得 100 元的快乐感。

**TIPS ④**

例如，对于一次投资，你可以说"这次投资赚钱的概率是 80%"，也可以说"这次投资赔钱的概率是 20%"，两种表述表达的信息是一样的，但表达方式不同，可能会影响投资者的意愿。研究者发现，使用外语思考会消除决策中的框架效应，降低损失厌恶。

### 1. 代表性启发法

代表性启发法是指人们倾向于根据事物或者人代表某范畴的程度来判断其是否属于某范畴。具体来说，事物或者人越能代表某范畴，就越容易被归入该范畴，但忽视了它们发生的基础概率。 ≫ TIPS ⑤

### 2. 易得性启发法

人们倾向于根据事件或者现象在记忆中获得的难易程度来评估其发生的概率，即根据事件或现象容易回忆的程度来做判断。事件越容易提取，越容易高估其发生的概率。 ≫ TIPS ⑥

### 3. 锚定和调整启发法

人们根据给定的信息做出最初的估计后，根据当前的问题对最初的估计做出调整，但是调整的幅度不大。这里最初的估计值相当于锚定，以后的调整是在锚定基础上的微调。 ≫ TIPS ⑦

**本节小结**

决策是指在几种备选的方案中进行选择的过程；决策的理性观包括古典决策理论和行为决策理论；决策的相关理论包括期望效应理论和前景理论，前景理论认为大多数人在面临获得的时候是风险规避的，在面临损失的时候是风险偏好的，框架效应会影响人们的决策；决策过程中的启发法策略包括代表性启发法、易得性启发法、锚定和调整启发法。

## 名词总结

| | | | |
|---|---|---|---|
| 思维 | 概括性 | 间接性 | 直观动作思维 |
| 形象思维 | 抽象思维 | 表象 | 可操作性 |
| 双重编码理论 | 概念 | 合取概念 | 析取概念 |
| 关系概念 | 特征表理论 | 假设检验说 | 原型理论 |
| 内隐学习说 | 共同要素说 | 社会实践说 | 保守性聚焦 |
| 冒险性聚焦 | 同时性扫描 | 继时性扫描 | 层次网络模型 |
| 激活扩散模型 | 归纳推理 | 演绎推理 | 三段论推理 |
| 线性推理 | 条件推理 | 证实倾向 | 前提气氛效应 |
| 换位理论 | 心理模型理论 | 问题解决 | 算法式策略 |
| 启发式策略 | 手段-目的分析法 | 爬山法 | 逆向搜索法 |
| 选择性搜索 | 类比迁移策略 | 定势 | 功能固着 |
| 酝酿效应 | 前景理论 | 代表性启发法 | 易得性启发法 |
| 锚定和调整启发法 | | | |

**TIPS ⑤**

例如，在人们的头脑中，艺术家的典型形象通常是"长发""不修边幅""自由洒脱""富有想象力"等，如果一个陌生人符合这样的特点，你就可能会把他看作艺术家，但你的判断忽视了艺术家在人口中所占的比例，实际上，多数具有以上特点的人都不是艺术家。

**TIPS ⑥**

例如，在做选择题时，你更容易从对改成错，还是从错改成对？很多人会回答，很容易把对改成错。因为在你去回忆这个过程的时候，你清楚地记得你本来就答对了，这个更容易从你脑子里想起来，就是易得性启发法。有研究者通过实验发现，人们更容易想起首字母是K的单词，而不是第三个字母是K的单词，因此，大部分的被试都会回答K更多地出现在首字母。

**TIPS ⑦**

例如，对于一件翡翠，卖家给出18 800元的价格（这个价格是锚定），如果允许砍价，那么你可能一次砍掉2 000元，而不是一次砍掉8 000元，这是因为人们一旦被某个价格锚定，后来调整的幅度就不会太大。

# 第八章 语　　言

## 知识导读

人们在日常生活、学习和工作中，在感知、记忆和思考时，都离不开语言，本章要介绍的就是语言。本章先介绍了什么是语言，语言与言语的关系，语言有哪些功能，语言有哪些特征，语言的结构和组织规则，语言有哪些种类/形式，语言与其他认知能力的关系，以及语言加工在人脑中时怎样实现的；然后分别介绍口头语言和书面语言的加工；最后，介绍了双语这一语言现象。

在心理学考研中，第一节的内容是本章的考查重点，可以以单选题、名词解释或简答题等形式进行考查；第二节以选择题的考查形式居多；第三节的各个影响因素是高频考点；第四节属于《普通心理学》第六版新增内容，真题中暂未涉及。

## 知识地图

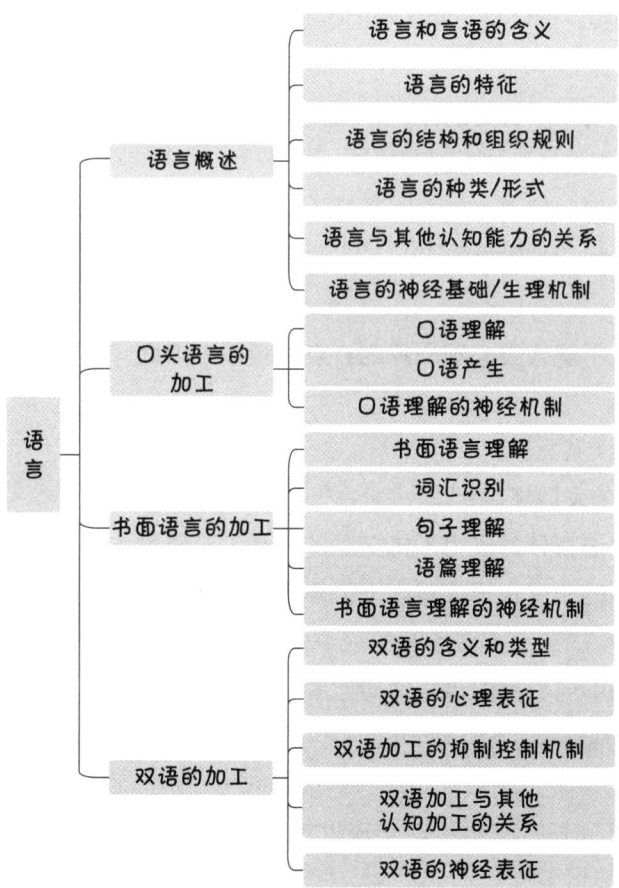

# 第一节 语言概述

## 知识点 1 语言和言语的含义 ★

### 1. 语言和言语的含义

①语言的含义：语言是一种社会现象，是人类通过高度结构化的声音、文字或手势等构成的一种用于交流的符号系统，也指使用这种符号系统进行交流的能力。

②言语的含义：言语是指一个人运用语言工具进行思考和社会交往的行为过程。通过言语活动，人们可以理解对方语言和利用语言表达自己的思想与感情。 ≫ TIPS ①

### 2. 语言和言语的关系

（1）二者的区别

①语言是社会现象，言语是人的心理现象。语言随着人类社会的产生而产生，随着人类社会的发展而发展；言语是人们运用语言材料和语言规则交流思想、感情的心理过程。语言与社会共存亡，言语与人的生命相依存。

②语言是交际活动的工具，言语是交际活动的过程。

（2）二者的联系

①言语离不开语言：言语以语言为载体，个人只有遵循语言词汇和语法规则，才能正确地表达自己的思想和情感。

②语言离不开言语：任何一种语言都必须通过人们的言语活动才能发挥它的交际功能，成为"活着的语言"。

### 3. 研究语言的意义

①研究语言有助于深入了解人类心理现象的特点和规律，因而有重要的理论意义。

②研究语言还有重要的实践意义：

a. 有助于了解儿童心理的发展规律；

b. 在当今的信息时代，语言日益成为人机交互的工具，对资料检索、机器翻译和人工智能的研究在很大程度上依赖正确地理解与表达语言；

c. 语言研究有助于区别不同类型的语言障碍患者，指导他们的康复和治疗，帮助他们更好地适应社会。

### 4. 语言的功能

①交际功能：人与人之间通过言语活动交流思想、传递信息、

**TIPS ①**

很多教材都没有对语言和言语做严格的区分，因此这两个词经常混用，同学们也不必过分纠结这两个概念。

通常来说，语言是一套符号系统，如英语、汉语就是不同的语言，是语言学的研究对象；而言语是一种心理活动，人们平时利用英语、汉语等语言进行交流的过程就是言语。言语是心理学的研究对象。

表达感情的过程。它是语言最重要、最基本的功能。

②**符号功能**：指言语中的词总是标志着一定的对象或现象。

③**概括功能**：每一个词都有概括性，语言不仅标志客观事物的个别对象或现象，还可以标示某类事物的许多现象。　　>> TIPS ②

### 知识点 2　语言的特征 ★★

#### 1. 结构性

①语言中的语音、词汇以及句子等都是按照一定的规则组织起来的，包括将语音组织起来的语音规则、将词素组织起来的构词法规则等。只有符合规则的语言，才能被人们理解，并用于交流和传递信息。

②在语言中，句法规则是最重要的规则之一，词序在句法规则中有很重要的作用，句法规则是表明语言为人类所特有的关键证据之一。　　>> TIPS ③

#### 2. 指代性

语言的指代性包括四个方面的含义。

①语言中的实词或句子都有一定的意义，可以指代一种具体的事物（如计算机）、一个动作（如跑）、一种性质（如红色、方形）。

②语言可以用来指代现实生活中的抽象事物（如道德、印象）。

③语言符号与其所代表的意义之间并没有必然的、逻辑的联系，是使用同一种的语言的人们在长期的社会生活中所形成的社会性约定，是约定俗成的结果。　　>> TIPS ④

④语言能够突破具体的时间和空间限制，用来指代当前看不见的、听不到的人或物，或者现在没有但是过去曾经有，或者未来可能有的某种人或物。　　>> TIPS ⑤

#### 3. 创造性

使用有限数量的词语和组织词汇的规则，人们能够创造并理解无限多的句子，其中有一些句子甚至是从未说过或听过的。　　>> TIPS ⑥

#### 4. 社会性

语言是社会活动的产物。在使用语言进行交流时，人们只能使用社会上已经形成的词汇和组织词汇的句法规则，否则在与人交流时就会有困难。

### 知识点 3　语言的结构和组织规则 ★

语言是按照一定的层次结构组织起来的。人们按照这些规则将音位组成语素，由语素组成词，由词组成短语和句子。

#### 1. 语言的层次结构　　>> TIPS ⑦

①音位是能够区别意义的最小语音单位。

例如，当说"铅笔"时，不仅仅指某支红铅笔，它概括了各式各样的铅笔。

例如，"我吃饭"符合语法，能够表达明确意义；而"我饭吃""吃饭我"不符合语法，无法准确地传递意义。

例如，汉语用"书"来表示"成本的著作"这一意义，而英语用"book"来表示，是使用不同语言的人们之间约定俗成的结果。

例如，科幻小说《三体》中描述的三体人就属于这一类。

语言的创造性在幼儿身上表现最明显，幼儿能说出大人从未说过，他们自己从未听过的句子。

音位（语音）—语素（音义结合）—词（独立运用）—句子（完整语义）。谐音记忆："音位语音—语素音义结合—词独—句子－完整语义"：因为语音（的原因），语素和音义结合了，词独自去跟句子表达它完整的意思了。

②语素是语言中最小的音义结合单位，是词的组成要素。语素包括自由语素（可以独立成词，也可以同其他语素组合成词）和黏着语素（只有与其他语素组合在一起才能成为词）。

③词是语言中可以独立运用的最小单位。

④句子是独立表达比较完整的语义的语言单位，是语言表达的基本形式。

### 2. 语言的组织规则

①语音规则：将一个个单独的音位组合成音节的规则。在大多数语言中，音节的结构一般是元音、辅音 + 元音或者辅音 + 元音 + 辅音的形式。

②正字法规则：指将字母或笔画、偏旁部首组合成文字的规则；是人们识别字词时必须依靠的一种内隐知识。　　>> TIPS ⑧

③句法规则：指将词或短语组织起来、构成句子的规则。

### 知识点 4　语言的种类 / 形式 ★

语言分为外部语言和内部语言；外部语言包括口头语言（对话语言和独白语言）和书面语言。　　>> TIPS ⑨

#### 1. 外部语言

外部语言是指用来与他人进行交际的语言，包括口头语言和书面语言。

（1）口头语言

口头语言指在大脑语言运动中枢的调节和控制下，个体的发音器官发出的旨在面对面与他人交谈或演讲的表达思想和感情的语言活动。口头语言包括对话语言和独白语言。

①对话语言

a. 含义：对话语言是指由两个或几个人直接进行交际的语言活动，是一种最基本的语言形式，例如，聊天、座谈、谈判等。

b. 特点：合作性、情境性、简略性、反应性。

②独白语言

a. 含义：独白语言是指由个人独自进行，与叙述思想、情感相联系的，较长而连贯的语言活动，如演讲、授课、作报告等。

b. 特点：独自性、开展性、计划性三个特点。

（2）书面语言

①含义：书面语言是指一个人借助文字来表达自己的思想或通过阅读来接受别人语言的影响的语言活动。

②特点：展开性、随意性和计划性。

**TIPS ⑧**

正字法规则使文字的拼写合乎标准。例如，写字时，人们知道单人旁肯定在字的左边，而不是右边，这种知识就是正字法规则。

**TIPS ⑨**

语言的分类在312统考历年真题中多次考查过，因此这里参考梁宁建版本上的内容进行介绍。

## 2. 内部言语

①含义：内部言语指伴随着个人思维活动和感情产生的不出声的非交际语言。内部言语是在外部言语的基础上发展起来的，在一定条件下，内部语言和外部语言可以相互转化。

②特点：隐蔽性、简略性。

### 知识点 5　语言与其他认知能力的关系 ★

①萨波尔-沃尔夫假设：也称语言相对论假设，认为语言决定了人们的思维以及知觉世界的方式。

②修正的语言相对论假设（也称弱的语言相对论假设/弱的沃尔夫假设）认为，语言会影响而非决定人们的思维和知觉世界的方式。

### 知识点 6　语言的神经基础/生理机制 ★

人脑是如何加工和表征语言的？目前有两种观点。

#### 1. 语言的定位观

语言的定位观认为，语言功能可能定位在某些特定的脑区。

语言的定位观主要有两个部分的内容，一部分是语言与特定脑区之间的关系问题，另一部分是语言与左右两个半球之间的关系问题。

（1）韦尼克-格施温德模型

①韦尼克-格温施德模型是基于失语症患者的脑损伤研究构建的有关语言理解和产生的早期模型。

②根据该模型，韦尼克区负责语言理解，接收由初级听觉皮质传递的语音输入以及由初级视觉皮质经角回传递的视觉输入，并对其进行语义加工；之后，通过弓形束将语义信息传递至布洛卡区，在布洛卡区与言语信息进行整合。

③作为早期的经典模型，韦尼克-格施温德模型在理解不同的失语症症状模式和大脑损伤的联系上具有非常重要的意义。

④随着研究的进行，研究者发现这个模型存在一定的缺陷。

首先，布洛卡区和韦尼克区是基于语言功能缺陷的症状定义的功能性脑区，在解剖学上缺乏明确统一的解剖位置界定。

其次，韦尼克-格施温德模型主要将语言功能定位于大脑左侧皮质。但是近年的研究发现，大脑皮质下结构和相关脑区之间的连接同样对语言功能至关重要，语言功能涉及的神经网络远比经典语言模型所假设的更复杂。

这一模型为此后的语言神经网络模型提供了重要的启发和思路，因而有重要的科学价值。

>> TIPS

这个模型最大的缺点在于将理解言语定位在韦尼克区，言语产生定位在布洛卡区，观点过于简单。

### （2）语言的半球优势假说

①左半球是语言功能的优势半球。

②语言功能的半球优势可能与脑结构的偏侧化有关。有研究者提出三元模型，认为胼胝体、灰质和左右半球内的白质纤维束在左右脑上的不对称性相互作用，共同决定了脑功能的偏侧化。

>> TIPS ⑪

语言功能在人脑上的偏侧化现象被作为语言为人类所独有这一假设的重要支持性证据之一。但是，近来的一些研究表明，除了语言之外的其他认知功能也是左侧优势的，而且非人类灵长类动物的基本认知能力也表现出左侧优势，因此，左侧优势可能不是语言的本质特征。

③语言的半球优势也会受到利手和性别的影响。

④不只是人类，某些鸣禽、啮齿类、哺乳类、灵长类动物中也存在脑功能和结构的不对称性。因此，大脑半球一侧优势效应可能并不是语言功能所特有的。但是，相对于其他认知功能来说，语言功能的一侧优势效应是最强的。

### 2. 语言的脑网络观

语言的脑网络观认为语言功能可能不是由某个或几个孤立的脑区单独表征或加工的，而是由很多不同的脑区组成的脑网络实现的。

**本节小结**

语言是人类通过高度结构化的声音、文字或手势等构成的一种用于交流的符号系统，也指使用这种符号系统进行交流的能力；言语是指一个人运用语言工具进行思考和社会交往的行为过程；两者既有联系又有区别。语言具有结构性、指代性、创造性和社会性的特点；语言是按照一定层次结构组织起来的，语言表达的基本形式是句子，句子下面可以进一步分为短语、词、语素和音位等不同层次，每个层次又都包含一定的语言成分和将这些成分组织起来的规则。语言分为外部语言和内部语言；外部语言又可以分为口头语言（包括对话语言和独白语言）和书面语言。语言与其他认知能力之间有非常密切的关系。人脑是如何加工和表征语言的？有语言的定位观和语言的脑网络观对此进行解释。

## 第二节　口头语言的加工

### 知识点 1　口语理解 ★★

#### 1. 口语理解的含义

人们借助听觉输入的语音，在头脑中主动、积极地建构意义的过程称为口语理解。

>> TIPS ①

口头语言加工的是语音。

#### 2. 口语理解的特点

（1）瞬时性

语音是口语理解的媒介；单个音位出现的时间非常短暂；语音加工是在瞬时完成的。

（2）即时性

在口语中，语音出现之后就消失了，若不借助设备，听者没有机会反复听、有选择地听或者倒回去听，所以口语理解是即时性的。

（3）连续性

通过听觉来呈现句子时，语音是紧密连接在一起，中间没有特殊的标记将其分开，也没有明显的外在线索提示如何对词汇和短语进行切分，因此听起来是连续的。

（4）变异性与不变性

①变异性：语音的发音方式是固定的，但在自然的连续发音过程中，有些语音会受到前后语音的影响而出现声学特征改变。此外，有的语音会在语速很快时脱落，人们有时还会把整词或整句说得很含糊，甚至有些词被别的词或插入的咳嗽声等代替。

②不变性：语音的上述变异并不影响人们对口语的理解。

### 3. 口语理解的过程

（1）语音识别

口语理解开始于对语音的知觉分析，目的是获得语音的知觉表征。

①知觉分析的第一步是语音感知，即对语音的基本物理属性进行正确感知。这些属性包括音调（频率）、音强（振幅）、音长（持续时间）与音色（波形）。

②人的听觉器官可以将语音感知为基本的语言单位，即音位，这个过程称为音位识别。根据发音器官发音时的生理属性，音位可以大致分为两大类：元音和辅音。辅音又分为清音和浊音。人们可以根据语音的区别性特征将不同的音位区别开来。

③在语音分析的基础上，人们会按照一定的规则对语音进行切分，从而识别音节，获得语音的知觉表征；语音切分的一个重要规则是，切分出来的语音要能够组成词。

（2）词汇识别

①通过将语音的知觉表征（音节）与心理词典中的词条进行匹配，进而通达词汇和语音、语义，被称为词汇识别。

②心理词典是指保存在人脑中的一部词典。它储存了大量的词条，每个词条又包括词的语音、语义以及词类等各种知识。心理词典中的词条并不是杂乱无章的，而是按照一定的方式组织起来的。 ≫ TIPS ②

③在词汇识别完成后，就可以进一步加工短语和句子了。 ≫ TIPS ③

### 4. 影响口语理解的因素

（1）信噪比的影响

①语音识别的效果与语音强度（信号强度）有直接关系。语音强度

**TIPS 2**

在加工文字的过程中，人们需要一个心理上的词典来存储词汇，这个词典被称为心理词典，词典中的词条不仅包括词形不符合规则，或者虽然符合拼读规则但不常见，导致无法直接读出来的词；也包括可以根据词形（如声旁）就能读出来的词。前者的阅读一定要通过心理词典，后者既可以通过心理词典，也可以不通过。

**TIPS 3**

口语理解开始于语音识别，语音识别通过加工语音的各种物理属性，感知到不同的音位，将不同的音位进行组织识别音节。语音识别完成之后，语音的知觉表征与心理词典中的词条进行匹配，成功匹配就能识别词汇。

5 dB 可觉察，语音强度越高，语音清晰度越高；70 dB 清晰度达 100%；超过 130 dB 引起疼痛。语音强度与语音识别的关系如图 8-1 所示。

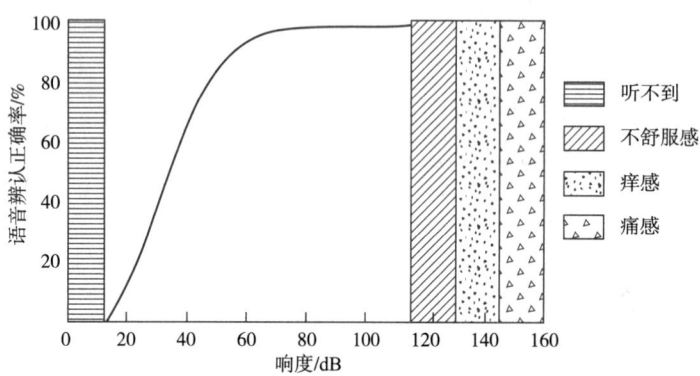

**图 8-1 语音强度与语音识别的关系**

②语音与噪声同时出现，会对语音识别造成干扰；噪声强度越大，对语音的掩蔽作用越大，如图 8-2 所示。

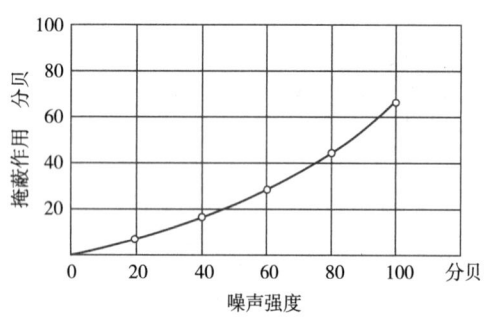

**图 8-2 噪声对语音的掩蔽作用**

（2）音位的类别知觉

如果某个音位在某个发音特征上出现微小的变化，人们依然会把它与没有变化前的音位知觉为同一个单位，当发音特征的变化程度超出一个边界后，它们会被知觉为不同的单位，这种现象被称为音位的类别知觉。因此，在类别内，分辨不同的语音很困难，但是在类别间却很容易。　　　　　　　　　　》》TIPS ④

（3）语境的作用

①语境是指交流的情境，句子语境对语音识别也有影响。

②音位恢复效应：被试将句子提供的听觉信息先存储起来，直到能够根据语境确定所失去的那一个音位。它说明了人们对个别音位的知觉是受语境影响的。

（4）语音类似性

两个音节共同包含的特征越多，被试就越容易混淆。

（5）语法和语义

米勒等人的实验发现，语法、词汇、语义信息等对个体口语理

音位的类别知觉说明了语音的前后关系在语音知觉中的作用。

解具有很大影响，这种影响作用与语境因素的影响具有类似性。

### 知识点 2　口语产生 ★

**1. 口语产生的含义**

口语产生是指人们通过发音器官把所要表达的想法说出来的心理过程。它是一个快速和高度浓缩的过程，是按时间维度展开的，可以分为若干个阶段。

**2. 口语产生的研究方法**

①语误分析：是指通过对日常生活中的自发言语进行记录，分析其中发生的言语失误来了解口语产生过程的规律。

②基于反应时间的实验室实验：

a. 语音启动时间：口语产生研究中的反应时间是指从说话指令发出开始，到发音器官发出声音为止的这段时间，被称为语音启动时间。

b. 图–词干扰实验范式：同时呈现图片和单词，并使图片和单词在语义或者语音方面产生相互干扰，从而实时探测口语产生的过程，这种范式称为图—词干扰实验范式。这种实验范式对于研究言语产生的阶段和时间进程发挥了重要的作用。

**3. 词汇产生的过程**

（1）计划阶段

词汇产生的计划过程包括两个阶段：

①词条选择阶段：激活心理词典中的语义表征，然后选择对应的词条。　　

②音韵编码阶段：获取词条的音韵表征，进行语音计划，为发音做准备。　　

这两个加工阶段虽然有联系，但是又相对独立，可以用"舌尖现象"来说明（话到嘴边却说不出），即在词条的句法形式等信息已经通达的情况下却无法提取该词条的语音代码。

（2）发音运动过程

当口语产生所需要的语音计划过程结束后，就会生成发音运动所需要的发音模式指令，并由大脑发送给发音运动系统来执行。

### 知识点 3　口语理解的神经机制 ★

①希科克和珀佩尔提出了关于口语理解的双通路理论。

②主要观点：

A. 这个理论认为，口语理解是一个包含多种认知成分和多个加

**TIPS 5**

根据目的确定要表达的思想，激活多个有关的词汇概念，最后聚焦在某一个词汇概念上，通达与之对应的词条。

**TIPS 6**

提取与词条对应的语音代码，并对语音代码进行音节化和音位编码，获得发音模式，最后进行发音。

**TIPS 7**

如果语言能力有缺陷，有可能在计划和执行阶段出现问题，导致言语不流畅，如口吃。口吃是语言产生障碍。

工阶段的过程，左、右半球的多个脑区都参与其中。

B.通过外周听觉系统输入的语音首先被双侧颞上回加工，完成基本的音位和音节分析，这个阶段的加工同时涉及左、右两个半球，可能没有明显的左侧优势。

C.接着，口语理解被分成了两条通路，如图8-3所示。>> TIPS

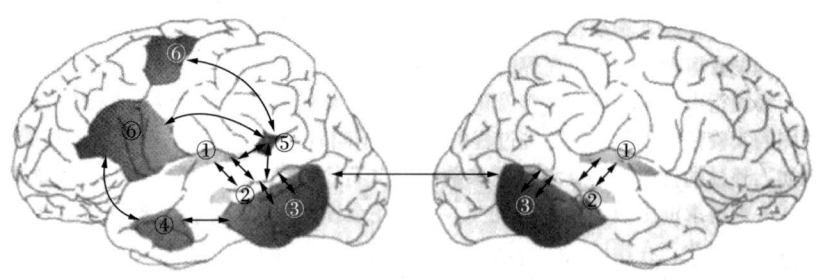

**图8-3 口语理解的双通路模型**

a.背侧通路：从颞上回向上，经角回、缘上回到达运动区和额下回背侧，通过弓形束、上纵束相连；负责将语音转化为发音运动指令，对语音包含的运动计划、运动控制等信息进行解码，并将口语理解与口语产生联系起来。

b.腹侧通路：颞上回向下，经颞中回、颞下回前部到达额下回腹侧，通过下纵束、钩束相连；负责将语音映射到心理词典，并通达语义。

**本节小结**

在口头语言中，人们借助听觉输入的语音，在头脑中主动、积极地建构意义的过程称为口语理解；口语理解具有瞬时性、即时性、连续性、变异性与不变性的特点。口语理解开始于语音识别，当语音识别之后，与心理词典中的词条匹配，成功匹配就能识别词汇。影响口语理解的因素包括信噪比的影响、音位的类别知觉、语境的作用等。口语产生是把想要表达的想法说出来的心理过程；口语产生的研究方法包括语误分析和基于反应时间的实验室实验。词汇产生有两个过程：计划过程和发音运动过程。希科克和珀佩尔提出了关于口语理解的双通路理论来解释口语理解的神经机制。

## 第三节　书面语言的加工

### 知识点 1　书面语言理解 ★

**1.书面语言理解的含义**

书面语言理解是指人们借助视觉输入的文字，在头脑中主动、积极地建构意义的过程。>> TIPS

---

**TIPS 8**

左侧为左脑，右侧为右脑。背侧通路（①—②—⑤—⑥）；腹侧通路（①—②—③—④）。

**TIPS 1**

书面语言加工的是文字。书面语言理解可以分为词汇识别、句子理解、语篇理解三种水平。

### 2. 书面语言理解的特点

（1）持久性

书面语言可以保持较长时间，只要书面语言的载体不被破坏，人们有充分的时间对书面文字反复进行加工和理解，还可以不受时间和空间的限制来传播语言。

（2）离散性

在书面语言的理解过程中，特别是汉字的阅读理解，涉及对一个个在形态上离散的汉字进行字形加工，然后才能通达语音和语义，因此，书面语言的理解是从对离散的文字进行加工开始的。

（3）变异性

在不同的语言之间，口语的差异相对较小，书面语言的差异很大。同样的意思，不同的书面文字用不一样的书写方式来指代。

>> TIPS ②

（4）稳定性

在同一种书面语言内部，文字的书写形态相对来说比较固定。不同的人在笔迹、字体等方面不同，造成视觉形态的差异，但人们仍将其知觉为相同的视觉符号，不会影响阅读。

例如，"英语"和"汉语"的书写形式差别很大。

### 知识点 2  词汇识别 ★

#### 1. 词汇识别的含义

书面语言的词汇识别是指通过对词形的视觉感知，通达词汇意义的过程。

#### 2. 词汇识别的过程

（1）词形加工

词形加工是从对字词的视觉特征的感知和分析开始的。

（2）形音转换

在词形加工的基础上，人们会进一步通达词汇的语音。

①双通路模型的主要观点。　　　　　　　　>> TIPS ③

a. 对于那些规则词或者符合发音规则的假词，人们需要经过亚词汇的路径通达语音。

b. 对于不规则词，人们需要经过词汇的路径通达语音。

②汉字的形音转换规则主要体现在声旁的规则性和一致性上。

a. 声旁的规则性是指声旁本身的读音和整字读音之间的相似性；声旁影响汉字的读音，特别是不常见的汉字，人们常常通过声旁来读音。

b. 声旁的一致性是指声旁相同的"家族成员"的读音相似程度，含有某个声旁的形声字家族，其读音的一致性越高，其成员的读音

规则词或者符合发音规则的假词，由于它们符合形-音对应规则，因此只要根据规则读出来；不规则词则需要借助心理词典中的词条来完成，即通过字形通达词条后提取语音，或者通过字形通达语义再提取语音。注意：书面词汇通达心理词典的方式是通过字形，而口语词汇通达心理词典的方式是通过语音。

越容易。

③形音转换受到正字法深度的影响。

a. **正字法深度**是指词的形态结构与音位结构的一致程度,是一个由浅至深的连续体。

b. **越容易由形知音**,或者形与音一一对应,汉字读音就越容易。

（3）语义通达

书面语言理解的最终目的是语义通达。

①**语音中介启动范式**是考察语音在语义获取过程中的作用的一种重要方法。有研究发现,在不同语言中,语音的作用不同。 >> TIPS ④

②对形声字的理解会受到与其在意义上有联系的部件的影响,即义符或义旁;义符在汉字的语义提取中有重要作用。此外,义符的熟悉性、家族大小等对语义通达也有一定的影响。 >> TIPS ⑤

### 3. 影响词汇识别的因素

（1）词汇的使用频率

词的使用频率（简称词频）是指词汇在所有文字材料中出现的频率。词的使用频率越高,识别时长越短,即频率效应。

（2）字母长度或笔画数量

①**词长效应**：一个词所包含的字母、音位或音节数越高,识别时间就越长。词长效应独立于词的频率效应。

②**笔画数效应**：笔画越多,识别时间越长。

（3）语义特征

①**多义词的识别优势效应**：多义词比单义词的识别时间较短,错误率也较低。

②加工具体词比抽象词更快、更准确。

（4）词汇的习得年龄

早期习得的词汇比晚期习得的词汇要更容易加工,这就是**词汇的习得年龄效应**。字形、语音和语义的加工均存在习得年龄效应。

（5）语境

相关语境能够促进词汇的识别,而无关语境则会抑制词汇的识别。 >> TIPS ⑥

（6）正字法规则

**正字法规则**是人们识别字词必须依靠的内隐知识,字词识别不仅依靠对笔画、部件或字母的检测,还要检测这些成分的结合规则。

（7）单词的部位信息和字形结构信息

单词中的起首字母与结尾字母在单词辨认中有重要作用;汉字是由基本笔画构成的方块图形,处在不同部位的笔画和偏旁在汉字辨识中也有不同的作用。

语音中介启动范式是语义启动效应的一种变式。在这种范式中,启动词是与目标词语义关联词的同音词。例如,选定单词"nut"（坚果）为目标词,语义关联系为"beech"（山毛榉树）,语义关联系的同音词为"beach"（海滩）,用"beach"一词去启动"nut",这就是语音中介启动。

例如,"姐"包含义符"女",提示它属于女性人称。

语境效应的产生还依赖句法、语义等高层次的语言学表征。当句子或短语不符合句法时,语境的效应很弱。

### 知识点 3  句子理解 ★

#### 1. 句子理解的含义
句子理解是在词汇加工的基础上，通过对组成句子的各个成分进行句法分析和语义分析，获得句子意义的过程。

#### 2. 句子理解的过程
①人们首先根据句法规则对句子进行切分。由于切分方式不同，句子的意义完全不同。

②当人们看到一句话时，通常不会等到看完一个完整的短语、从句甚至整句话才开始加工，而是从看到第一个词就开始加工。

③句子理解的过程是不断增加新的词汇、不断调整和补充句子表征的过程。

#### 3. 影响句子理解的因素
（1）句子的类型

理解否定句比理解肯定句所需要的加工时间更长，汉语句子验证需要的时间长度依次为：真肯定句＜假肯定句＜假否定句＜真否定句。

（2）句法分析与语义分析　　》TIPS ⑦

句法分析决定着人们怎样对句子的组成成分进行切分，因此它对句子的理解有着非常重要的作用。

句子切分的过程不仅需要句法信息，而且需要语义信息的补充。

句法分析首先对句子进行切分，并给出各种可能性，而语义信息则在多种切分可能性中即时地选择一种语义合理的切分方式。

（3）语用信息的作用

在句子理解过程中，不仅要通达词汇的意义，还要激活语用知识，根据已有的知识经验来判断句子是否符合真实情况。

（4）对句子成分的预测

人们会一边加工句子一边对后面将要出现的句子成分进行预测。

在句子加工中，语言学信息会与视觉场景信息进行交互，从而在更高的认知水平上进行信息整合。

> **TIPS ⑦**
> 对句子的切分方式不同，句子的意义就不同。例如，妈妈亲了我爸爸也亲了我，可以切分成"妈妈亲了我，爸爸也亲了我"或"妈妈亲了我爸爸，也亲了我"。

### 知识点 4  语篇理解 ★

#### 1. 语篇理解的含义
语篇理解是语言理解的最高水平，它是在词汇和句子理解的基础上，运用推理、整合等方式揭示语篇意义、形成连贯的心理表征的过程。

#### 2. 语篇理解的过程
在语篇理解的过程中，读者会建立起三个层次的表征：

①**字词水平的表层表征**：是指对文章中的字、词、句法进行的表征。

②**语义水平的文本基础表征**：是指对文章所提供的语义及等级层次结构关系所形成的表征。它表征句子和文章意义的一系列命题，而不是具体的字词和句法。

③**语境水平的情境模型**：是指读者根据自己的背景知识对文章的信息进行整合而形成的整体的、连贯的表征。它表征关于文本的内容或由文本明确陈述的信息与背景知识相互作用而建立的微观世界，是比表层表征和文本基础表征更深层次的表征。

文本理解就是形成各个层次心理表征的过程。

### 3. 影响语篇理解的因素

（1）推理

推理可以在语篇已有信息的基础上增加信息，或者在语篇的不同成分间建立联结，因此在语篇理解中具有非常重要的作用。

（2）图式和策略

①图式是对先前经验的一种积极组织，说明了**一组信息在头脑中最一般的排列方式或可以预期的排列方式**。图式是由空位组成的，图式能够预期各种空位的存在，对记忆中的各种信息进行有效组织，并对新输入的信息进行选择性加工。　　》TIPS ⑧

②阅读策略不但可以促进当前语篇的理解，而且可以迁移到其他语篇的阅读理解中去。研究发现，使用策略能明显地促进阅读文章后的信息保持；无论前后所阅读的文章的内容是否有关，只要它们都适合使用同一策略，策略就可以发生迁移。

（3）语境

语境能使读者头脑中已有的知识和当前话语的信息很好地整合起来，促进对文章的理解。语境包括文字、图画等各种形式。

## 知识点 5　书面语言理解的神经机制 ★

### 1. 书面语言理解与脑区

书面语言理解可能与广泛分布的众多脑区有关；阅读过程中的形、音、义加工都会激活这些广泛分布的脑区，但是在特定的加工任务中，发挥优势作用的脑区却有所区别，这就是**优势激活区假设**。

### 2. 阅读系统

广泛分布的脑区形成了前、后两个阅读系统。

①**前阅读系统**：位于左侧额下回的布洛卡区，负责对输入词汇的语音进行编码。

**TIPS ⑧**

平时人们所看到的材料都是按照故事图式的一般规律组织起来的，包括事件发生的背景、主题、情节和结局等内容。当语篇的结构与故事图式一致时，故事图式能够提高理解言语的速度与质量；当语篇的结构与故事图式不一致时，人们对故事图式的预期会使理解的速度变慢，甚至影响对故事内容的理解。

②后阅读系统：分为腹侧和背侧两条通路。

a.腹侧通路主要包括视觉词形识别区，位于颞叶和枕叶交界处的梭状回，负责不规则词的加工，也被称为词汇通路。词汇通路通过正字法表征激活心理词典完成词汇的语义加工。

b.背侧通路包括颞中回、颞上回、角回、缘上回等，其中颞上回、角回、缘上回等主要与语音分析有关，颞中回主要与语义分析有关。背侧通路主要负责规则词的加工，也被称为亚词汇通路，通过形－音转换完成词汇的语音加工。

> **本节小结**
>
> 书面语言理解是指人们借助视觉输入的文字，在头脑中主动、积极地建构意义的过程；书面语言理解具有持久性、离散性、变异性、稳定性的特点。书面语言理解分为词汇识别、句子理解和语篇理解三种水平。词汇识别包括词形加工、形音转换、语义通达等过程；词汇识别受词汇的使用频率、字母长度或笔画数量、语义特征等因素的影响。句子理解受到语义和语用信息的作用以及对句子成分的预测等因素。在语篇理解过程中，读者会建立起字词水平的表层表征、语义水平的文本基础表征和语篇水平的情境模型；语篇理解受推理、图式和策略等因素的影响。书面语言理解的神经机制涉及广泛分布的脑区，这些脑区组成了前、后两个阅读系统。

## 第四节　双语的加工

### 知识点 1　双语的含义和类型 ★

#### 1.双语的含义

双语者或多语者是指一个人能同时说两种或多种语言。他们所讲的两种或多种语言就被称为双语或者多语，其中，先学会的语言称为母语，后学会的语言称为第二语言或第三语言等。

#### 2.双语的类型

根据双语者学习第二语言的时间和熟练程度，双语者可以分为以下三种类型：

>> TIPS ①

（1）平衡双语者

在大致相同的时间开始学习两种语言，对两种语言的熟练程度差不多。

（2）早期双语者

先学习母语，然后学习第二语言，学习第二语言时的年龄相对比较小。

**TIPS 1**

早期双语者和晚期双语者的母语都要比第二语言更加熟练，他们的两种语言在熟练度上都是不平衡的，所以被称为非平衡双语者。

（3）晚期双语者

先学习母语，然后学习第二语言，学习第二语言时的年龄相对比较大。

### 知识点 2　双语的心理表征 ★★

克罗尔提出双语表征和加工的修正层级模型（见图8-4）。该模型用于解释儿童早期学习第二语言时，非平衡双语者将第二语言翻译成母语时快于其将母语翻译成第二语言的现象。 >> TIPS

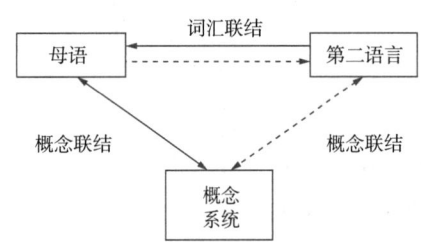

**图8-4　修正层级模型**

①在修正层次模型中，两种语言的表征分为词汇表征和概念表征两个层次，词汇（字形和语音）是分开表征的，概念（语义）则是共同表征的。

②双语者掌握的第二语言单词一般少于母语单词。因此，第二语言的词库比母语的词库小。在词汇层面，从第二语言到母语的词汇联结要强于从母语到第二语言的词汇联结。在概念层面，第二语言词汇与概念表征系统的联结相对较弱。

③低熟练水平的双语者需要通过母语词汇的中介通达概念表征系统。但随着第二语言熟练程度的提高，第二语言词汇与概念表征系统的联结或逐渐增强，高熟练的双语者可以直接通达概念表征系统。

④该模型还假定，从母语到第二语言的翻译路径利用了"概念中介"，即从母语的词汇表征到概念表征，再到第二语言的词汇表征，这是一条间接的路径。而从第二语言到母语的翻译路径则利用了"词汇中介"，即从第二语言的词汇表征到母语的词汇表征，因而是一条直接的路径。

⑤翻译路径的不对称性使得两个方向的翻译速度表现出不对称性，从母语到第二语言的翻译基于语义的加工，**速度较慢**；从第二语言到母语的翻译基于形式的加工，属于自动化加工，**速度较快**。

### 知识点 3　双语加工的抑制控制机制 ★★

①双语者在加工一种语言时，另一种语言也会在一定程度上被**自动激活**，前者被称为目标语言，后者被称为非目标语言，两者会

---

**TIPS ②**

由于学习第二语言时通常通过对母语词汇的直接翻译进行，因此，从第二语言词汇表征到母语词汇表征存在直接的更强的联结，而母语词汇表征和相应的概念表征之间的联结强度则大于第二语言词汇表征和相应的概念表征之间的联结强度。在进行翻译时，联结强度更大，激活更快。故从第二语言翻译成母语时，直接激活了从第二语言词汇表征到母语词汇表征的联结，而从母语翻译成第二语言时，优先激活的是母语词汇表征和概念表征之间的联结，随后才激活第二语言词汇表征，所以在行为表现上出现了两个方向翻译速度的不对称。

相互干扰。为了控制这种干扰，就需要有一种控制机制来参与双语者的语言加工过程。

>> TIPS ③

②双语加工的抑制控制模型认为，为了避免两种语言之间的竞争，双语者对激活的非目标语言要进行抑制控制，从而成功地加工目标语言。

③抑制控制模型有两个重要假设。

a. 第一，对某种语言的抑制程度与该语言的熟练程度或者激活强度成正比，即越熟练的语言，当其处于非目标语时，被抑制的程度越高。

b. 第二，重新激活之前受到抑制的非目标语言的难度与其受抑制的程度成正比，即非目标语之前受到的抑制程度越高，解除这种抑制就越难，重新激活也越困难。

>> TIPS ④

④考察抑制控制机制的常用范式是双语转换范式。

A. 在这种范式中，通常给被试呈现图片或数字等视觉刺激，要求被试根据某种线索（如国旗）对图片或者数字使用母语（L1）或第二语言（L2）进行命名，记录命名的反应时和正确率等指标。

B. 该范式通常包括两种条件。a. 转换条件：前、后两个命名试次中的目标语言不一样（如 L2-L1 或 L1-L2）。b. 非转换条件：前、后两个命名试次中的目标语言一样（如 L1-L1 或 L2-L2）。这样就可以计算转换的代价，并通过转换代价推测双语控制的认知机制。

C. 转换代价：根据抑制控制机制，当前刺激所要求加工的目标语言在前一个试次出现时已经受到抑制，要解除这种抑制就需要额外的认知资源，由此引起的行为反应上的差异就是转换付出的代价，被称为转换代价。

D. 双语转换代价的不对称性：在通常情况下，加工非优势语言（第二语言）需要对优势语言（母语）进行较强的抑制，当下一个试次转换到母语时，需要解除之前对母语的抑制。在上一个试次中对母语的抑制越强，在下一个试次中解除对母语的抑制就越困难，这就是产生比较大的母语转换代价，即 L2-L1 的转换代价大于 L1-L2 的转换代价，这就是双语转换代价的不对称性。

### 知识点 4  双语加工与其他认知加工的关系 ★

**1. 双语经验对执行功能的促进作用**

一些研究表明，学习两种语言会提升双语者的执行功能，包括认知灵活性、抑制能力和工作记忆，这就是双语认知优势效应。

双语加工的抑制控制机制用于解决双语者如何应对两种语言之间的竞争问题。

例如，汉-英双语者如果使用英语词汇命名苹果，那么就需要抑制汉语"苹果"一词的干扰。

### 2. 双语经验对认知老化的延缓作用

双语的经验可能会延缓阿尔茨海默病的发病年龄。关于其背后的机制有两种观点：

①一种观点认为，可以用"认知储备"来形容大脑的运行效率与可塑性。大脑的发育与衰老是储备与提取的过程。年轻时人脑的容量越大、神经细胞数量越多且再生能力越强、神经细胞的活动水平和能力越高，则储备越多。到年老时，特别是在出现认知衰退和脑损伤时，这种储备能够延缓认知衰退或阿尔茨海默病的发病年龄。

②另一种观点认为，双语的经验无法阻止阿尔茨海默病患者出现的生理病变，但是可以弥补其受损的功能，从而延迟双语患者表现出认知衰退的时间，这种效应被称为补偿效应。

### 3. 双语经验的不利影响

双语经验命名需要更长时间，语言流程性较差，舌尖现象较多；增加目标语言的加工难度。

## 知识点 5  双语的神经表征 ★

①早期双语者能够利用加工母语的脑区来加工二语，而晚期双语者可能需要开发与加工母语不同的其他脑区来加工二语。

②在一些脑损伤患者中，如果右半球受损，那么双语者就更容易出现二语失语问题。这可能是因为双语者，特别是晚期双语者的右半球更多参与了二语的加工。

③与单语者相比，双语者，特别是晚习得的、低熟练度的双语者，其第二语言加工的偏侧化程度更低。与母语或单语者相比，他们的大脑两半球可能均衡地参与了第二语言的加工，大脑右半球参与得更多一些。

> **本节小结**
>
> 一个人能同时使用两种或多种语言被称为双语者或多语者，双语者分为三种类型：平衡双语者、早期双语者和晚期双语者。双语表征和加工的修正层级模型描述了双语表征形成和发展的动态过程；双语加工的抑制控制模型认为双语者通过对非目标语言的抑制控制实现对目标语言的选择，常用双语转化范式来考察抑制控制机制。学习两种语言会提升双语者的执行功能，包括认知灵活性、抑制能力和工作记忆，对认知老化也有延缓作用。

## 名词总结

| | | | |
|---|---|---|---|
| 语言 | 结构性 | 指代性 | 语言的层次结构 |
| 正字法规则 | 萨波尔–沃尔夫假设 | | 口语理解 |
| 瞬时性 | 即时性 | 连续性 | 变异性与不变性 |
| 语音识别 | 词汇识别 | 音位的类别知觉 | |
| 语境 | 音位恢复效应 | 口语产生 | 书面语言理解 |
| 持久性 | 离散性 | 变异性 | 词汇识别的过程 |
| 影响词汇识别的因素 | | 影响句子理解的因素 | |
| 影响语篇理解的因素 | | 书面语言理解的神经机制 | |
| 双语者 | | 修正层级模型 | |
| 双语加工的抑制控制模型 | | 双语转换范式 | |

# 第九章 动机、需要与意志

## 知识导读

你为什么考研呢？是什么力量推动你一路艰辛仍然坚持学习呢？这些都是研究动机时探讨的问题。本章首先介绍了动机的含义、功能和种类，动机与行为效率的关系，动机产生的神经机制以及相关理论；然后介绍了与动机紧密相关的需要：包括需要的含义、与动机的关系、特性、种类和马斯洛的需要层次理论；最后介绍了意志：包括意志的含义、特征，意志行动的过程，意志行动中的动机冲突以及意志的品质。

在心理学考研中，本章第一节，选择题、名词解释、简答题或案例分析都曾考查过此节的内容，尤其是动机的理论，同学们不仅要记住其观点，更要将理论运用能解释生活中的现象；第二节属于本章的高频考点，需要层次理论频繁出现在各大院校真题中；第三节，意志的特征、冲突的四种类型、意志的品质，同学们要注意区分。

## 知识地图

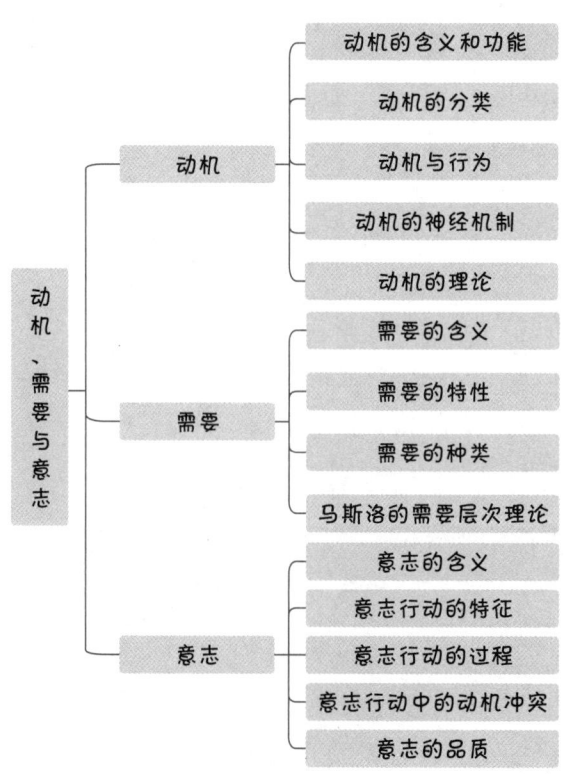

## 知识精讲

## 第一节 动　机

### 知识点 1　动机的含义和功能 ★

**1. 什么是动机**

动机是由目标或对象引导、激发和维持个体活动的**内部动力**，这种内部动力的源泉与基础是人的各种**需要**和环境中的各种**诱因**。

>> TIPS ①

**2. 动机的特点**

（1）动机的显著特点是**隐蔽性**

动机是一种内部心理过程，人们不能直接观察到它的存在，但是可以通过个体对任务的选择、努力的程度、对活动的坚持性和语言表达等外部行为间接地推断，进而了解动机强度的大小。

（2）动机和活动密切联系

动机通过活动表现出来，还通过活动达到它的目的；动机涉及心理活动和身体活动，心理活动主要有认知活动和情绪活动，身体活动反映出个体活动的努力和坚持，并且负责一些外在的行为；只有身心协同活动，个体才能实现动机所追求的目标，满足自身的需求。

**3. 动机的功能**

（1）激活功能

动机具有发动行为的作用，能推动个体产生某种活动，使个体**由静止状态转向活动状态**。

>> TIPS ②

动机激发力量的大小是由动机的性质和强度决定的。一般认为，在完成某种具体任务时，中等强度的动机有利于任务的完成。

（2）指向功能

动机能将**行为指向一定的对象或目标**。动机不一样，个体活动的方向和所追求的目标是不一样的。

>> TIPS ③

（3）调整和维持功能

动机的维持功能表现在**行为的坚持性**。当动机激发个体的某种活动后，这种活动能否坚持下去，受动机的调整和支配。动机的维持作用是由个体的活动与其所预期的目标的一致程度来决定的。

>> TIPS ④

### 知识点 2　动机的种类 ★★　　　>> TIPS ⑤

**1. 生理性动机**

生理性动机是指保存和维持有机体**生命和延续种族**的一些动机，

需要（推力）和诱因（拉力）分别是动机产生的内部和外部因素。

例如，饥饿驱使人们去寻找食物，学生为了获得好成绩而努力学习，白领为实现自己的人生价值而勤奋工作等。

例如，在学习动机的支配下，学生去图书馆学习；在休息动机的支配下，人们去电影院看电影。动机的激活功能如同导火索，动机的指向功能好比指南针。

当活动指向个体所追求的目标时，这种活动就会在相应动机的支配下维持下去；当活动背离了个体所追求的目标时，活动的积极性就会降低。

动机还可以分为内部动机和外部动机，学生对心理学感兴趣而自己主动学习是内部动机，学生学习为了获得奖学金而进行学习是外部动机。具体内容参考本套书《教育心理学》。

如饥饿、渴、性、睡眠等。

（1）饥饿

①饥饿与体内平衡

饥饿是由体内缺乏食物或营养引起的一种生理的不平衡状态，表现为一定程度的不安，从而形成个体内在的紧张压力，并使个体产生求食的行为。

研究表明，胃部收缩不是产生饥饿的必要条件。

②饥饿与体内化学物质

饥饿感的一个重要指标是血糖，如果血糖浓度下降，饥饿感就会增强。

与饥饿感有关的激素还有瘦素（能降低食欲）和饥饿激素（能增加食欲）等，这些激素是从脂肪细胞和胃肠道中释放出来的。

③饥饿与下丘脑

a. 饥饿中枢：下丘脑背外侧，如果它受到刺激，个体就会产生饥饿感。它会分泌一种引发饥饿的激素——增食激素。

b. 饱食中枢：下丘脑腹内侧，如果它受到刺激，个体就会产生饱腹感。如果破坏这个区域，动物会大量进食，最终导致异常肥胖。

>> TIPS ⑥

刺激饥饿中枢，个体会产生饥饿感；刺激饱食中枢，个体会产生饱腹感。

④进食的偏好

人类在长期进化过程中形成了对甜和脂肪的偏好，也学会了避开营养少和有毒的食物。恶心是避免食物中毒的保护机制。不同种族或地区的个体具有不同的进食偏好。

⑤进食障碍

a. 神经性厌食症是一种自己有意节食造成的食欲减退、体重减轻、以厌食为特征的进食障碍。它常引起营养不良、代谢和内分泌障碍及躯体功能紊乱。

b. 神经性贪食症患者存在不可抗拒的摄食欲望，可在短时间内一次进食大量食物，有时会采取呕吐、间断禁食等方法以抵消发胖的效果。

（2）渴

渴是由体内水分不足引起的一种生理的不平衡状态，是比饥饿更强的驱动力，渴与下丘脑有关。

有研究表明，在两种生理状态下刺激下丘脑会引起渴的感觉。

①低血容量性渴：由细胞脱水和血液容量减少引起。　>> TIPS ⑦

②渗透性渴：体液内的盐类浓度过高引起。　　　　>> TIPS ⑧

（3）性

性动机是一种比较强有力的动机。它的产生是以性的需要为基

血液容量减少，血压降低，引起肾脏分泌高压蛋白酶原，它释放血管紧张素进入血管，刺激下丘脑前部的渴觉中枢，引起喝水行为。

体液内的盐类浓度增加，使血管渗透压升高，引起下丘脑的渗透压感受器兴奋，影响下丘脑前部的渴觉中枢，使机体产生渴感，引起喝水行为。

础的。性动机不是个体生存和维持生命所必需的。性动机与个体的性成熟有密切关系。

（4）睡眠

睡眠是机体为恢复精力而产生的一种驱力，使个体由活动状态趋于休息状态，这和其他动机推动机体趋向活动是不同的。它受人类自身的生物钟的调控，同时受地球自转周期的昼夜节律的影响。

**2. 社会性动机**

社会性动机是以人的社会文化需要为基础的动机，是后天习得的。例如，兴趣、成就动机、权力动机、交往动机。

（1）成就动机

指人们希望从事有重要意义、有一定困难、具有挑战性的活动，并能取得优异的成绩，超过他人的动机。　　　　　　　》 TIPS ⑨

①麦克兰德等关于成就动机的研究

a. 麦克兰德认为，衡量成就行为要遵循三个标准：是否有一个卓越的社会目标，是否以独立的方式来完成，是否能坚持不懈地努力。

b. 麦克兰德认为，父母的教养方式会影响儿童成就动机的形成，而且成就动机水平的高低决定了经济的发展，并发现养育者对孩子独立性的训练与成就动机成正相关，即对孩子进行独立性训练能提高其成就动机的水平。

c. 成就动机的高低会影响人们对职业的选择。成就动机低的人愿意选择风险较小、独立决策较少的职业；而成就动机高的人喜欢毛遂自荐，喜欢具有一定风险的、富有开创性的工作，并在工作中敢于做出决策。

②阿特金森的成就动机理论

a. 成就动机是由成就需要、成功的可能性、成功的诱因值三个因素决定的。用公式表示为

$$T = M \times P \times I$$

式中，$T$ 代表成就动机的倾向；$M$ 代表成就需要；$P$ 代表成功的可能性；$I$ 代表成功的诱因值。

b. 阿特金森把成就动机分为两种：力求成功的动机和避免失败的动机。

c. 把个体区分为力求成功者和避免失败者。力求成功者：目标定位于获得成功，较少害怕失败，倾向于选择中等难度的任务。因为中等难度的任务不仅能让人取得成功，还能让人体会到成功后的自豪感。避免失败者：目标定位于避免失败，害怕失败，倾向于选

例如，一个小学生希望自己在考试中取得好成绩，能名列前茅，就属于成就动机。

择容易或者很难的任务。选择容易的任务易于成功，从而避免了失败；选择很难的任务，很少有人能够完成，即使失败了，也可以把失败归因于任务难度，减弱失败感。

（2）权力动机

①含义：人们具有某种**支配和影响他人以及周围环境的动机**。

②分类：

a. 温特认为存在两种权力动机：**积极的权力动机和消极的权力动机**。前者表现为竭力去谋求在组织社会中的权力；后者表现为害怕失去权力，为自己的声望忧虑。

b. 按照个体行为的目标，动机可分为**个人化权力动机和社会化权力动机**。具有个人化权力动机的个体的目的是满足个人的私欲或利益；具有社会化权力动机的个体是为了他人，在行为表现为关心社会、关心他人，以个人的知识、观念等方式影响他人。 >> TIPS ⑩

例如，电视剧中的皇帝为了满足个人对权力的欲望，声称天下是朕的天下，天下由朕说了算，就属于个人化权力动机。

（3）交往动机

是在交往需要的基础上发展起来的一种重要的社会性动机，表现为每个人都愿意归属于某个团体，**喜欢与人来往，并且希望得到别人的关心、友谊等**。这种需要促使人们结交朋友、寻找支持、参加某个团体等。

（4）兴趣

以认识或探索外界的需要为基础，**推动人们认识事物和从事活动的动机**，表现为人们对事物、活动的选择性态度和积极的情绪反应。

兴趣分为直接兴趣和间接兴趣：**直接兴趣是对活动过程本身感兴趣，间接兴趣**是对活动的目的和结果感兴趣。

（5）学习动机

指引发与维持学生的**学习行为，并使之指向一定学业目标的一种内部动力**。它表现为有学习的愿望或兴趣等，对学习起着积极推动的作用。有研究者认为，知识价值观、学习兴趣、学习能力感、成就归因是学习动机的主要内容。

## 知识点 3  动机与行为 ★★

### 1. 动机与行为的关系

①同一种行为可能有不同的动机，即各种不同的动机通过同一种行为表现出来；

②不同的行为也可能有同一种或相似的动机。

③在同一个人身上，动机也是多种多样的。其中有些动机占主导地位，为**主导动机**；有些动机处于从属地位，为**从属动机**。主导

动机和从属动机的结合组成个体的动机体系,推动个体的行为。所以,个体的活动往往不是受单一动机的驱使,而是由他的动机体系所推动的。

#### 2. 动机与行为效果的关系

这一般来说,良好的动机应产生良好的行为效果;反之,不良的动机则会产生不良的行为效果,这就是动机与效果的统一。但是,在实际生活中,动机与效果不统一的情况也时有发生。

#### 3. 动机与行为效率的关系

①动机与行为效率的关系主要表现在动机强度与行为效率的关系上。

a. 心理学研究表明,动机强度与行为效率之间的关系不是一种线性关系,而是倒 U 形曲线关系。

b. 中等强度的动机最有利于任务的完成;也就是说,动机强度处于中等水平时,工作效率最高,一旦动机强度超过了这个水平,对行为反而会产生一定的阻碍作用。

②耶克斯 – 多德森定律:

a. 各种活动都存在一个最佳的动机水平。动机不足或过强,都会使工作效率下降。

b. 动机的最佳水平随任务性质的不同而不同。在比较容易的任务中,工作效率随动机的提高而上升;当任务难度较大时,较低的动机水平有利于任务的完成。 　　>> TIPS ⑪

### 知识点 4　动机的神经机制 ★

#### 1. 奖励回路

参与奖赏处理的神经回路包括中脑腹侧被盖区、杏仁核以及腹侧纹状体。腹侧纹状体内包括尾状核和伏隔核等,它们在期待和受到各种奖励时被激活。

#### 2. 价值决策的路径

价值决策的神经基础包括前额叶皮质、纹状体、杏仁核、岛叶在内的皮质和皮质下结构的广泛网络。其中,眶额皮质和腹内侧前额叶皮质是参与价值决策的主要脑区。

#### 3. 目标导向控制的神经网络

①参与认知控制过程的两个核心脑区是扣带回前部皮质和背外侧前额叶皮质。

②在检测到错误或冲突时,扣带回前部皮质会被激活,而背外侧前额叶负责工作记忆和执行功能。

③目标导向控制的神经网络的主要功能是维护目标相关信息,规划和监控目标相关信息的实现过程。

例如,在短跑比赛中,运动员只需尽快跑到终点,这时就需要让运动员达到高度唤醒水平。但如果是高尔夫运动员、围棋选手,他们将面临更复杂的情境,这时如果选手的唤醒水平过高,往往容易出现失误,而中等强度的唤醒更有利于选手发挥。

### 知识点 5　动机的理论 ★★★

**1. 本能理论**

①代表人物：詹姆斯、麦独孤、洛伦兹、弗洛伊德、马斯洛。

②主要观点：人的大部分行为是由本能控制的，不受环境、经验、学习或其它后天因素的影响；本能是人类在进化过程中形成，由遗传固定下来，不学而会的，固定的行为模式。　　　>> TIPS ⑫

③评价：本能理论无法确切地对行为的原因进行解释，存在循环论证的问题。　　　>> TIPS ⑬

**2. 驱力理论**

（1）武德沃斯的观点

①武德沃斯提出了以驱力概念代替本能概念，认为驱力是推动行为的力量。

②所谓驱力，是指个体由生理需要（如食物的需要、性的需要）而产生的一种紧张状态，驱动个体的行为以满足需要，消除紧张，从而恢复机体的平衡状态。

（2）赫尔（驱力理论的集大成者）—驱力降低理论　　　>> TIPS ⑭

①赫尔认为，个体要生存，就要有需要。需要产生驱力，驱力为行为提供能量，从而推动个体从事某种行为满足需要。需要得到了满足，驱力水平就会下降，所以寻求驱力水平的降低就成为个体行为的动机。

②驱力的类型：

a. 原始驱力：来自个体内部，不需要习得，如饿的驱力、渴的驱力等。这些原始驱力维持着人类的生存。

b. 获得性驱力（二级驱力）：是通过学习和经验的作用形成的。例如，人们对金钱、荣誉和地位的追求就是获得性驱力。

③赫尔认为，个体行为反应的潜能（$P$）是由驱力强度（$D$）和习惯强度（$H$）两个因素决定的，用公式表示为：$P=D \times H$。习惯强度是指刺激和反应之间的联结的力量，制约着行为的方向。根据这一公式，如果内驱力为零，那么反应的潜能将是零。在习惯强度一定的情况下，行为反应的潜能与驱力的强度成正比。

（3）理论评价

①贡献：赫尔的驱力理论能够在一定程度上解释人的生理行为。

②局限：

a. 很难解释复杂的社会行为。例如，为什么一个人可以通宵达旦地工作？

b. 有时候即使是对于生理行为，驱力理论也不能很好地解释，

---

**TIPS ⑫**

①詹姆斯提出，人有生物本能和社会本能（如爱、社交、同情等）；麦独孤提出，本能是人类一切思想和行为的基本源泉与动力，包括能量、行为和目标指向三种成分。

②本能理论的核心观点：天生如此。例如，蜜蜂采蜜、蚂蚁搬家、鸟类建巢、蜘蛛织网，这些都是在进化过程中遗传下来的行为模式。

**TIPS ⑬**

例如，本能论认为，人类具有同情心是因为人类具有同情的本能，而同情行为则证实了同情本能的存在。

**TIPS ⑭**

驱力理论的逻辑：机体的需要得不到满足时，驱使机体采取行为满足需要，促使驱力减少。例如，口渴使人产生紧张感（驱力），这种紧张感促使人去饮水，饮水后紧张感就降低了，即需要（水）—驱力（口渴）—降低驱力行为（喝水），因为驱力是一种紧张状态，寻求驱力的减少就成为人行为的动机。

如人为什么会过度进食等。

c. 驱力理论也不能解释为什么有时候我们的行为恰恰是为了唤起紧张，如看恐怖电影、蹦极等。

**3. 诱因理论**

（1）代表人物：赫尔

赫尔针对驱力理论忽略了外部环境在引发行为上的作用的缺陷，提出了诱因理论。

（2）主观观点

①<u>诱因</u>是指能满足个体的需要，驱使个体产生一定行为的<u>外在因素</u>，具有激发或诱使个体朝向目标的作用。诱因可以是物质的，也可以是精神性的，诱因有积极和消极之分。　　》》TIPS ⑮

②<u>诱因和驱力是密不可分的</u>。诱因是由外在的目标激发的，但是只有当<u>外部的诱因转换为个体内在需要</u>时，才会持久地推动个体的行为。

③赫尔接受了诱因这一因素对动机的影响，并修改了自己的公式，在其中增加了诱因（$K$）这一因素，即 $P=D×H×K$。根据这一公式可以看出，人类的动机受内部驱力和外在诱因等多种因素的影响。　　》》TIPS ⑯

**4. 唤醒理论**

（1）代表人物

赫布、柏林。

（2）主要观点

①<u>人们总是被唤醒，并维持着生理激活的最佳水平</u>，不是太高，也不是太低。　　》》TIPS ⑰

②对<u>唤醒水平的偏好</u>是决定个体行为的一个重要因素。一般来说，个体<u>偏好中等强度</u>的刺激水平，因为它能引起最佳的唤醒水平，而对于过低或过高水平的刺激，个体是不喜欢的。

③唤醒理论提出了三个原理：

a. <u>人们偏好最佳的唤醒水平</u>：刺激水平和偏好之间的关系呈倒U形曲线。　　》》TIPS ⑱

b. <u>简化原理</u>：重复进行刺激会使唤醒水平降低。　》》TIPS ⑲

c. <u>个人经验对偏好的影响</u>：富有经验的个体偏好复杂的刺激。
　　》》TIPS ⑳

**5. 动机的认知理论**

（1）期待价值理论

①新行为主义者<u>托尔曼</u>认为，行为的决定因素是对<u>达到目标的期待</u>，期待帮助个体获得目标。

例如，吃饱了饭，看到美味的蛋糕还是忍不住吃；没有买东西的需要，但是去逛街时，还是忍不住买。

诱因理论和驱力递减理论是相呼应的，一个是推动，一个是拉动。对于驱力理论，动机来源于机体内部；对于诱因理论，动机来源于机体外部的环境。事实是，人们在满足饥饿需要的同时，也会被草莓蛋糕所吸引，两种因素一起来激发行为。

唤醒理论的核心观点是唤醒水平偏好的不同决定行为的差异性。唤醒指的是身体和神经系统被激活，许多人喜欢新的电影、流行款式、新闻、冒险活动，这些都是一种唤醒。

例如，在考试时，如果你的唤醒水平太低，感到困倦或提不起精神，就很难考好；如果你过于焦虑，唤醒水平太高，也很难正常发挥。

例如，重复听一首音乐，听得多就没有一开始的惊喜感了，这能解释喜新厌旧的行为。

例如，成绩比较好的同学就喜欢挑战高难度的题。

②他将期待定义为刺激与刺激的联系（S1-S2）或刺激与反应的联系（S1-R-S2）。

③期待价值理论的基本思想是，个体完成任务的动机是由他对**任务成功可能性的期待**及**对任务所赋予的价值**决定的。如果个体认为达到目标的可能性大，从中获取的激励值也大，那么个体完成任务的动机就越强。

④理论启示：在教学中，教师应帮助学生设定可实现的目标，并提供有吸引力的奖励。

（2）归因理论

从人们行为的结果寻求行为原因的过程称为归因。

①海德的归因理论

海德认为，行为的原因有内部原因和外部原因两种。内部原因是指个体自身的因素，如能力、努力等；外部原因是指环境因素，如任务难度、运气等。

②罗特的"控制点"理论

将人分为内控型和外控型两类。内控型的人倾向于把行为的原因归结为自身的某些因素，而外控型的人倾向于把行为的原因归结为外部的某些因素。

③韦纳的成就归因理论

韦纳认为，成功和失败的归因是成就活动过程的中心因素。这些因素分别是能力、努力、身心状况、工作难度、运气、外界环境等。韦纳把这些因素纳入三个维度，即"内外因""稳定性"（稳定/不稳定）和"可控性"（可控/不可控），形成归因的三维模型。

**稳定性维度**：指原因是否会随时间的迁移而改变。例如，能力和工作难度的稳定性较强，而努力、运气、身心状况、外界环境的稳定性较弱。

归因的三维模型如表 9-1 所示。

**表 9-1　归因的三维度模型**

| 项目 | 成败归因维度 | | | | | |
|---|---|---|---|---|---|---|
| | 控制点 | | 稳定性 | | 可控性 | |
| | 内部 | 外部 | 稳定 | 不稳定 | 可控 | 不可控 |
| 能力高低 | √ | | √ | | | √ |
| 努力程度 | √ | | | √ | √ | |
| 任务难度 | | √ | √ | | | √ |
| 运气好坏 | | √ | | √ | | √ |
| 身心状态 | √ | | | √ | | √ |
| 外界环境 | | √ | | √ | | √ |

### TIPS 21

期待是一种预测性认知，预估会怎么样，就怎么做。例如，看见闪电（S1）就期待雷声（S2），这是由刺激引起的期待，这时应提前拿伞；平时努力学习（S1-R），期待在考试中取得好成绩（S2），这是由反应引起的期待，因此努力学习。

### TIPS 22

海德关注人们在解释自己或他人行为时的普遍性特点，韦纳则注重人们在面临成功与失败时归因的个体差异。

④归因会对以后的行为产生重大影响

如果行为归因于不稳定因素，人们的预期结果与上次不一致；如果归因于稳定因素，人们的预期结果与上次一致。

⑤归因的内外因维度会影响个体的情绪体验

如果把成就行为归因于内部原因，个体在成功时会感到满意和自豪，失败时会感到内疚和羞愧；如果把成就行为归结为外部原因，不论成功还是失败，个体都不会产生太突然的情绪反应。

⑥理论启示

要寻找失败的原因，对学生提供反馈；防止他们将失败归因于稳定因素、不可控因素和内部因素，并且指导学生，只有努力，才可能成功。　　　　　　　　　　　　　　>> TIPS ㉓

（3）自我决定理论

①自我决定理论由美国心理学家德西和瑞安提出。

②自我决定理论由强调自我决定在行为选择和个人发展中的作用，认为人们拥有内在的自我决定的倾向性。

③自我决定理论把动机划分为内部动机、外部动机和无动机三种。从无动机到外部动机再到内部动机是一个连续体，经历了复杂的内化过程。无动机行为缺乏目的性、自主性；外部动机源自环境的要求；只有自我决定的动机才是内部动机。　>> TIPS ㉔

（4）自我效能理论

①**班杜拉认为，人类的行为不但受行为结果的影响，而且受人对自我行为能力与行为结果期望的影响。期待分为结果期待和效能期待。**　　　　　　　　　　　　　　　　　　>> TIPS ㉕

②班杜拉提出了自我效能感的概念：**自我效能感是指个体对自己在特定的情境中是否有能力得到满意结果的预期。自我效能感的高低直接决定了个体进行某种活动的动机水平。**

③**影响自我效能感的四种因素：**　　　　　　　>> TIPS ㉖

a. **个体自身的成功或失败的经验**，对自我效能感的影响最大；成功的经验会提高自我效能感，反复失败则会降低自我效能感。

b. **个体通过观察他人的行为所获得的替代性经验。** 当看见一个与自己类似的人在一项任务上成功或失败，自我效能感也能够随之提高或降低。

c. **言语说服：** 言语劝说的价值取决于它是否切合实际，缺乏事实基础的言语说服对自我效能感的影响不大，在直接经验或替代性经验基础上进行说服的效果会更好。

d. **生理和情绪状态：** 高度焦虑、紧张、恐惧等会降低自我效能感水平。

归因相关的理论，在《社会心理学》中进行了全面的介绍和解释，需要考社会心理学这个科目的考生，建议参考本套书的《社会心理学》进行理解学习。

自我决定理论从人本主义的观点出发，认为人生来就具有心理发展和自我决定的潜能，自我决定是个体在充分认识个人需要和环境信息的基础上，对行为做出的自由选择。自我决定理论不仅强调内在动机，更关注外在动机的内化。

你预估自己考研能不能够成功"上岸"，这是结果期待；你预估自己是否有足够的能力让自己考研上岸，这是效果期待。

某同学如果平时考试逢考必过（自身经验），自己的直系学姐成功"上岸"（替代性经验），身边的老师和同学每天都在鼓励这名同学说他也肯定能上岸（言语说服），于是这名同学自己每天信心满满地复习（情绪唤起），它会更坚信自己是有足够的能力让自己成功"上岸"理想的院校。

④自我效能感的作用主要是调节和控制行为,表现在对行为的选择和坚持性、努力程度和对困难的态度、思维方式和行为效率上。

⑤自我效能感的培养和提高:

a. 制定切实可行的目标,积累成功的经验。

b. 观察他人,通过榜样的作用获得替代性经验。

c. 寻求积极的肯定,听取别人的积极反馈。

d. 寻找减轻压力和消极情绪的方法,树立自信心。

（5）成就目标理论　　　　　　　　　　》TIPS㉗

①德韦克等提出,不同的个体对自己的能力有不同的认识,这种对自己能力的认识会影响个体对成就目标的选择。**成就目标是指个体从事成就活动的目的或者意义的知觉,表明个体从事成就活动的目的和理由。**

②有人认为能力是一成不变的,这些人是**能力实体论者**,往往持有**成绩目标**,将目标定位在好名次和好成绩上,根据他人标准对自己的行为进行评价。

③有人认为能力是可以增长的,这些人是**能力增长论者**,往往有**掌握目标**,将目标定位于掌握知识和提高能力上,根据任务标准和自我标准对自己的行为进行评价。

④**不同的成就目标对应着不同的动机和行为模式**:具有掌握目标的人会采取主动、积极的行为,使用深层加工策略等;具有成绩目标的个体,有较高的焦虑水平,不敢接受挑战性的任务,遇到困难容易退缩。成就目标理论内容总结如表9-2所示。

**TIPS㉗**

例如,小明和小英在考试中取得了同样的成绩。但小明持能力增长观,确立了掌握目标,认为自己学到了很多新知识,能力有了进一步的提高,因此决定下次继续努力,取得更好的成绩;而小英持能力实体观,确立了表现目标,希望在学习过程中证明或表现自己的能力,因此认为一些同学的成绩超过了他,又联想到自己之前傲人的成绩,感到非常的沮丧,对未来充满担忧。

表9-2　成就目标理论内容总结

| | | |
|---|---|---|
| 两种能力观 | 能力实体论者:认为能力是一成不变的 | 能力增长论者:能力可以通过学习提高 |
| 两种目标 | 成绩目标:将目标定位在好名次和好成绩上 | 掌握目标:将目标定位在掌握知识和提高能力上 |
| 三种评价标准 | 他人标准:主要看个体是否比群体中的其他人做得好 | 任务标准:主要看个体是否达到了活动的要求;自我标准:主要看个体现在是否比自己以前做得好 |
| 情绪情感 | 失败是能力不足,导致焦虑、羞耻感等这样的情绪;面对困难的时候,采取自我防御的形式来维护自尊和自我价值感(偷着努力或故意不努力),对社会比较的担心减少了学习的愉悦感 | 不惧怕失败,同时认为学习过程本身所带来愉快感、自豪感等内部奖赏,可以帮助个体在面对困难保持积极的情绪 |
| 动机和行为模式 | 选择能证明其能力、避免显得无能的任务(非常容易或非常难的) | 选择具有挑战性的任务,且有坚持性 |
| 学习者 | 自我卷入学习者 | 任务卷入学习者 |

⑤理论启示：在组织教学或管理工作中，为学生或员工创建让其自我成长的环境，有意识地创建具有掌握目标的课堂或工作气氛，减少竞争气氛，努力构建有利于发展学生或员工自尊及创造性的环境；在避免与他人比较、竞争的前提下，对他们的肯定或奖赏最好是个别进行，引导他们对能力形成自我参照的觉知。对个体的进步给予奖励，注意让所有人有均等接受奖励的机会。进行个别的学习任务或工作任务，当学习情境不适合采用个别任务时，可以采用小组合作任务。

> **本节小结**
>
> 动机是由目标或对象引导、激发和维持个体活动的内部动力，这种内部动力的源泉与基础是人的各种需要和环境中的各种诱因；动机具有激活、指向、调整和维持功能；动机有不同的分类；动机与工作效率的关系是倒U形曲线关系，中等强度的动机最有利于任务的完成；动机是如何产生的，有不同的动机理论进行了解释，包括本能理论、驱力理论、诱因理论、唤醒理论、动机的认知理论（包括期待价值理论、归因理论、自我决定理论、自我功效理论、成就目标理论）。

## 第二节　需　要

### 知识点 1　需要的含义 ★

**1. 需要的含义**

需要是机体内部的一种不平衡状态，表现为机体对内部环境或外部生活条件的一种稳定的要求，并成为机体活动的源泉。这种不平衡状态包括生理的和心理的不平衡。　　　　　　　>> TIPS ①

**2. 需要与动机的关系**

①动机与需要紧密联系但又有所区别。

②动机是在需要的基础上产生的，需要推动人们去寻找满足需要的对象，从而产生活动动机。也就是说，需要是原动力，动机是推动行为的直接动力。

③只有当人的需要具有某种特定的目标时，需要才转化为动机。

　　　　　　　　　　　　　　　　　　　　　　　>> TIPS ②

### 知识点 2　需要的特性 ★

需要具有对象性、独特性、阶段性和社会性。

**1. 对象性**

需要是由个体对某种客观事物的要求引起的，这种要求可能来

**TIPS ①**

血液中缺乏水分，会产生渴的感受和喝水的需要；受到不公正待遇，人会产生羞辱感和尊重的需要；有需要才能有追求，追求总是指向某种客体，因此需要推动了有机体的活动。

**TIPS ②**

例如，社会的发展会使人感到知识的不足，于是引起了人们对知识的渴望，这是一种求知的欲望，即一种需要。虽然还不是动机，但是它是产生动机的基础。只有当有合适的学校招生，满足需要的对象出现了，也就是有了一个目标时，需要才变成了动机，这个目标引导或推动着学生去报考这个学校。因此，需要是动机的基础，只有目标出现时，需要才转化为动机，两者是密不可分的。

自个体的内部也可能来自个体周围的环境。

需要总是指向能满足某种需要的事物，不指向任何事物的需要是不存在的。所以，需要具有对象性。

### 2. 独特性

人的需要既有共性，又有独特性。

由于遗传、环境等因素的不同，每个人的需要都有自己的独特性。年龄、身体、经济条件不同的人在物质和精神方面会有不同的需要。所以，需要具有独特性。

### 3. 阶段性

人的需要随着年龄的增长而变化，在发展的不同时期，个体的需要的特点不同。所以，需要具有阶段性。

### 4. 社会性

人不仅有先天的生理需要，而且在社会实践过程中发展出许多社会需要，社会需要受时代、社会因素的影响。所以，需要具有社会性。

## 知识点 3  需要的种类 ★

### 1. 按起源可分为自然需要与社会需要

①自然需要：也称生物学需要，包括饮食、运动、休息、睡眠、性等的需要。由机体内部生理的不平衡状态引起，对机体维持生命、延续后代有重要意义。

②社会需要：有劳动、交往、成就、社会赞许、求知等的需要，反映了人类社会的要求，对维系人类社会生活、推动社会进步有重要作用。

### 2. 按需要指向的对象可分为物质需要和精神需要

①物质需要：指向物质产品，并以占有这些产品而获得满足，如对日常生活必需品的需要。

②精神需要：指向各种精神产品，如对文艺作品、欣赏美的需要。

## 知识点 4  马斯洛的需要层次理论 ★★★

### 1. 需要的层次

马斯洛认为，个体的需要具有层次性，由低级到高级分别是生理需要、安全需要、归属与爱的需要、尊重的需要、认知的需要、审美的需要、自我实现的需要，这些需要都是天生的、与生俱来的，是激励和指引个体行为的力量。需要层次理论模型如图9-1所示。

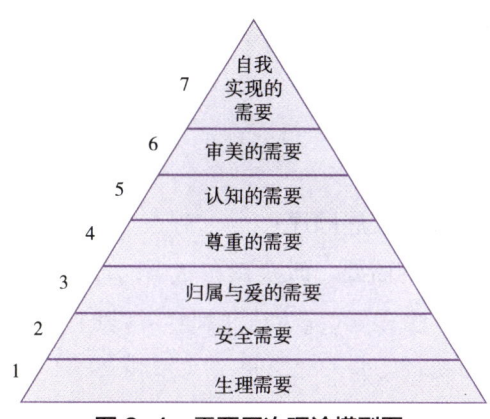

**图 9-1　需要层次理论模型图**

①生理需要：人对食物、水分、空气、睡眠、性等的需要，是最重要和最有力量的需要。

②安全需要：表现为人们要求稳定、安全、受到保护、有秩序、能免除恐惧和焦虑等。

③归属与爱的需要：指渴望归属于某一社会团体或组织并与其建立良好关系，渴望获得爱并给予爱的需要。

④尊重的需要：包括自尊和希望受到别人尊重的需要。

⑤认知的需要：以好奇心为基础，对神秘和未知事物进行认知、理解和探索的欲望。

⑥审美的需要：欣赏美好事物并希望周遭事物有秩序、有结构、顺自然、循真理的心理需要。

⑦自我实现的需要：人们追求自己能力或潜能的实现，并使之完善化的需要。　　　　　　　　　　　　　　

**2. 低级需要与高级需要**

①低级需要（缺失需要）：直接关系到个体的生存。当这种需要得不到满足时，将直接危及个体的生命。

②高级需要（生长需要）：不是维持个体生存所必需的，因此，这种需要的满足可以稍作延迟。但是，满足高级需要能使人健康、精力旺盛，能扩展人的经验，充实人的生命。高级需要比低级需要复杂，因此，满足高级需要必须具备较好的外部条件，如社会条件、经济条件和政治条件等。

**3. 各需要层次的关系**

①需要的层次越低，其力量就越强，潜力就越大。随着需要层次的提高，需要的力量就会逐渐减弱。

②在需要满足的顺序方面，必须先满足低级需要。只有先满足了个体的低级需要，高级需要才会出现。

③在从动物到人的进化中，高级需要出现得较晚。所有生物

---

需要层次理论在有些教材上是五个层次，有些是七个层次，这里以最全面的七个层次的内容呈现。

都需要食物与水分，但是只有人类才有自我实现的需要。

④在个体的发展中，高级需要出现的时间较晚。

### 4. 评价

（1）贡献

该理论对人类的基本需要、需要之间的关系、需要的发展顺序等问题进行了较为系统全面的论述，对于我们理解人类的需要、激发人的行为动机具有重要的理论意义。

（2）局限

首先，马斯洛认为人的需要源于先天的本能，模糊了人的生物需要与社会需要之间的差异；

其次，马斯洛根据需要出现的早晚来划分需要发展的层次，这种划分有一定的依据和研究价值，但它没有充分说明各种需要之间的内在联系。　　　　　　　　　　　　　　　　>> TIPS ④

### 5. 理论启示

（1）在教育中的应用

基于需要层次理论，教师在教学中不但要关心学生的学习态度和学习成绩，而且要关心学生的身体状况是否健康、生活是否安定、家庭是否和睦（父母是否离异）、同学关系怎样等。教师只有了解了这些情况，帮助学生满足需要，才能更好地调动他们学习的积极性。

（2）在管理中的应用

管理者在管理工作中不仅要关心员工的工作绩效，还要在工作绩效之外的其他方面支持他们，如提供灵活的工作时间、让员工有时间关注他们的家庭、确保员工得到公平的报酬并获得经济上的稳定等。

**TIPS ④**

需要层次理论无法解释杜甫自己饥肠辘辘却依然心怀天下的胸襟，即没有认识到高级需要对低级需要的调节和控制作用。

---

**本节小结**

需要是有机体内部的一种不平衡状态，这种不平衡状态包括生理的和心理的不平衡；需要与动机密切相关；需要具有对象性、独特性、阶段性和社会性；需要分为自然需要与社会需要、物质需要与精神需要；马斯洛提出了需要层次理论，认为个体的需要具有层次性，从低级到高级分别是生理需要、安全需要、归属和爱的需要、尊重的需要、认知的需要、审美的需要、自我实现的需要，需要是与生俱来的，是激励和指引个体行为的力量。

---

## 第三节　意　志

**知识点 1　意志的含义** ★

意志是个体有意识地支配、调节行为，通过克服困难，最终实现预定目的的心理过程。

### 知识点 2  意志行动的特征 ★

**1. 自觉的目的性是意志行动的前提**

意志行动的目的性是人与动物的本质区别；一个人在活动之前，总是先经过自己的深思熟虑、对行动的目的有了充分认识，并且把活动的结果存储在头脑中之后才去采取行动。

**2. 克服困难是意志行动的核心**

一个人在遇到困难时所采取的态度和克服困难的能力是衡量人的意志力强弱的客观指标，意志行动的核心就是克服困难。

**3. 随意运动是意志行动的基础**

与生俱来的、不由自主的无意识动作被称为不随意运动，意志行动表现在人的随意运动中。

### 知识点 3  意志行动的过程 ★

意志行动一般分成准备和执行两个阶段。

**1. 采取决定阶段**

采取决定是意志行动的开始阶段，它决定意志行动的方向，以及意志行动的动因，是意志行动不可缺少的准备阶段。

这一过程包括动机斗争、确定行动目的、选择方法和制定计划等环节。

**2. 执行决定阶段**

个体经过动机斗争、确定目的之后，就要解决如何实现目的，即解决怎样做，怎样实现目标的问题，就需要根据主客观条件来选择达到目的的方式、方法，制定行动计划。

### 知识点 4  意志行动中的动机冲突 ★★

人的意志行动通常表现为对某些目标的接近或回避，以此为依据，可以把意志行动中的动机冲突分成以下四种类型：

①双趋冲突（接近－接近型冲突）：人们被两种或两种以上的目标吸引，但只能选择其中一种目标。

②双避冲突（回避－回避型冲突）：两种或两种以上的目标都是人们力求回避的，但又只能回避其中的一种。

③趋避冲突（接近－回避型冲突）：同一个物体对人们既有吸引力，又有排斥力。

④多重趋避冲突（多重接近－回避型冲突）：面对着多个目标，每个目标又分别具有吸引和排斥两方面的作用，人们无法简单地选择某一目标而回避另外的目标，必须进行多重选择。

动机冲突类型的对比如表 9-3 所示。

表 9-3 动机冲突类型的对比

| 冲突的类型 | 目标一 | 目标二 | 例子 |
|---|---|---|---|
| 双趋冲突 | 趋近 | 趋近 | "鱼与熊掌不可兼得"的内心冲突，两者都是自己想要的，但只能选择一个 |
| 双避冲突 | 回避 | 回避 | "前有悬崖，后有追兵"是一种"左右为难、进退维谷"式的心理冲突，两害相权只能取其轻 |
| 趋避冲突 | 趋近且回避 | | "想吃甜食又怕发胖"，一个人对同一个目标既想要接近又想要回避的心理冲突 |
| 多重趋避冲突 | 趋近且回避 | 趋近且回避 | 考研择校时，某院校专业实力强但是地理位置欠佳，另一所院校在一线城市但是专业实力欠佳 |

### 知识点 5  意志的品质 ★★

意志的品质即构成人的意志的某些比较稳定的方面。四种意志品质的对比如表 9-4 所示。

表 9-4 四种意志品质的对比

| 所属阶段 | 意志的品质 | 核心点 | 例子 | 相反意志 |
|---|---|---|---|---|
| 计划决定 | 自觉性/独立性 | 自主决定 | 不人云亦云和盲目跟风 | 受暗示性和独断 |
| | 果断性 | 迅速而果断 | 司马光砸缸救人 | 优柔寡断和草率决定 |
| 执行决定 | 自制力 | 排除干扰 | 控制自我和情绪反应 | 任性和懦弱 |
| | 坚韧性 | 百折不挠 | 富贵不能淫，贫贱不能移，威武不能屈 | 动摇性和顽固性 |

#### 1. 意志的自觉性

①个体在行动中具有明确的目的，能认识到行动的社会意义，并能够主动调节和支配自己的行动以服从社会要求的意志品质。

②与自觉性相反的意志品质受暗示性和独断性。

#### 2. 意志的果断性

①个体根据客观环境变化的状况，迅速而合理地采取决定，并实现所作决定的心理品质。

②与果断性相反的意志品质是优柔寡断和草率决定。

#### 3. 意志的自制性

①个体善于根据预定目的或既定要求，自觉地调节和控制自己的心理活动和行为表现的意志品质。

②与自制力相反的意志品质是任性和懦弱。

#### 4. 意志的坚韧性

①在实现预定目的的行动中，坚持不懈并能在行动时保持充沛

精力和毅力的意志品质。

②与坚韧性相反的意志品质是动摇性和顽固性。　　>> TIPS ①

**本节小结**

意志是个体有意识地支配、调节行为，通过克服困难，最终实现预定目的的心理过程；自觉目的性是意志行动的前提，随意运动是意志行动的基础，克服困难是意志行动的核心；意志行动包括采取决定和执行决定两个阶段；意志行动中的动机冲突有四种类型：双趋冲突、双避冲突、趋避冲突和多重趋避冲突；意志的品质包括自觉性、果断性、自制性和坚韧性。

**TIPS ①**

①注意区分自觉性和自制性：自觉性强调自己对目的有清晰的认识，强调在开始时能独立自主地做决定；自制性是指善于控制自己的行动，强调在过程中不会被干扰而中断。例如，盲目跟风追逐潮流就是一种缺乏自觉性的表现；而小红正在学习，朋友找她逛街，但她并没有去，这就是一种有自制性的表现。

②谐音记忆："立示武 - 果柔率 - 坚摇顽 - 自性弱"——李示武这个人，长得确实帅，也会玩，就是自信不够。

## 名词总结

| | | | |
|---|---|---|---|
| 动机 | 成就动机 | 权力动机 | 交往动机 |
| 学习动机 | 耶克斯 - 多德森定律 | | 奖励回路 |
| 本能理论 | 驱力理论 | 唤醒理论 | 诱因理论 |
| 期待价值理论 | 归因理论 | 自我决定理论 | 自我功效论 |
| 成就目标理论 | 需要 | 需要层次理论 | 意志 |
| 双趋冲突 | 双避冲突 | 趋避冲突 | 多重趋避冲突 |
| 独立性 | 果断性 | 坚定性 | 自制力 |

# 第十章 情绪和情感

## 知识导读

人们有时候欣喜若狂，有时焦虑不安，这些都是情绪多样性的表现。本章首先介绍了情绪的含义、情绪与情感的关系、情绪的功能、情绪的维度和两极性、情绪情感的种类以及情绪与脑；然后介绍了几种主要的表情，包括面部表情、姿态表情和语调表情等；最后介绍了情绪理论和情绪智力与情绪调节。

在心理学考研中，第一节在考试中可以以选择题、名词解释、简答题等各种形式考查，第二节主要以单选题和名词解释的形式进行考查；第三节情绪理论，各大院校常以论述题或案例分析的形式进行考查，同学们不仅要理解记忆其观点，还要能结合生活现象进行分析；第四节，情绪调节是《普通心理学》第六版修订较大的内容，这些在以往的考试中考查相对较少，但这些内容对情绪调节具有非常重要的指导意义，同学们可以学以致用，让自己保持良好的情绪状态。

## 知识地图

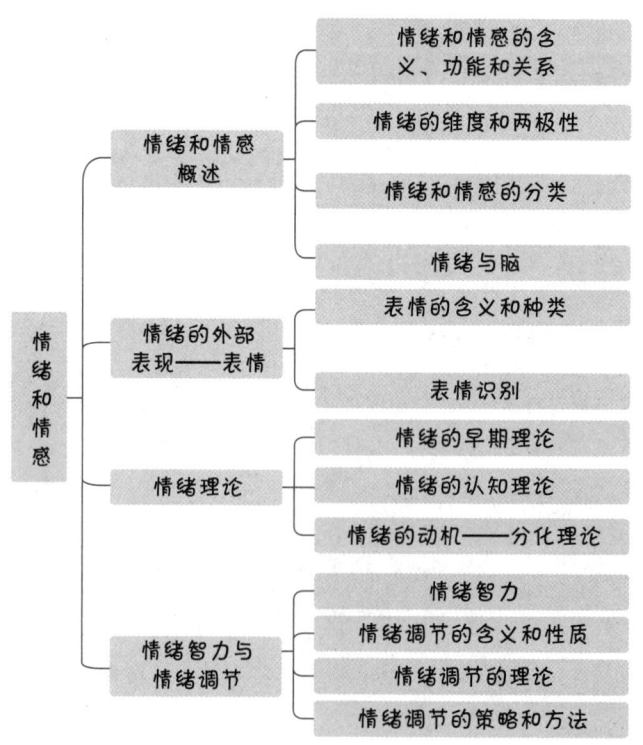

# 知识精讲

## 第一节　情绪和情感概述

### 知识点 1　情绪和情感的含义、功能和关系 ★★

**1. 情绪的含义**

情绪是指个体对外界刺激的一种生理和心理的反应，由主观体验、生理唤醒和外部表现三种成分组成。

（1）主观体验

①主观体验是情绪的核心成分，是个体对不同情绪状态的自我感受。

>> TIPS ①

例如，荒漠中，对于半杯水，有人会觉得很开心，还有半杯水；有人会觉得太痛苦了，只有半杯水了，每个人的自我感受不一样。

②研究情绪体验一般会采用自我报告的方法，即让被试描述自己在某种情境下的情绪体验。

（2）生理唤醒

①生理唤醒是指情绪引起的生理反应，涉及广泛的神经结构，如中枢神经系统的脑干、中央灰质、丘脑、杏仁核、下丘脑、松果体、前额皮层及周围神经系统等。生理唤醒是一种生理的激活状态。

②人能觉知到自己的情绪，但不能完全控制情绪引发的生理唤醒，因为控制生理唤醒的自主神经系统通常不受个人意志的控制。

③测谎仪就是根据情绪状态下个人不能控制其生理唤醒的原理设计的。它主要测量呼吸、汗腺及心跳等个体不能自主控制的反应。

>> TIPS ②

测谎仪可通过测量血压、心率、皮肤电以及呼吸频率等生理指标来推测一个人是否说谎。

（3）外部表现

情绪的外部表现通常称为表情。表情是在情绪出现时可以观察到的某些行为特征，包括面部表情、姿态表情和语调表情。

**2. 情绪的功能**

（1）适应功能

①情绪是机体适应生存和发展的一种重要方式。

②婴儿出生时，还不具备独立的生存能力和言语交际能力，这时主要依赖情绪来传递饥、渴等方面的信息。

③在成人的生活中，情绪与人的适应行为有关，如愤怒时产生的攻击行为、害怕时产生的躲避行为等，这些行为能帮助我们更好地适应周围的环境。

④情绪直接反映人的生存状况，是人的心理活动的晴雨计，如愉快表示处境良好，痛苦表示面临困难等。

（2）动机功能

①情绪是动机的源泉之一，能够唤起心理活动和行为的动机。

适度的紧张和焦虑能促使人积极地思考与解决问题。

②同时，情绪对于生理内驱力具有放大信号的作用，成为驱使人们行动的强大动力。　　　　　　　　　　» TIPS ③

（3）组织功能

①情绪的组织功能表现在对其他心理过程的影响上。研究发现，情绪状态可影响学习、记忆、思维、社会判断和创造力。人们在加工信息时，那些和个人目前的情绪状态一致的材料更容易受到注意并得到深加工。

②情绪的组织功能还表现在对人的行为的影响上。当人们处在积极的情绪状态时，其行为比较开放，愿意接纳外界的事物；而当人们处在消极的情绪状态时，会放弃自己的愿望，或者产生攻击性行为。

（4）社会沟通功能（信号功能）　　　　　　　　　　» TIPS ④

情绪是人际通信交流的手段。情绪情感的外部表现——表情具有信号传递作用。

### 3. 情绪与情感的关系

（1）情绪与情感的区别　　　　　　　　　　　　　　» TIPS ⑤

①从需要角度看：情绪通常与个体的生理需要满足与否相联系，是人和动物共有的；情感是与人的社会性需要相联系的复杂而又稳定的态度体验，是人类特有的心理活动。

②从发生角度看：情绪是反应性和活动性的过程，即个体随着情境的变化以及需要的满足情况而发生相应的改变，受情境影响较大；情感是个体的内心体验和感受，是具有深刻社会意义的心理体验，不轻易表露，对人的行为具有重要的调节作用。

③从稳定性程度看：情绪具有情境性和短暂性特点，一旦情境发生变化，相应的情绪感受也会发生改变；情感具有较大的稳定性和持久性，不为情境所左右，稳固的情感体验是情绪概括化的结果。

④从表现方式看：情绪具有明显的冲动性和外部表现，情绪一旦发生，强度一般较大，有时会导致个体无法控制；情感则以内蕴的形式存在或以内敛的方式流露，始终处于人的意识调节支配下。

（2）情绪与情感的联系

①情感离不开情绪：稳定的情感是在情绪的基础上形成的，并通过情绪反应得以表达。

②情绪也离不开情感：情感的深度决定了情绪的表现强度，情感的性质决定了在一定情境下情绪的表现形式；情绪发生的过程往往深含着情感因素。

总之，情绪是情感的外部表现，情感是情绪的本质内容，两者

**TIPS ③**

例如，人在缺氧的情况下，缺氧的生理需要提供的信息是内驱力，缺氧刹那间产生的恐慌感和紧迫感使内驱力得到加强，放大内驱力，从而成为动机力量。

**TIPS ④**

表情是思想的信号，如用微笑表示赞赏、用点头表示默认；表情也是语言交流的重要补充，手势和语调等能使语言信息表达得更加明确。

**TIPS ⑤**

例如，高兴时手舞足蹈、愤怒时暴跳如雷，这形容的是情绪；对祖国的热爱、对集体的荣誉感，这形容的是情感。

相互依存、不可分离。

## 知识点 2　情绪的维度和两极性 ★

### 1. 情绪的维度和两极性的含义

①情绪的维度是指情绪所固有的某些特征，如动力性、激动性、强度和紧张度等方面。

②这些特征的变化幅度又具有两极性，即存在两种对立的状态。

a. 情绪的动力性有增力和减力两极。

b. 情绪的激动性有激动和平静两极。

c. 情绪的强度有强、弱两极。

d. 情绪紧张度有紧张和轻松两极。

### 2. 情绪维度理论

（1）情绪的二维理论

罗素提出，情绪是由愉悦度和唤醒度两个维度构成的。 >> TIPS ⑥

第一个维度是愉悦度，在愉悦（积极）与不愉悦（消极）之间变化；第二个维度是唤醒度，是指与情绪状态相联系的机体能量激活的程度，在平静与兴奋之间变化。

情绪二维理论的环形结构模式：横轴从不愉悦到愉悦（愉悦度），纵轴从不激活到激活（唤醒度），各种情绪都较为均匀地分布在圆环中，如图 10-1 所示。

记忆口诀："罗素 – 愉唤"——罗素在雨中呼唤。

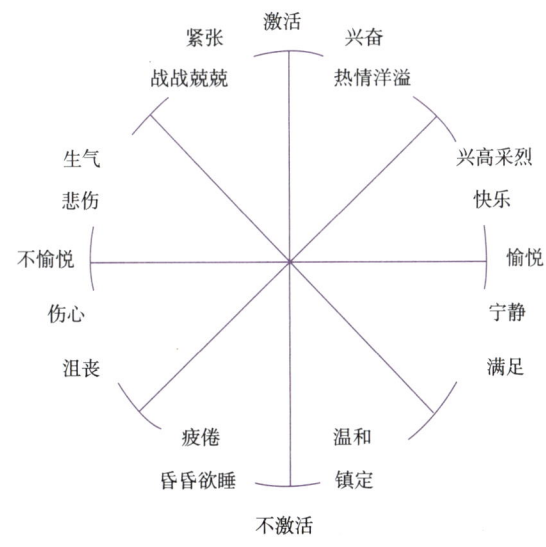

图 10-1　罗素的情绪二维模式图

（2）情绪的三维理论

①冯特认为，情绪是由愉快 – 不愉快、激动 – 平静和紧张 – 松弛三个维度组成的，每一种具体情绪分布在三个维度的两极之间的不同位置上。　　　　　　　　　　　　　　　　　 >> TIPS ⑦

记忆口诀："冯特 – 愉激紧"——冯特一来，虞姬很紧张。

②施洛伯格根据面部表情的研究提出，情绪有快乐－不快乐、注意－拒绝和激活－不激活三个维度，建立了一个三维模式图。
&gt;&gt; TIPS ⑧

③普拉切克提出，情绪具有强度、相似性和两极性三个维度，并用一个倒锥体来说明三个维度之间的关系。锥体截面划分为八种原始情绪，相邻的情绪是相似的，对角位置的情绪是对立的，锥体自下而上表明了情绪由弱到强的变化。
&gt;&gt; TIPS ⑨

（3）情绪的四维理论

伊扎德提出了情绪的四维理论，认为情绪有愉快度（主观体验的享乐色调）、紧张度（情绪的生理唤醒水平）、激动度（个体缺乏预料和缺乏准备的程度）和确信度（个体胜任、承受情绪的程度）四个维度。
&gt;&gt; TIPS ⑩

### 知识点 3　情绪与情绪状态的分类★★

**1. 情绪的分类**

情绪可分为基本情绪和复合情绪，其中基本情绪可分为积极情绪和消极情绪。

（1）基本情绪和复合情绪

①基本情绪

基本情绪是先天的，人和动物所共有的；每一种基本情绪都具有独立的生理机制、内部体验和外部表现，并有不同的适应功能。
&gt;&gt; TIPS ⑪

②复合情绪

复合情绪是由基本情绪的不同组合派生出来的。换句话说，复合情绪是由两种或者两种以上的基本情绪组合而成的情绪复合体。
&gt;&gt; TIPS ⑫

（2）积极情绪和消极情绪

①积极情绪

积极情绪是与接近行为相伴随产生的情绪，是当事情进展顺利、某种需要得到满足时的愉快的感受，如快乐、兴趣、满足和爱等。

积极情绪的作用：

a. 积极情绪有三个重要的适应功能，即支持应对、缓解压力、恢复被压力消耗的资源。

b. 积极情绪能拓宽注意范围、提高行动效率，有助于机体获得身体、智力和社会的资源。

c. 积极情绪会影响思维过程，促进高效率地思考和解决问题。

d. 积极情绪对人的社会行为有积极作用，如改善人际关系等。

记忆口诀："施洛伯格－愉激拒"——施洛伯格要来，虞姬拒绝。

记忆口诀："普拉切克－强相似"——普拉切克，非常相信。

记忆口诀："伊扎德－愉激紧确"——伊扎德一来，虞姬很紧觉。

基本情绪有哪些存在争议？艾克曼认为，基本情绪包括七种：快乐、愤怒、悲伤、恐惧、惊奇、厌恶和轻蔑；普拉切克认为，基本情绪包括八种：快乐、愤怒、悲伤、恐惧、惊讶、厌恶、期待和信任。在梁宁建版本和黄希庭版本中，都认为基本情绪包括四种：快乐、愤怒、悲哀和恐惧。

例如，焦虑是由恐惧、痛苦、愤怒组成的一种复合情绪。

②消极情绪

消极情绪是与回避行为相伴随产生的情绪,是指生活事件对人们心理上所造成的不愉快的感受,如痛苦、悲伤、愤怒、恐惧等。

消极情绪的作用:

a.适度的消极情绪是有益的,如在适度的焦虑情绪下,思考效率提高,反应加快。

b.强烈、持久的消极情绪对人的身心健康和社会适应是有害的。它能使人的认识范围缩小,不能正确评价自己行动的意义及后果,自制力减弱,工作和学习效率降低。

c.如果消极情绪长期得不到疏导,而个人的心理适应能力又不强,就可能引起心理疾病。

**2. 情绪状态的分类**

情绪状态是指在某种事件或情境的影响下,在一定时间内所产生的情绪。典型的情绪状态有以下三种:

(1) 心境 >> TIPS ⑬

①含义:心境是比较平静而持久的情绪状态,它具有弥漫性,即不是关于某一事物的特定体验,而是以同样的态度对待一切事物。

②持续时间的影响因素:引起心境的客观刺激的性质,人格特征。

③心境对人的生活、工作、学习等有很大的影响:

a.积极、乐观的心境,可以提高人的活动效率,增强信心,使人对未来充满希望,有益于健康;

b.消极、悲观的心境,会降低认知活动的效率,使人丧失信心。长期处在消极心境状态下,有损健康;

c.人的世界观、理想和信念决定心境的基本倾向,对心境有重要的调节作用。

(2) 激情

①含义:激情是一种强烈的、爆发性的、为时短促的情绪状态,通常由对个人有重大意义的事件引起。

②激情对人的生理、心理和行为都会产生较大的影响。

a.在生理层面,激情往往伴随着较为强烈的生理唤醒和明显的外部表现。

b.在心理和行为层面,从积极方面来看,激情可以激发动机,增强幸福感,提高实践活动的效率。

从消极方面来看,在激情状态下人往往会出现"意识狭窄"的现象,即认识范围缩小,理智分析能力减弱。在这种情况下,人容易冲动、失控,做出一些鲁莽甚至遗憾终身的行为。 >> TIPS ⑭

**TIPS ⑬**

例如,"人逢喜事精神爽"描述的就是愉快的心境;"感时花溅泪,恨别鸟惊心"描述的是悲伤的心境。心境体现了"忧者见之则忧,喜者见之则喜"的弥散性特点。

**TIPS ⑭**

例如,"范进中举"就是一种激情状态。犯罪心理学研究发现,有很多人是激情犯罪,在激情状态下,人出现意识狭窄,因此,很容易做出鲁莽的行为。

（3）应激

①应激是指人对某种意外的环境刺激所做出的适应性反应。应激是一种紧张而带有不愉快色调的情绪状态。　　　>> TIPS ⑮

②应激的产生与个体面临的情境及个体对自己能力的估计有关。一个人意识到自己无力应对当前情境的要求时，就会进进入应激状态。

③适应性综合征（塞里）：人在应激状态下会出现一系列的生理唤醒，如肌肉紧张度、血压、心率、呼吸以及腺体活动都会出现明显的变化，这些变化有助于机体适应急剧变化的环境。适应性综合征包括警觉、抵抗和衰竭三个阶段。

a. 警觉阶段：指机体在面临有威胁性的外界刺激时，会通过自身生理功能的变化来进行适应性的防御。

b. 抵抗阶段：指机体通过心率和呼吸加快、血压升高、血糖浓度增加等变化，充分调动潜能，以应对环境的突变。

c. 衰竭阶段：指有威胁、引起紧张的刺激继续存在，抵抗持续下去，此时必需的适应能力已经用尽，机体会被其自身的防御力量损害，结果出现适应性疾病。　　　>> TIPS ⑯

### 3. 情感的种类

（1）道德感

道德感是根据一定的道德标准在评价人的思想、意图和行为时所产生的主观体验。　　　>> TIPS ⑰

（2）理智感

理智感是在智力活动过程中，在认识和评价事物时所产生的情感体验。　　　>> TIPS ⑱

（3）美感

美感是根据一定的审美标准评价事物时所产生的情感体验，包括自然美感、社会美感和艺术美感。　　　>> TIPS ⑲

## 知识点 4　情绪与脑 ★

达格利什等提出了"情绪脑"的概念，它包括杏仁核、前额叶、扣带回前部、腹侧纹状体、脑岛和小脑等结构。

情绪的识别、产生和控制过程主要依赖两个神经网络系统的功能。

①腹侧系统：包括杏仁核、脑岛、腹侧纹状体和前额叶腹侧区，主要负责情绪的识别和产生，以及情绪的自动调节。

例如，突如其来的地震和水灾会引起人的应激反应。

人长期处在应激状态下会损害身体健康。研究者用社会再适应量表测量了应激源对人的健康的影响，结果发现人们在20世纪90年代体验到的压力水平明显高于20世纪60年代。

如果路上有位老年人摔倒了，你没有把他扶起来，可能你会觉得内疚，这就是一种道德感，因为我们的社会道德标准就是尊老爱幼。

探求事物的好奇心、渴求理解的求知欲、解决问题的质疑感、取得成就时的自豪感、对科学结论的确信感，都属于理智感。

欣赏自然景色时的心旷神怡就属于美感。

②背侧系统：包括海马、扣带回前部和前额叶背侧区，主要负责情绪的调控。

> **本节小结**
> 情绪是指个体对外界刺激的一种生理和心理的反应，由主观体验、生理唤醒和外部表现三种成分组成；情绪具有适应功能、动机功能、组织功能和社会沟通功能；冯特、施洛伯格、普拉切克提出了不同的情绪三维理论；伊扎德提出了情绪的四维理论；情绪可分为基本情绪和复合情绪，其中基本情绪可分为积极情绪和消极情绪；情绪状态包括心境、激情和应激；情感的种类包括道德感、理智感和美感；情绪的识别、产生和控制过程主要依赖两个神经网络系统的功能。

## 第二节　情绪的外部表现——表情

### 知识点 1　表情的含义和种类 ★

#### 1. 表情的含义

在情绪发生时，总会伴随着某种外部表现，即可观察到的某些行为特征，这些外部表现叫表情。

#### 2. 表情的种类

（1）面部表情

①面部表情通过眼部、颜面和口部肌肉的变化来表现各种情绪状态。

②艾克曼和弗里森的研究发现，人脸的不同部位具有不同的表情作用：眼睛对表达忧伤最为重要，嘴对表达快乐与厌恶最为重要，前额提供惊奇的信号，眼睛、嘴和前额等对表达愤怒情绪很重要。还有研究表明，口部肌肉对表达喜悦、怨恨的情绪比眼部肌肉重要，而眼部肌肉对表达如忧愁、惊骇的情绪比口部肌肉重要。

③达尔文认为，不同的面部表情是天生的、固有的，并且能为全人类所理解。艾克曼给不同国家和地区的被试呈现不同情绪面孔的照片，要求他们辨认每张图片的情绪，结果发现，被试在识别情绪照片时出现了高度的一致性，这说明表达基本情绪的面部表情具有跨文化的一致性。　　　　　　　　　　　　　　》 TIPS ①

（2）姿态表情

姿态表情是指通过人的身体姿态、动作变化来表达情绪。姿态表情通过学习获得，受不同文化的影响，包括身体表情和手势表情。

①身体表情是通过身体姿态的变化来表达。

**TIPS 1**

先天盲婴案例证明，先天盲婴可以显露同正常视觉婴儿同样的面部表情；跨文化的研究证明，不同民族的基本情绪表情是一致的；婴儿前语言发育阶段的基本情绪表情是不学而能的，这些证据都说明了基本情绪的面部表情的全人类普通性。

②手势通常和言语一起使用，表达赞成还是反对、接纳还是拒绝等。手势也可以单独用来表达情感、思想，或做出指示。

（3）语调表情

语调表情是指通过声音的高低、响度等组合模式来表达不同的情绪。

>> TIPS ②

## 知识点 2　表情识别 ★

### 1. 表情识别的含义

①表情识别是指从静态图像或动态视频中分离出特定的表情状态，确定被识别对象的情绪的过程。

②表情识别要快速存储和提取相应的情绪信息，对环境做出快速的适应性反应，这是一个自动化加工过程。表情识别是情绪理解的基础。

### 2. 面部表情的识别

①面部表情的识别通常是向被试呈现各种面部表情的照片，让他们判断是何种情绪。结果发现，最容易辨认的是快乐、痛苦；较难辨认的是恐惧、悲哀；最难辨认的是怀疑、怜悯。

②艾克曼等人开发了面部动作编码系统，为面部表情识别的研究奠定了基础。

>> TIPS ③

### 3. 姿态表情的识别

①姿态表情可以通过头部、躯干、四肢等部位来表达，其中最重要的是躯干姿势。

②姿态表情识别的研究一般采用身体姿态表情图片和视频，也有研究者采用全身运动姿态的光点图进行研究。结果发现，人们很容易从这种生物运动模式中识别出情绪。

③对姿态表情的识别是自动发生的。研究发现，肢体弯曲导致腿部运动和姿态变化，这对恐惧和愤怒姿态表情的识别很重要，而头部的倾斜对悲伤表情的识别尤为关键。

> **本节小结**
>
> 表情是情绪发生时所伴随的外部表现；表情的种类包括面部表情、姿态表情和语调表情；表情识别是指从静态图像或动态视频中分离出特定的表情状态，确定被识别对象的情绪的过程，有面部表情的识别和姿态表情的识别。

---

**TIPS ②**

面部表情、姿态表情和语调表情构成了人类的非言语交往形式，统称为体语。

**TIPS ③**

艾克曼开发的面部动作编码系统能够准确地把面部肌肉模式和不同的表情对应起来；艾克曼提出了微表情的概念，能较准确地捕捉情绪反应，他将面部动作编码与微表情相结合，用于测谎的实践。

## 第三节 情绪理论

### 知识点 1  情绪的早期理论 ★★★

**1. 詹姆斯-兰格理论/情绪的外周理论**

（1）主要观点

美国心理学家**詹姆斯**和丹麦生理学家**兰格**分别提出了观点基本相似的情绪理论，他们都强调**情绪的产生是自主神经系统活动的产物**。 >> TIPS ①

①詹姆斯认为，情绪是对**身体变化的知觉**。先有机体的生理变化，而后才有情绪。

②兰格认为，情绪是内脏活动的结果，特别强调情绪与血管变化的关系。

詹姆斯和兰格的基本观点都是**情绪刺激引起生理反应，而生理反应进一步导致情绪体验的产生**，如图 10-2 所示。 >> TIPS ②

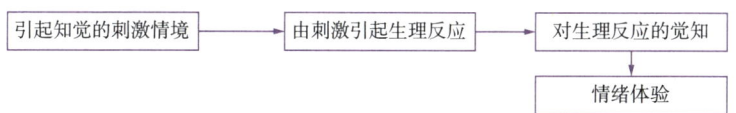

**图 10-2　詹姆斯-兰格情绪理论示意图**

（2）评价

①詹姆斯-兰格理论是第一个关于情绪的完整的心理学理论；提出了**情绪与机体生理变化**的直接联系，强调了自主神经系统在情绪产生中的作用；对情绪理论的研究起到了巨大的推动作用；后续研究部分支持了这个理论，如艾克曼的研究发现，当被试故意做出笑脸时，他会感到更加高兴，说明假装的表情可以引起面部肌肉的变化，进而引起与肌肉变化相一致的情绪。

②詹姆斯-兰格理论忽视了中枢神经系统对情绪的调节和控制。

**2. 坎龙-巴德学说**

（1）坎农对詹姆斯-兰格情绪理论提出了三个疑问

第一，机体的生理变化在各种情绪状态下并无多大差异，因此根据生理变化很难分辨各种不同的情绪。

第二，机体的生理变化受自主神经系统的支配，这种变化缓慢，不足以说明情绪瞬息变化的事实。

第三，机体的某些生理变化可由药物引起，但药物（如肾上腺素）只能使生理状态激活，不能产生某种情绪。

（2）主要观点

①坎龙-巴德学说认为情绪的中心不在外周神经系统，而在**中枢神经系统的丘脑**。 >> TIPS ③

---

 **TIPS ①**

詹姆斯提出了这样一个事实，人在做出反应之前通常并没有体验到情绪。例如，你正骑着你的摩托车，前方路口突然出现一辆大货车，此时你可能顾不得多想，只是迅速转动把手并在路边紧急刹车；停车后，你感觉到自己的心在怦怦跳，呼吸急促，四肢肌肉紧张，这时你才感到后怕：刚刚太悬了。因此，詹姆斯认为，情绪体验不是由刺激，而是由刺激反应之后产生的生理变化引起的。

 **TIPS ②**

根据詹姆斯-兰格情绪理论，情绪产生的过程：感受器接收到刺激情境这个信息到达大脑皮质，然后马上产生身体的反应，内脏器官收缩，骨骼与肌肉开始让人动起来，这种生理变化让人产生了情绪体验。例如，我们远远地看到了熊，开始逃跑，生理唤起，然后我们意识到了自己的身体反应，才感到了害怕。

 **TIPS ③**

坎龙-巴德认为，大脑皮质对丘脑的功能在一般情况下为抑制作用，当刺激引起的感觉信息传导大脑皮质时，释放了处于抑制状态的丘脑中枢，丘脑同时向大脑皮质和身体的其他部分输送神经冲动，神经冲动向上传至大脑皮质产生情绪的主观体验，向下传至交感神经引起机体的生理变化。坎龙-巴德的情绪理论从脑内寻求生理机制，并把情绪体验和情绪表现统一于丘脑的功能，因此也被称为丘脑学说。

②坎农进一步描述了这一神经系统的活动过程，由外界刺激引起感觉器官的神经冲动通过传入神经传至丘脑，再由丘脑同时向上、向下发出神经冲动，向上传至大脑并产生情绪的主观体验，向下传至交感神经而引起机体的生理变化（如血压升高、心跳加快、内分泌增多、肌肉紧张等），使机体进入应激准备状态。

③情绪体验和生理变化是同时发生的，它们都受到丘脑的控制。如图10-3所示。　　　　　　　　　　　　　>> TIPS ④

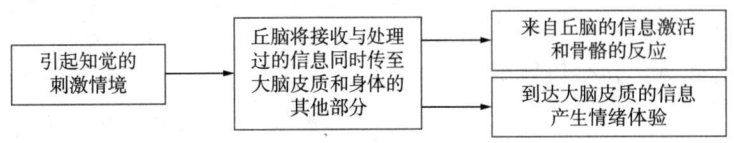

**图10-3　坎龙-巴德情绪理论示意图**

（3）评价

注意到了中枢神经系统在情绪产生中的作用；但是它认为情绪的控制中枢在丘脑，但当切除丘脑之后，动物仍有怒的反应，所以这种观点并不准确。

### 知识点 2　情绪的认知理论 ★★★

#### 1. 阿诺德的评定-兴奋学说

（1）主要观点

①评定-兴奋学说认为，刺激情境并不能直接决定情绪的性质，从刺激出现到情绪的产生，要经过对刺激的评定和估量。情绪产生的基本过程：刺激情境—评估—情绪。同一刺激情境，人对它的评估不同，会引起不同的情绪反应。

②阿诺德认为，情绪的产生是大脑皮质和皮质下组织协同活动的结果，**大脑皮质的兴奋是情绪产生最重要的条件**。

③情绪产生的理论模式：外界刺激作用于感受器，产生神经冲动，通过传入神经送至丘脑，在丘脑更换神经元后，再送到大脑皮质。在大脑皮质上，刺激情境得到评估，形成一种特殊的态度，这种态度通过传出神经将皮质的冲动传至丘脑的交感神经，进而发放到血管或内脏，所产生的变化使大脑皮质获得外周的反馈信息，大脑皮质把认知评价和外周生理反馈结合起来，使认识经验转化为被感受到的情绪。　　　　　　　　　　　　　　　　　>> TIPS ⑤

（2）评价

阿诺德将情绪的产生与高级的认知活动联系起来，为情绪的研究开辟了新的途径。

---

>> **TIPS ④**

坎龙-巴德的核心观点：外界刺激→丘脑（控制中心）→大脑（产生情绪）+自主神经系统（产生生理反应）；情绪反应和生理唤起是同时发生的；例如，人遇到危险的熊，大脑的活动就会同时引发生理的唤起、逃跑的动作和害怕的感觉。

>> **TIPS ⑤**

例如，在森林里遇到一头熊，人们会产生极大的惊恐；如果在动物园里看到熊，人们不但不会产生恐惧，反而会产生感兴趣和惊奇的情绪。这种情绪反应的区别来自对情境的评估过程，这种评估要经过大脑皮质，引起大脑皮质的兴奋。阿诺德通过认知评价-皮质兴奋的模式，把认知评价与外周生理反馈结合起来。例如，夜晚一个人走夜路时，黑夜中的环境经过大脑皮质的评估，会让人觉得不安全，意识到要赶紧走回去，于是加快了脚步，这种态度通过交感神经发放到血管和内脏，这时人会感觉到自己的心跳得更快，而大脑皮质通过对刺激情境的评估，同时结合自己心跳加快的生理反馈，意识到自己产生了害怕的情绪。

### 2. 沙赫特 – 辛格的情绪理论

（1）主要观点

①沙赫特 – 辛格的情绪理论认为，对特定的情绪来说，有三个因素是必不可少的：

a. 个体必须体验到高度的生理唤醒，如心率加快、手出汗、胃收缩、呼吸急促等。

b. 个体必须对生理唤醒进行认知性的解释；认知因素发挥关键作用。

c. 相应的环境因素必不可少。

②情绪状态是大脑皮质整合了认知过程、生理状态和环境因素后的结果。

环境中的刺激因素通过感受器向大脑皮质输入外界信息；生理因素通过内部器官、骨骼肌的活动向大脑输入生理状态变化的信息；认知因素是对生理唤醒的解释和对当前情境的评估，来自这三个方面的信息经过大脑皮质的整合作用，产生了某种情绪体验。

>> TIPS ⑥

（2）沙赫特的实验

①实验过程

研究者把被试分成三组：对他们全部注射同一种药物，并告诉被试注射的是一种维生素，使所有被试的生理唤醒状态相同，这样就便于操纵生理因素。

接着对三组被试做出三种不同的说明：告诉第一组被试：告知了正常的药物反应（正确告知组）；告诉第二组被试与真实效果完全不同的效果（错误告知组）；告诉第三组被试：药物是没有伤害的，也不告知效果（未告知组）。这样一来，三组被试对自己的生理状态做出了不同的认知解释，也就等于被研究者操纵了认知因素。

最后，把每组被试分成两组，并让两组被试分别进入两种实验情境中：一种情境能看到滑稽表演，就是一个愉快的情境；另一种情境逼迫被试回答无聊、烦琐的问题，并不时地指责，是一种惹人发怒的情境。这样就等于被研究者操纵了环境因素。

②实验结果

第二组和第三组的被试在愉快的情境中表现出愉快的情绪，在愤怒的情境中表现出愤怒的情绪，而第一组的被试在两种情境中都表现得比较冷静。

③原因解释

这是因为，第一组的被试能正确估计和解释后来的生理反应，并且将环境对人的影响也进行了认知解释，因而能够保持平静的情

**TIPS ⑥**

沙赫特接受了阿诺德的评定 – 兴奋学说中认知对情绪的影响，提出情绪的三因素理论（也被称为情绪激活归因理论），强调认知对环境和生理唤醒的评价过程是情绪产生的机制。当个体感受到内脏唤起，人们通过环境和认知加工对这些状态进行一定的解释。例如，当你被困在阻塞的车流中，你很可能将你的唤起解释为愤怒；当你正在参加一场重要的考试，你很可能将你的生理唤醒标记为焦虑。经典的"吊桥实验"进一步验证了沙赫特的观点。

绪对待周围环境的作用，而第二组和第三组的被试对真实的生理唤起反应的认知理解是错误的，因此他们没有第一组被试的认知理解，对情绪反应就随着环境的不同而变化。所以，情绪不是由生理的激活状态决定的，也不是由环境决定的，而是由个体对环境当中自己的生理唤醒状态的认知决定的，个体利用过去的经验和当前环境的信息对自身生理唤醒状态做出解释，正是这种解释决定了产生怎样的情绪。

（3）评价

①沙赫特将认知因素纳入情绪的产生中是对情绪认识的一个进步，对情绪的认知理论的发展起到了一定的推动作用。

②沙赫特的实验和理论也受到了批评，实验设计复杂，后人难以得出相同的结果，而且并不是所有的生理唤醒都需要进行认知评价。

### 3. 拉扎勒斯的认知-评价理论　》TIPS ⑦

（1）主要观点

①情绪是人与环境相互作用的产物。在情绪活动中，人不仅接收环境中的刺激事件对自己的影响，而且调节自己对刺激的反应。也就是说，情绪活动必须有认知活动的指导，只有这样，人们才可以了解环境中刺激事件的意义，才可能选择适当的、有价值的行为反应。

②情绪是个体对环境事件知觉到有害或有益的反应，因此，在情绪活动中，人们需要不断评价刺激事件与自身的关系，有三个层次的评价。　》TIPS ⑧

a. 初评价：人确认刺激事件与自己是否有利害关系，以及这种关系的程度。

b. 次评价：人对自己反应行为的调节和控制，主要涉及人们能否控制刺激事件，以及控制的程度，也是一种控制判断。在这种评价过程中，经验起重要作用。

c. 再评价：人对自己情绪和行为反应的有效性、适宜性的评价，实际上是一种反馈性行为。

（2）评价

拉扎勒斯的理论纠正了传统心理学将情绪与理智对立的观念。传统心理学认为，情绪是原始的、不可驾驭的，只有认知和理智才是人类特有的高级精神力量。拉扎勒斯的理论把情绪的产生与认知紧密联系在一起，是改变这一传统观念的重要理论支柱。

### 知识点 3　情绪的动机——分化理论　★★

情绪的动机-分化理论以伊扎德为代表，明确提出了情绪是基本动机的观点。　》TIPS ⑨

TIPS ⑦

拉扎勒斯的理论是在阿诺德理论的基础上的进一步扩展，因此在很多教材直接把这两个理论合称为认知-评价情绪理论。拉扎勒斯与阿诺德理论的区别在于，拉扎勒斯很少涉及情绪的生理方面，十分强调人与社会环境之间的相互作用。

TIPS ⑧

拉扎勒斯认为，要了解情绪，就要对反应成分进行分析；要了解情绪的来源，就要综合分析人和环境之间的关系。在同一种环境中，不同的人会产生不同的情绪，这是因为它对不同的人具有不同的意义，不同的意义是通过人的认知评价而来的，因此，情绪是对刺激物意义的反应，这个反应是通过认知评价完成的。

TIPS ⑨

情绪的早期理论和认知理论都强调了情绪的起源与发生，但都忽略了情绪的作用。情绪有什么功能？在整个心理过程中居于什么样的地位？由此，伊扎德提出了情绪的动机-分化理论。

### 1. 情绪是人格系统的成分之一

①伊扎德认为，人格系统由体内平衡系统、内驱力系统、情绪系统、知觉系统、认知系统和动作系统六个子系统组成。其中，情绪是人格系统的组成部分，也是人格系统的核心动力。

②**情绪具有动机的作用**，其中主观体验是发挥动机作用的心理机制，是驱动机体采取行动的力量。

### 2. 情绪的分化是进化过程的产物

①伊扎德从进化的角度出发，认为情绪的进化和分化与大脑新皮层体积的增长和功能的分化、面部骨骼肌肉系统的分化是平行的、同步的。

②伊扎德认为，情绪是分化的，具有不同体验和功能的具体情绪，又称基本情绪。这些具体情绪有动机的特征。他假定存在 11 种基本情绪，即兴趣、愉快、惊奇、悲伤、愤怒、厌恶、轻蔑、恐惧、害羞、自罪感与胆怯，它们组成了人类的情绪系统。

③每种基本情绪的体验都有其独特性。不同的情绪具有不同的内部体验，这种内部体验对认知与行为会产生不同的影响，具有灵活多样的适应功能，在机体的适应和生存中起着核心作用。也就是说，每种基本情绪都有其发生的渊源和特定的适应功能。

### 3. 情绪的三个子系统

情绪包含神经生理、表情、情绪体验三个子系统，它们相互作用和联结，并与情绪系统之外的认知、动作等人格子系统建立联系，实现情绪与其他系统的相互作用。  ▶▶ TIPS ⑩

### 4. 评价

①情绪的动机－分化理论从生物进化的观点出发，明确提出情绪是进化的产物，提出了情绪是分化的这一观点，深化了人们对情绪性质和功能的认识；同时，提出了情绪的适应功能，并进一步论述了情绪的动机功能，确立了情绪在人格中的地位，对深入认识情绪的本质有重要意义。

②情绪的动机－分化理论过分强调了基本情绪的先天性，有遗传决定论的倾向；同时，它提出情绪是人格系统的核心动力，有些夸大情绪的作用；过于庞大，相关实验依据不足。

**TIPS ⑩**

情绪的动机－分化理论从达尔文的进化观出发，解释了为什么情绪进化出这么多种类。因为物种在进化的过程中，情绪对个体的生存和发展起着至关重要的作用。例如，人在发怒时会咬牙切齿，这是因为动物在遇到敌人时，咬牙切齿可以吓跑敌人。每种情绪都有自己的动机功能，就像厌恶会引起回避的行为。

**本节小结**

情绪的理论分为情绪的早期理论、情绪的认知理论和情绪的动机－分化理论。情绪的早期理论包括詹姆斯－兰格理论和坎龙－巴德学说，都强调生理变化在情绪产生中的作用；情绪的认知理论包括阿诺德的评定－兴奋学说、沙赫特－辛格的情绪理论和拉扎勒斯的认知－评价理论，强调认知因素在情绪产生中的作用；伊扎德的情绪动机－分化理论强调情绪的动机和功能。

# 第四节　情绪智力与情绪调节

## 知识点 1　情绪智力 ★★

### 1. 情绪智力的含义和理论

①情绪智力是一种能力，包括监控、识别自己和他人的情绪，对情绪进行评估和调节，利用情绪促进思维发展等方面的能力。

②梅耶尔和萨洛维提出了情绪智力的四因素理论模型。这四个因素具体如下： >> TIPS ①

a. 情绪知觉、评价和表达的能力，处于最底层，是最基本的能力。

b. 情绪对思维的促进能力。

c. 理解、分析情绪，运用情绪知识的能力。

d. 对情绪自我调节的能力。

### 2. 情商

①巴昂提出了"情绪商数"（简称情商，EQ）的概念。情商可以代表一个人情绪智力的指数。

a. 戈尔曼认为，情商是个体的重要生存能力，是一种挖掘潜能、运用情感能力影响生活各个层面和人生未来的关键品质。

b. 戈尔曼针对职场的工作表现，提出情商架构，内容包括4大项和18小项，4大项分别是自我觉察、自我管理、社交觉察和人际关系管理。

②情绪胜任力问卷常用于工作情境中情商的测量。

## 知识点 2　情绪调节的含义和性质 ★

### 1. 情绪调节的含义

情绪调节是指个体对情绪体验、生理唤醒及表情进行监控、调整和修正，以达到动态平衡的过程，从而保证个体良好的适应性。

>> TIPS ②

它有两个方面的含义，即情绪调节的功能和情绪调节的过程。

①从功能上来说，它是指个体通过内部和外部的因素，重新定向、控制、调整和修正唤醒了的情绪，从而使得个体在情绪唤醒情境中适应性地发挥作用。

②从情绪调节的过程上来说，它是指个体对具有什么样的情绪、情绪什么时候发生、如何进行情绪体验与表达施加影响的过程。

### 2. 情绪调节的性质

①情绪调节可以是自主进行的（自我调节），也可以是外部给予的（外部调节）。

**TIPS 1**

情绪智力理论的提出使人们从理论上认识到，人是有能力调节和控制自己的情绪的，只是这种能力因人而异。情绪智力高的人，能够很好地觉察和意识到自己与他人的情绪状态，并能有效调节和控制自己的情绪；而情绪智力低的人，则较难觉察和意识到自己与他人的情绪状态，只能听任情绪的摆布，产生不良的情绪体验以及错误的行为表现。

**TIPS 2**

例如，愤怒时需要克制，悲伤时需要想一些开心的事情。

②情绪调节可以是有意识的调节，也可以是无意识的调节。

③情绪调节可以是对情绪效价的调节，也可以是对情绪动力性特征的调节。　　　　　　　　　　　　　　　　》TIPS ③

④情绪调节可以分为稳定的特质性情绪调节与暂时的状态性情绪调节。

例如，使消极情绪转换为积极情绪（效价的调节）、降低愤怒情绪的强度（动力性特征的调节）。

### 知识点 3　情绪调节的理论 ★★

#### 1. 防御机制理论

①精神分析学派提出，该理论认为情绪是冲动的，具有破坏性，是精神问题出现的根源。

②个体情绪的调节就是要通过行为和心理上的控制来降低消极情绪的体验，使个体尽可能不受到消极情绪的影响。

③情绪调节仅仅是降低消极情绪体验的防御机制。

#### 2. 情境理论

①情境理论认为情绪调节是为了更好地适应环境；个体在面对刺激情境时，能使用不同的情绪调节策略更好地适应环境。

②研究者把情绪调节分为以下两种类型：

a. 以问题为中心的应对：个体面对问题情境，经过努力解决了问题，从而降低情绪的紧张程度或压力，适用于情境可控时。

b. 以情绪为中心的应对：采用行为或认知调节策略，降低个体的情绪压力，适用于情境不可控时。

#### 3. 过程理论

过程理论把情绪调节看作一个过程。情绪调节的两阶段过程模型认为，情绪调节发生在情绪反应的不同阶段。

①发生在情绪反应之前的，是先行关注情绪调节，是从认知上改变个体对情绪事件的理解，从而改变情绪体验，称为认知重评。

②发生在情绪反应之后的，是反应关注情绪调节，对将要发生或正在发生的情绪表达进行抑制，调动个体的自我控制能力，控制情绪的表达，称为表达抑制。　　　　　　　　　　　　　》TIPS ④

### 知识点 4　情绪调节的策略和方法 ★

#### 1. 情绪调节的策略

（1）回避和接近策略

也称情境选择策略，是通过选择有利情境、回避不利情境来实现的。

（2）控制和修正策略

通过改变情境中各种不利情绪事件来实现的，从而控制情绪的

当一个孩子去参观动物园，他很害怕看到老虎。一方面，他可以改变对老虎的看法，比如老虎在笼子里不会对自己造成伤害，而且有的老虎并不凶，看上去很可爱（认知重评）；另一方面，如果看到老虎确实感到很害怕，就把害怕告诉在场的爸爸妈妈或者喊出来（表达抑制）。

过程或结果，这是一种更为积极的策略。

（3）注意转换策略

包括分心和专注两种策略。

①分心是将注意集中于与情绪无关的方面，或者将注意从目前的情境中转移；

②专注是对情境中的某一个方面长时间地集中注意，这时个体可以进入一种自我维持的状态。

（4）认知重评策略

通过改变对情绪事件的理解和评价而进行情绪调节。

认知重评试图以一种更加积极的方式来理解负性的情绪事件，是一种有效的情绪调节方式。

（5）表达抑制策略

①调动自我控制能力，抑制将要发生或正在发生的情绪行为，启动自我控制过程以抑制自己的情绪行为。

②在人际交往中，个体并非一定要压抑自己的情绪，有时也需要通过一定方式恰当地表达出来，如通过言语表达出来。当然，这种言语表达是有一定策略的表达。

（6）合理宣泄策略

承认不良情绪并把它适当地表达出来；有直接表达和间接表达两种。

①直接表达是指面对激发情绪的事物或人，直接表达自己情绪的一种调节方式。

②间接表达是通过一些替代物使情绪得到释放的一种调节方式。

### 2. 情绪调节的方法

（1）正念冥想

①正念冥想是个体有意识地把注意维持在当前内部或外部因素上，并对其不做任何判断的一种自我调节方法。

②正念冥想有三大要素：有意识的觉察、专注当下、不做主观评判。

>> TIPS ⑤

（2）自我暗示

①自我暗示是指通过语言和想象等进行自我刺激的心理过程，从而达到改变行为的目的。自我暗示是一种能在短时间内改变人们对生活的态度和期望的技巧。

②自我暗示可以通过以下几个方面进行：语言的自我暗示、动作和表情的自我暗示、环境的自我暗示。

（3）音乐调节

音乐调节分为主动调节和被动调节。

TIPS ⑤

冥想是坐下来专注于头脑，正念是带着这种清晰的念头去做事。

①主动调节是指被试主动参与音乐活动,大多采取合作的方式,成立合唱团或演奏团。

②被动调节是让被试欣赏音乐。　　　　　　　　>> TIPS ⑥

（4）建立社会支持系统

①建立良好的个人社会支持系统可以帮助人们缓解压力,促进心理健康。

②在个人社会支持系统中,**家庭**具有重要地位。

**TIPS ⑥**

缓解抑郁情绪的歌曲《步步高》《喜洋洋》《喜相逢》,缓解焦虑情绪的歌曲《梅花三弄》《春江花月夜》《流水》。如果有焦虑或抑郁的情绪,不妨听听看。

### 本节小结

情绪智力是一种能力,包括监控、识别自己和他人的情绪,对情绪进行评估和调节,利用情绪促进思维发展等方面的能力;梅耶尔和萨洛维提出了情绪智力的四因素理论模型;情绪调节是指个体对情绪体验、生理唤醒及表情进行监控、调整和修正,以达到动态平衡的过程,从而保证个体良好的适应性;情绪调节的理论有防御机制理论、情境理论和过程理论;情绪调节的策略包括回避和接近策略、控制和修正策略、注意转换策略、认知重评策略、表达抑制策略、合理宣泄策略;情绪调节的方法有正念冥想、自我暗示、音乐条件和建立社会支持系统。

## 名词总结

| | | | |
|---|---|---|---|
| 情绪 | 情绪的二维理论 | 情绪的三维理论 | 情绪的四维理论 |
| 基本情绪 | 复合情绪 | 心境 | 激情 |
| 应激 | 道德感 | 理智感 | 美感 |
| 表情 | 面部表情 | 姿态表情 | 语调表情 |
| 表情识别 | 詹姆斯-兰格理论 | 坎龙-巴德学说 | |
| 阿诺德的评定-兴奋学说 | | 沙赫特-辛格的情绪理论 | |
| 拉扎勒斯的认知-评价理论 | | 伊扎德的情绪动机-分化理论 | |
| 情绪智力 | 情绪调节 | 情绪调节的理论 | 情绪调节的策略 |

# 第十一章 智 力

## 知识导读

能力是人们经常挂在嘴边的一个词，例如，有人拥有出色的音乐才华，有人却五音不全，这些都是能力的不同。本章首先介绍了什么是能力和智力，能力的种类，能力知识和技能，能力、才能和天才的关系；接着介绍了不同取向的智力理论；然后介绍了智力的测量，最后介绍了智力发展的一般趋势、个体差异以及影响因素。

在心理学考研中，第一节主要以单选题、名词解释的考查形式居多；第二节是本章的高频考点，可以以单选题、多选题、简答题或案例分析的形式来考查，因此同学们不仅要理解并记忆各个理论的内容，还要能够结合案例进行分析；第三节主要以单选题或名词解释的形式考查居多，这部分内容与心理测量学的内容是重合的，建议同学们结合起来学习；第四节，不管是单选题、多选题或者是简答题，都能对此内容进行考查，因此同学们要全盘掌握。

## 知识地图

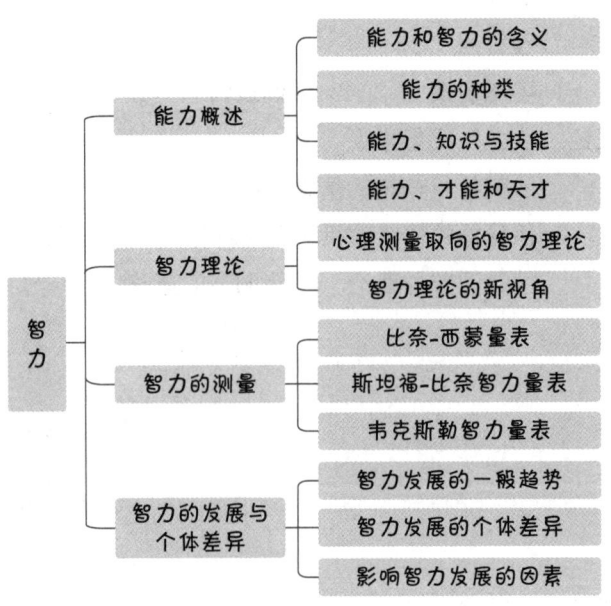

# 知识精讲

## 第一节 能力概述

### 知识点 1　能力和智力的含义 ★

**1. 能力的含义**

**能力**是顺利地完成某种活动所**必备**的心理特征，是直接影响活动效率的一种心理条件。通常把能力分为能力倾向和成就。 >> TIPS ①

能力包括两方面的内容，一方面是个体在某项任务或活动上<u>现有的成就水平</u>；另一方面是容纳、接受或保留事物的可能性，即个体具有的<u>潜力和可能性</u>。

**2. 智力的含义**

由于智力的复杂性，至今没有一个公认的定义。

多数心理学家倾向于把智力看作一般性的<u>综合认知能力</u>，包括从经验中学习、有效解决问题、运用知识适应新情境的能力。 >> TIPS ②

### 知识点 2　能力的种类 ★★

**1. 能力倾向和成就**

（1）能力倾向

能力倾向是指容纳、接受或保留事物的可能性，即一个人<u>潜在的能力</u>，是能预测个体在将来的活动中成功或失败的可能性的心理结构。能力倾向分为一般能力倾向和特殊能力倾向。

①**一般能力倾向**：指在<u>不同种类的活动中</u>都会表现出来的能力，如抽象推理能力、工作记忆能力、语言理解能力等，其中<u>抽象推理能力是一般能力倾向的核心</u>。 >> TIPS ③

②**特殊能力倾向**：指在<u>某种专业活动中</u>表现出来的能力，与是否顺利完成特定的专业活动密切相关。

（2）成就

成就是指一个人通过经验和学习而<u>获得的知识或者技能</u>。

①**知识**：人们对实践经验或实践活动的认知成果，是通过人与客观事物的相互作用而形成的。安德森从信息加工的角度，将知识分为陈述性知识（"是什么"的知识）和程序性知识（"怎么做"的知识）。

②**技能**：指经过练习而获得合乎法则的认知活动或身体活动的动作方式。按活动方式的不同，技能分为操作技能和心智技能。 >> TIPS ④

不能仅根据一个人目前已经掌握的知识或者技能的多少去简单地

---

**TIPS ①**

例如，对从事音乐活动的个体来说，音乐的节奏感和曲调感是必不可少的，缺少这些心理特征，就无法顺利完成此项活动，这些心理特征就是能力；谦虚、骄傲、活泼等不是顺利完成某种活动必不可少的心理特征，因此不能称为能力。

**TIPS ②**

智力的定义涵盖两层含义：一是具备处理各种形式的信息和解决各种认知问题的能力，二是快速有效地学习如何处理新问题的能力。后者也是人类的智力与人工智能目前最大的区别。随着人工智能的发展，人工智能在某些任务上表现得比人类更快、更准确。但是当面临全新的问题情境时，人工智能目前还难以将抽象的概念或规则轻而易举地进行远迁移。

**TIPS ③**

一般能力倾向本质上就是智力（也称一般能力）。有些教材上把一般能力倾向和特殊能力倾向称为一般能力和特殊能力。

**TIPS ④**

例如，体操、书写、骑自行车等属于操作技能，默读、心算、写作等属于心智技能。

断定这个人能力的高低。一个人的能力可能在接受了良好的教育后充分表现出来，也可能因缺乏适当的教育环境而暂时没有表现出来。

**2. 模仿能力和创造能力**

①模仿能力：是指人们通过观察别人的行为、活动来学习各种知识，然后以相同的方式做出反应的能力。模仿是动物和人类的一种重要的学习能力。

②创造能力：是指产生新思想和新产品的能力。动物能模仿，但不会创造，创造能力是人类独有的。

**3. 认知能力、操作能力和社交能力**

①认知能力：指人脑加工、储存和提取信息的能力，即人们一般讲的智力。

②操作能力：指人们操作自己的肢体以完成各项活动的能力，如体育运动能力。

③社交能力：人们在社会交往活动中表现出来的能力，如组织管理能力、决策判断能力等。

### 知识点 3　能力、知识与技能 ★★

**1. 能力、知识、技能的区别**

（1）能力、知识和技能属于不同范畴

①能力是个体顺利完成某种活动所必备的心理特征，经常、稳定地表现出来，属于个性心理特征的范畴。

②知识是人对客观事物和现象的特征、联系与关系的反映，是心理活动的对象与内容之一。知识属于人的心理活动过程的范畴。

③技能是个体在获得知识的基础上，运用某种活动的方式。技能属于心理活动方式的范畴。

（2）能力、知识和技能具有不同的概括水平

①知识和技能虽具有概括性，但对某些知识或某种具体技能来说，仍比较具体。

②能力是对人的心理活动过程、活动方式和知识活动获得的概括，相对来说较为抽象。

（3）能力、知识和技能的发展水平不同步

①相对来说，知识的获得要快些；技能需要有个练习过程；能力的形成与发展比知识获得和技能掌握要晚些。

②知识随年龄增长而不断积累，能力随年龄增长具有发展、停滞和衰退的过程。

③不同的人可能具备相同水平的知识、技能，但能力却不一定相同。

### 2. 能力、知识、技能的联系

①能力的形成与发展依赖于知识、技能的获得。随着人的知识、技能的积累，人的能力也会不断提高。

②能力的高低又会影响到掌握知识、技能的水平。一个能力强的人较易获得知识和技能，他们付出的代价也比较小；而一个能力较弱的人可能要付出更大的努力才能掌握同样知识和技能。所以，从一个人掌握知识、技能的速度与质量上，可以看出其能力的大小。

③能力是掌握知识、技能的前提，又是掌握知识、技能的结果。两者是互相转化、互相促进的。

④正确理解能力与知识、技能的关系，有助于科学地传授知识、培养技能、发展能力，这对社会进步和个人发展具有重要意义。

>> TIPS ⑤

### 知识点 4  能力、才能和天才 ★

①人们要完成某种活动，往往不是依靠一种能力，而是依靠多种能力的结合，这些能力互相联系，保证了某种活动的顺利进行。**才能就是多种能力的结合**。

>> TIPS ⑥

②能力的高度发展称为天才，**天才是能力的独特结合**，它使人能顺利地、独立地、创造性地完成某些复杂的活动。天才往往结合着多种高度发展的能力。

>> TIPS ⑦  >> TIPS ⑧

#### 本节小结
能力是顺利地完成某种活动所必备的心理特征，是直接影响活动效率的一种心理条件；智力是一种一般性的综合认知能力，包括从经验中学习、有效解决问题、运用知识适应新情境的能力；能力可以分为能力倾向和成就，模仿能力和创造能力，认知能力、操作能力和社交能力；能力、知识与技能密切联系；才能是多种能力的结合，天才是才能在某一方面高度完备的发展。

## 第二节　智力理论

### 知识点 1  心理测量取向的智力理论 ★★★

心理测量取向的智力理论往往以**智力测验**为工具，采用**因素分析**、相关分析等统计方法，探索智力的**个体差异**以及这些差异产生的原因，从测验结果中分析出不同的智力因素，以此来构建**智力的结构**。

>> TIPS ①

#### 1. 桑代克的独立因素说

①桑代克认为，**人的智力是由许多独立的成分构成的**。

---

**TIPS ⑤**

要发展能力，就应从掌握知识、技能入手，并在获得和掌握知识、技能的同时关注其能力的培养。教师可通过教学活动创造有利条件，促进学生在掌握知识和技能的过程中发展能力，只有这样，能力才会随知识与技能的增长而发展。

**TIPS ⑥**

例如，学生解答数学问题，就需要对相关数字迅速概括的能力、运算过程中思维活动迅速"简化"的能力，以及灵活进行正逆运算的能力等。这些能力就属于该学生的数学才能。

**TIPS ⑦**

例如，马克思、恩格斯等都是天才人物，他们的共同特征是能够高效率、创造性地解决前人未曾解决的问题，无论是一般能力还是特殊能力，都达到了创造性的高水平。

**TIPS ⑧**

知识点3和知识点4在《普通心理学》第六版都已删除，但在黄希庭版本和梁宁建版本中均有，真题中也曾涉及该知识点的考查，因此在这里进行介绍，同学们可稍作了解。

**TIPS ①**

因素分析是一种解释多个外显变量之间相关的统计模型，主要用于实现两个目的：解释指标间的相关性和简化数据。例如，在词汇任务上表现好的人通常在段落理解上也表现出色，那么就说明这两种任务指标都受到了同一种潜在能力，即语言智力的影响。

②根据独立因素，各种能力之间没有任何联系，智力的发展只是单个能力的发展。

③独立因素很快受到人们的批评，心理学家们很快发现，当人们完成不同的认知作业时，他们所得到的成绩具有明显的相关性，这说明各种智力之间并不是互相独立的。

### 2. 斯皮尔曼的二因素说

①斯皮尔曼运用因素分析的方法，认为能力包括两个因素。

a. 一般能力或一般因素（g因素）：每种心智活动所共同具有的。这种能力会对任何与智力有关的任务表现产生影响。相关研究发现，g因素主要取决于工作记忆或它的某些方面。

b. 特殊能力或特殊因素（s因素）：在完成某些特定的心智任务时所需要的独有因素。

②人们在完成任何一种心智任务时，都有g和s两种因素参加，如图11-1所示。　　》TIPS ②

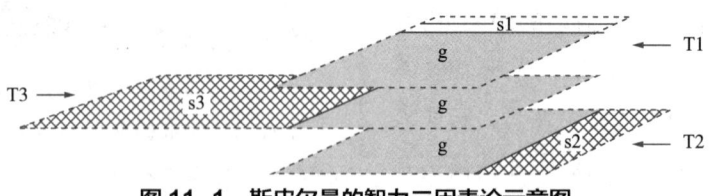

**图11-1　斯皮尔曼的智力二因素论示意图**

③评价：斯皮尔曼的二因素说对理解能力结构有重要启发，区分一般因素与特殊因素，为研究一般能力与特殊能力的实质及其相互关系，制定测量方法奠定了基础。但是，斯皮尔曼将一般因素与特殊因素绝对对立起来，没有看到两者之间的关系，不太科学。

### 3. 瑟斯顿的群因素说

①瑟斯顿认为，人的智力应该包括多种独立的基本能力因素，这些因素通过不同的搭配，最终构成每个人独特的智力整体。

②瑟斯顿采用因素分析方法，提出了7种基本心理能力。

a. 言语理解：理解词语含义的能力。

b. 语的流畅性：对语言迅速反应的能力。

c. 数字运算：迅速正确计算的能力。

d. 空间关系：方位辨别及空间关系判断的能力。

e. 联想记忆：机械记忆的能力。

f. 知觉速度：凭知觉迅速辨别事物异同的能力。

g. 一般推理：根据经验做出归纳推理的能力。　　》TIPS ③

---

**TIPS ②**

完成一个数学推理作业需要g+s1，完成语言推理作业则需要g+s2，完成一个机械作业需要g+s3。这几个测验的结果出现正相关，是由于每个作业中都包含一个g因素，但三者又不完全相关，因为每个作业都包含不同的、无联系的s因素。由此，斯皮尔曼提出g因素是能力结构的基础与关键，是一切能力活动的主体，因此二因素论的本质是唯g因素的"单因素论"。

**TIPS ③**

记忆口诀："理畅数间记度推"——李畅有很多间房，需要按照季度推出去。

③瑟斯顿在其后来的理论中修改了关于各因素之间独立性的看法，提出了二阶因素的概念，即在彼此相关的第一阶因素的基础上，再进行因素分析，提取高阶的共同因素，这样群因素论就与二因素论趋于融合了。

**4. 吉尔福特的三维智力结构理论**

①吉尔福特的三维智力结构模型认为，智力应当包括三个维度：内容、操作和产品，如图11-2所示。

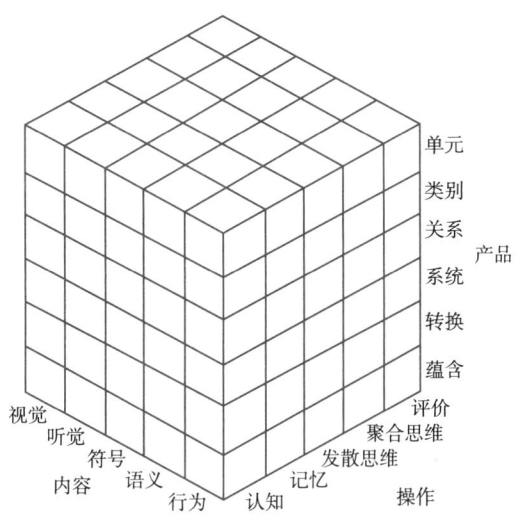

**图11-2 吉尔福特的智力三维结构理论示意图**

a. 智力活动的内容：是智力活动的对象或材料，包括视觉、听觉（我们所听到、看到的具体材料，如听到的音乐和言语，看到的大小、形状等）、符号（字母、数字及其他符号）、语义（语言的意义）和行为（自己和别人的行为）五类。　　>> TIPS ④

b. 智力活动的操作：是智力活动的过程，它是由上述种种对象或材料引起的，包括认知（理解、再认）、记忆（保持）、发散思维（对一个问题寻找各种答案）、聚合思维（对一个问题寻找最好、最适当的答案）和评价（对一个人的思维品质做出某种判断）。
　　>> TIPS ⑤

c. 智力活动的产品：指运用智力操作得到的结果，这些结果可以形成单元，或被归为类别，也可以表现为关系、系统、转换和推断。　　>> TIPS ⑥

②由于三个维度和多种形式的存在，人的智力可以在理论上区分 5×5×6=150 种，这些不同的智力可以分别通过不同的测验来检验。

③评价：该模型同时考虑到智力活动的内容、过程和产品，对智力测验工作起了重要的推动作用。　　>> TIPS ⑦

记忆口诀："腐乳是挺行"——符号-语义-视觉-听觉-行为，联想腐乳是挺好吃的。

记忆口诀："任意聚散瓶"——认知-记忆-聚合思维-发散思维-评价，腐乳又很好装，无论拿碗聚在一起装还是散的瓶子都可以装。

记忆口诀："单类关系还愿"——单元-类别-关系-系统-转换-蕴含，单独说这个关系就是为了还愿。

例如，如果让受测者将英文单词翻译成中文，那么智力活动的内容就是语义，采用的智力操作就是认知，智力活动的产品就是单元，即按照正确翻译的词汇数量来计算成绩。

#### 5. 阜南（弗农）的智力层次结构理论

①阜南继承和发展了斯皮尔曼的二因素说，认为能力的结构是按层次排列的，如图11-3所示。

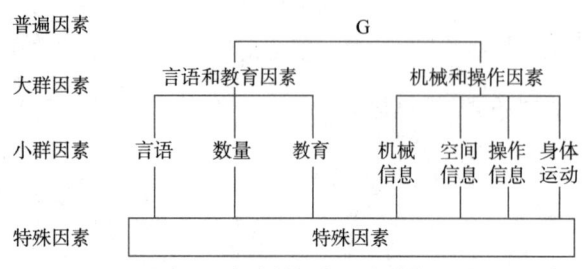

**图 11-3　阜南的智力层次结构理论**

a. 智力的最高层次是一般因素（G）。

b. 第二层次分两大因素群，即言语和教育因素、机械和操作因素。

c. 第三层为小因素群，言语和教育因素由言语、数量、教育等因素组成，机械和操作因素由机械信息、空间信息和操作信息等因素组成。　　　　　　　　　　　　　　　　>> TIPS ⑧

d. 第四层次为特殊因素，即各种各样的特殊能力。

（2）评价：继承了斯皮尔曼的二因素说，也扩展了二因素说的内容，增加了大因素群和小因素群，尤其是大因素群分为言语和教育因素以及机械和操作因素，得到了脑科学研究结果的支持，即大脑左半球以言语机能为主，右半球以空间操作机能为主，从而明显改变了将一般因素和特殊因素相互对立的状况。

#### 6. 卡特尔的流体智力和晶体智力说　　>> TIPS ⑨

（1）流体智力

①含义：指信息加工和问题解决过程中所表现出来的能力，如对关系的认识、类比、演绎推理的能力，形成抽象概念的能力等。流体智力属于人的基本能力，较少依赖于文化和知识内容，而主要取决于个人的禀赋。

②发展趋势：一般人在20岁以后，流体智力发展达到顶峰；30岁以后，流体智力逐渐下降。

③流体智力属于人类的基本智力，其个体差异受教育文化的影响较小。因此，在编制适用于不同文化的所谓文化公平测验时，多以流体智力为不同文化背景下智力比较的基础。

（2）晶体智力

①含义：指经过教育培养，通过掌握社会文化经验而获得的智力，由个体习得的知识、技能以及将它们用于特定情境的能力组成。

记忆口诀：言语的数量要通过教育，机械空间要通过操作。

要注意区分流体智力和晶体智力：流体智力主要是先天能力，是随神经系统的成熟而提高的，由于这种智力几乎可以转换到一切活动中，所以称之为"流体"智力；晶体智力是以习得经验为基础的认知能力，表现为经验的结晶，因此称之为"晶体"智力。可以把流体智力想象成与生俱来的，因此会随着岁月而流逝；而晶体智力需要后天的不断打磨，因此一生都在发展。

例如，自然常识、名词解释、数字计算等，主要取决于后天学习。

②发展趋势：晶体智力在人的一生中一直都在发展和变化，只是 25 岁以后发展速度渐趋平缓。

### 知识点 2　智力理论的新视角 ★★★

智力理论的新视角将因素分析与认知心理学视角相结合来理解智力，将智力看作个体为了达到某种目的，在一定的心理结构中进行的信息加工，包括从感觉输入到转换、精简、加工、存储、提取和使用的全部过程。

此外，社会环境对智力的影响逐渐被纳入智力理论，研究者开始重视在现实环境中解决实际问题的能力。

#### 1. 加德纳的多元智力理论　》TIPS ⑩

①加德纳通过对脑损伤患者的研究及对智力特殊群体的分析，提出多元智力理论。认为智力的内涵是多元的，由八种相对独立的智力成分构成。

》TIPS ⑪

a. 语言智力：包括阅读、写文章或小说以及日常会话的智力。

b. 逻辑 - 数学智力：包括数学运算与逻辑思考的智力，如做数学证明题、逻辑推理等。

c. 空间智力：包括认识环境、辨别方向的智力，如查阅地图等。

d. 音乐智力：包括对声音的辨别与韵律表达的智力，如拉小提琴或写一首曲子等。

e. 运动智力：包括支配肢体完成精密作业的智力，如打篮球、跳舞等。

f. 人际智力：包括与人交往且能和睦相处的智力，如理解别人的行为、动机或情绪。

g. 自知智力：包括认识自己并选择自己生活方向的智力。

h. 自然智力：包括各种认识、感知自然界事物的智力；如敏锐地觉察周围环境的改变，善于将自然界中看似无关的基本元素有机联系起来，对生物和环境感兴趣，向往自然等。

（2）评价：加德纳的多元智力理论在教育领域引起广泛关注，学校教育若能从多元智力角度分析每一位学生可能存在的智力元素，有的放矢地培养，将有助于激发学生的积极性，使其潜能得到充分发挥；同时，将有助于挖掘和展现学生各自的智力优势，增强学习上的成功体验，减少社会资源的浪费。

#### 2. 斯滕伯格的三元智力理论

①斯滕伯格认为一个完备的智力理论必须说明智力的内在成分、

有些"白痴学者"，虽然智商低、语言能力差、自闭，但在某个方面具有十分出色的能力，如计算速度和准确性与计算机差不多。加德纳认为，这些事实充分说明，智力是多元的，并且各个智力成分是相对独立的，某些智力落后并不影响其他方面的智力优势。

记忆口诀，联想小学课程表："语数 - 音体美 - 社会 - 品德 - 自然"——学好语文、数学、音乐、体育（运动智力）和美术（空间智力），社会（人际智力）要求的品德（自知智力）自然就有了。

这些智力成分与经验的关系，以及智力成分的外部作用，这三个方面构成了智力成分亚理论、智力情境亚理论和智力经验亚理论。

A.智力成分亚理论/成分智力：认为智力包括三种成分及相应的过程，即元成分、操作成分和知识获得成分。　　>> TIPS ⑫

a.元成分：用于计划、控制和决策的高级执行过程。元成分起核心作用，决定了解决问题时使用的策略。

b.操作成分：表现在任务的执行过程中，接收刺激并将信息保存在短时记忆中进行比较，负责执行元成分的决策。

c.知识获得成分：指获取和保存新信息的过程，负责接收新刺激，做出判断与反应，以及对新信息的编码与储存。

B.智力情境亚理论/情境智力：认为智力是获得与情境拟合的心理活动，表现为适应环境、塑造环境和选择环境的能力。在不同的智力情境下，人可产生不同的智力行为。　　>> TIPS ⑬

C.智力经验亚理论/经验智力：智力包括两种能力，一种是处理新任务和新环境时所要求的能力，另一种是信息加工过程自动化的能力。　　>> TIPS ⑭

②评价：该理论强调了社会文化及个体经验对智力的影响，阐述了智力活动的内在机制，阐述了智力与环境的关系，加深了对智力的认识，对了解智力的实质、开发智力都有重要意义。但是，该理论没有说明三种智力成分之间的关系，没有详细阐述智力中涉及的具体认知过程。

**3. 斯滕伯格的成功智力理论/智力的三因素理论**

①斯腾伯格认为，成功智力是一种用以达到人生中主要目标的能力。成功智力包括分析性智力、创造性智力和实践性智力三个方面。　　>> TIPS ⑮

a.分析性智力：是我们用来解决问题的关键，涉及对问题的正确表征以及对信息的加工处理过程。分析性智力与学业紧密相关，使用传统的智力测验就能很好地测量。　　>> TIPS ⑯

b.创造性智力：与创造力关系密切，涉及发现、创造、想象和假设等创造性思维的能力；体现的是一个人能否创造性地解决问题。

c.实践性智力：涉及运用知识解决实际生活中的问题的能力，它被喻为街头智慧，因为它通常来自个体自身的生活。我们在特定文化中习得生活经验，并用它来解决实际生活问题。实践性智力能比其他类型的智力更好地预测学业及工作表现。

②智力的三因素理论强调智力是一个有机整体，用分析性智力发现好的解决办法，用创造性智力找对问题，用实践性智力解决实

智力成分亚理论阐明个体智力与其内在活动的关系，描述了智力内部的过程是怎样的。例如，在写论文时，首先要计划写哪个方面的内容，每一步怎么进行（元成分），然后要查阅相关的文献和资料（知识获得成分），接下来着手开始写（操作成分）。

智力情境亚理论阐述个体智力与其环境之间的关系，主要处理个体与外部环境之间的关系。例如，区分有毒植物和无毒植物是以狩猎、采集为生的部落中人们的情境智力，而就业面试则是工业化社会中人们重要的情境智力。

智力经验亚理论阐明个体智力与经验之间的关系，主要处理个体解决新问题以及随着经验的增加而将这种认知活动自动化的能力。例如，二次考研的同学在复习中遇到问题，能够很好地利用自己的经验分析情况并解决新问题；经过多次解决某些问题后，能够不假思索地、自动启动程序来解决问题。

成功智力与传统的智力测验所测量和体现的学业智力有本质的区别；学业智力是惰性化智力，只能对学生在学业上的成绩做出部分预测，与现实生活的成败较少产生联系；在现实生活中真正起作用的是不断修正和发展的成功智力。

在阅读文章、解答数学题目时要用到的分析、判断、比较等技能都属于分析性智力。

际问题，只有这三个方面协调、平衡时才有效获得成功智力。

③评价：一方面，该理论可能夸大实践性智力与传统智力理论的差异，传统的智力测验结果可以较好地预测一个人的职业发展潜能、收入、职业声望等现实的结果；另一方面，有研究表明，分析性智力、创造性智力以及实践性智力测验的结果之间存在高度相关，并且和标准智力测验的结果也相关。研究者认为，三种测验测量的可能是相同的认知过程，即证实了g因素的存在。 » TIPS ⑰

**4. 智力的PASS模型**

①纳格利尔里和达斯从**动态层面**深入分析智力活动的内在过程，认为应该把智力视为一个完整的认知活动系统。 » TIPS ⑱

② PASS是指"计划—注意—同时性加工—继时性加工"，它包含了三层认知功能系统和四个认知加工过程。

a. **计划系统**：处于**最高**层次；负责计划、监控、调节和评价等高级功能。

b. **同时性加工和继时性加工**统称为信息加工系统，处于**中间**层次。其中，同时性加工是指对输入的各种刺激同时进行加工，产生一个整合的表征；继时性加工是指对输入的各种刺激依次进行加工。同时性加工和继时性加工协同进行。

c. **注意系统又称注意-唤醒系统**，处于最底层，可使大脑处于一种合适的工作状态。

③三个认知功能系统之间相互作用，相互影响，存在动态的联系。

④评价：智力的PASS模型突显计划在智力活动中的重要作用，为揭示人类的智力实质提供了新途径；PASS模型以机能联合区为基础，机能联合区又有其生理和解剖基础，使得PASS模型的实证性和可靠性高于其它智力理论，并非只是纯思辨的理论建构。

**5. 智力结构理论的新进展—智力的CHC模型** » TIPS ⑲

① CHC理论采用了卡罗尔认知能力三层模型中的三层框架，也吸收了卡特尔-霍恩智力模型中流体智力和晶体智力的概念。

②在HC理论模型中，认知能力被分为具有不同广度的三个层级，层级反映了认知能力的一般性程度。

a. **最高层**：第三层，代表**最一般的能力水平**，涉及高层次的复杂认知加工，是一般因素的代表。

b. **第二层**：也称广泛能力，是人们**最熟知的一些能力**，包括液体智力、晶体智力、定量知识、阅读和写作能力、短时记忆、视觉加

在《普通心理学》第五版中，智力的三元理论包括智力成分亚理论（包括元成分、操作成分和知识获得成分）、智力情境亚理论、智力经验亚理论，在《普通心理学》第六版中，这种说法已经删除，只有成功智力的相关内容。

PASS模型的理论基础源于信息加工的认知心理学和鲁利亚的机能系统学说。

随着认知心理学的兴起，认知能力被看作人类智力的核心，研究焦点集中在认知能力包含哪些因素以及如何有效地测量这些因素。

工、听觉加工、长时储存和提取、加工速度，以及决策/反应速度。每种广泛能力又都包括不同的"狭窄能力"。

　　c. 最底层：第一层，包括了约70个可以直接测量的狭窄能力；它们按照一定的组织方式从属于第二层的广泛能力。　　>> TIPS ⑳

**本节小结**

　　心理测量取向的智力理论采用因素分析等方法来构建智力的结构，包括桑代克的独立因素说、斯皮尔曼的二因素说、瑟斯顿的群因素说、吉尔福特的三维智力结构理论和阜南的智力层次结构理论以及卡特尔的流体智力和晶体智力说。智力理论的新视角从认知加工的角度来探讨，智力对人们的认知活动有什么样的作用，包括加德纳的多元智力和理论、斯滕伯格的智力三元素理论、斯滕伯格的成功智力理论和智力的 PASS 模型。关于每种智力理论的分类，并不是智力提出者本人认为的分类，而是后人为了更方便整理和归纳，对其进行的分类，因此不同教材的归类有所差异，同学们无须纠结。

## 第三节　智力的测量

**知识点 1　比奈－西蒙量表 ★★**

　　①世界上第一个正式的智力测验工具是比奈－西蒙量表，它是第一个采用复杂任务来测量高级心理过程的测验量表。

　　②比奈－西蒙量表首创了心理年龄的概念。

　　a. 心理年龄或智力年龄是根据被试在每个年龄水平上答对多少个测验题目确定出来的年龄。

　　b. 心理年龄是对智力的绝对水平的度量，说明一个儿童的智力实际达到了哪种年龄。　　>> TIPS ①

**知识点 2　斯坦福－比奈智力量表 ★★**

　　①美国斯坦福大学教授推孟将比奈－西蒙量表修订为斯坦福－比奈智力量表。

　　②目前，人们采用德国心理学家施特恩所提出的新概念——智商来表示智力水平的高低。

　　智商即智力商数（比率智商），是根据智力测验的成绩所计算出的分数，是个体的心理年龄与实际年龄的比值，其计算公式为　　>> TIPS ②

$$智商（IQ）= \frac{心理年龄（MA）}{实际年龄（CA）} \times 100$$

该理论为教材中的阅读材料，考虑到往年阅读材料中也有在真题中进行考察，因此在此介绍，供同学们了解学习。

比奈－西蒙先将量表题目根据难度进行年龄分组，然后根据儿童在量表上通过的题目层次及题目数确定儿童的心理年龄；心理年龄的大小并不能确切地说明一个儿童的智力发展是否超过了另一个儿童。

由于人的实际年龄逐年增加，但其智力发展到一定阶段却基本稳定在一个水平上，这样采用比率智商来表示人的智力水平，智商将会逐渐下降，这与智力发展的实际情况不符。

### 知识点 3  韦克斯勒智力量表 ★★

①韦克斯勒编制了若干个智力量表。

a.韦克斯勒成人智力量表：适用于 16 岁以上的成人。

b.韦克斯勒儿童智力量表：适用于 6~16 岁的儿童。

c.韦克斯勒学前和小学儿童智力量表：适用于 4~6.5 岁的儿童。

②韦克斯勒量表的第二版包括言语和操作两个分量表，可以分别测量个体的言语能力和操作能力。其不仅可以测量总体水平（总智商），还可以得到言语智商和操作智商。

③采用离差智商的概念。由于人的智力水平符合正态分布，大多数人的智力处于中等水平，因此，韦克斯勒将智商的平均值设定为 100，一个分数离平均值越远，获得该分数的人数就越少，人的智商从最低到最高的变化范围很大，其标准差设定为 15。这样，一个人的智力水平就可以用其测验分数在同龄人中的测验分数分布中的相对位置来表示，公式为

$$IQ=100+15Z$$

式中，$Z=\dfrac{X-\bar{X}}{S}$，$Z$ 代表标准分数；$X$ 代表个体的测验分数；$\bar{X}$ 代表团体的平均分数；$S$ 代表团体分数的标准差。　　》TIPS ③

### TIPS ③

离差智商是对个体的智商在其同龄人中的相对位置的度量，不受个体年龄增长的影响，但也容易造成对智力的绝对水平的误解。例如，一个人的离差智商在 70 岁和 30 岁时都是 100，而智力的绝对水平并不相同，70 岁时的智力会比 30 岁时的智力低一些。

**本节小结**

比奈-西蒙智力量表是第一个正式的智力测验工具，根据心理年龄来度量智力的绝对水平；推孟修订了比奈-西蒙智力量表形成了斯坦福-比奈智力量表，提出了智商的概念，即个体的心理年龄与实际年龄的比值；韦克斯勒根据不同的年龄阶段编制了一系列的量表，该量表包含言语和操作两个分量表；韦克斯勒采用了离差智商的概念，离差智商是用一个人的测验分数在同龄人的测验分数分布中的相对位置来表示其智力水平。本节内容在心理测量学科目中有详细介绍，建议需要考心理测量学的同学们结合本套书中的《心理测量学》进行理解学习。

## 第四节　智力的发展与个体差异

### 知识点 1  智力发展的一般趋势 ★★★

在人的一生中，智力发展的总体趋势如下。

①童年期和青少年期是智力发展非常重要的时期。从三四岁到十二三岁，智力发展与年龄增长几乎等速；之后随着年龄的增长，智力发展成负加速变化，即发展日趋平缓。

②智力在 18~25 岁达到顶峰，智力的不同成分达到顶峰的时间

是不同的。

③流体智力在中年之后有下降的趋势，而晶体智力在人的一生中是逐渐增长的。

④成年期是智力发展最稳定的时期。在25~40岁，人们常出现富有创造性的活动。

⑤智力发展的趋势存在个体差异。有的人智力发展快，达到顶峰的时间晚；有的人智力发展慢，达到顶峰的时间早。　》TIPS ①

### 知识点 2　智力发展的个体差异 ★★

个体差异是指由于个体在成长过程中受到遗传与环境的交互影响，不同的个体之间在生理和心理特征方面表现出的差异。

#### 1. 智力水平的个体差异

①智力水平在全人口中呈正态分布。

②智力的高度发展称为智力超常或者天才（推孟的标准是智商超过140分，现在的标准是130分）；智力低于一般人水平的称为智力落后（智商在70分以下）；中间划分出不同的层次。》TIPS ②

③优越的生理素质是超常儿童发展的物质基础，丰富的教育环境是超常儿童发展的外部条件。教育开始得越早，环境刺激越充分，儿童潜能实现的可能性就越大。

④智力落后一般是多种心理能力的低下，其明显的特征是社会适应不良。

#### 2. 表现早晚的差异　》TIPS ③

①人的能力的充分发挥有早有晚。

②有些人的能力表现较早，年轻时就显露出卓越的才华，被称为"人才早熟"。

③有些人"大器晚成"，智力的充分发展在较晚的年龄才表现出来。

#### 3. 智力结构的差异

智力包含各种能力成分，它们可以按不同的方式结合起来。特定能力的结合体现了智力在结构上的差异。例如，在认知能力方面，有的人善于抽象推理，有的人善于记忆，有的人善于言语理解。

#### 4. 智力的性别差异

综合已有研究结果，智力的性别差异可能不表现在总体智力水平上，而表现在某些特定的智力水平上。

（1）数学能力的性别差异

①女生的计算能力在中、小学阶段具有一定优势。在问题解决上，在初中时期女生略好，而在高中及大学阶段男生则表现出优势。

研究者们发现了智力发展中的弗林效应。弗林效应是关于智力随年龄变化的一种现象，关注的是代际间的变化。通过对发达国家超过三代人的 IQ 的分析，弗林得出结论，在20世纪80年代，一般20岁的人的 IQ 平均分比1940年的对应人群高15分。反弗林效应即智力随时间的推移持续下降的代际效应。

美国仑朱莉提出了三圆圈天才儿童的概念，认为天才儿童具备：中等以上的智力、对任务的承诺、较高的创造力。天才儿童是这三种心理成分相互作用、高度发展的结果。

智力表现早晚的差异在《普通心理学》第六版中已删除。

②在数学操作能力方面，男性在标准化测验上的得分普遍比女性高，而女性在学校所获得的学习评定等级上比男性高。

③男性在竞争性数学活动中的表现比女性好，女性在合作性数学活动中的表现比男性好。

（2）言语能力的性别差异

①女性的言语能力普遍比男性好，在词的流畅性方面最为明显。

②在言语推理方面，男性有优势。

③言语能力性别差异的研究并没有得到一致的结论。

（3）空间能力的性别差异

①在空间知觉和心理旋转测验中，男性的表现优于女性。

②在空间想象测验中，男女的得分差异不显著。

### 知识点 3　影响智力发展的因素 ★★

智力的形成与发展依赖遗传、环境和教育，以及人的主观能动性等多种因素的作用。

>> TIPS ④

记忆口诀："遗环教主"——遗传、环境、教育、主观能动性。

**1. 遗传的作用**

①关于遗传在智力发展和个体差异形成中的作用，心理学家从三个方面进行了研究。

a. 研究遗传相似性不同的人在智力上的相似程度。如果遗传对智力有作用，那么遗传关系越近的人，智力的发展水平应该越相似。这种研究通常用同卵双生子和异卵双生子来进行。

b. 研究养父母与养子女智力发展的关系。如果遗传对智力发展有作用，那么孩子与亲生父母智力的相关应该比与养父母智力的相关高。

c. 对分开抚养的同卵双生子进行追踪研究。

②研究结果表明，遗传关系越近的人，在智力发展水平上确实有接近的趋势。

③遗传因素不仅会对个体的生理发展和智力发展产生影响，还会对人格特质产生影响。不同特质受到遗传因素影响的大小不同，描述受遗传影响的程度的核心指标是遗传率。遗传率是指在群体中某个特质的个体间差异可由基因差异所揭示的比例。

**2. 环境和教育的影响**

（1）产前环境的影响

胎儿出生前所在的母体环境、母亲怀孕时的年龄、怀孕期间的服药情况、患病情况、有无营养不良等因素都会对儿童智力的正常发展产生影响。

（2）早期经验的作用

①人的神经系统在出生后的前4年内获得迅速发展，为能力的

发展提供了重要的物质基础。

②丰富的环境刺激有利于儿童早期能力的发展。

③有研究发现,由动物养大的儿童(如狼孩)的能力发展明显落后,儿童落入动物环境的时间越早,智力发展受到的损害越大。

(3)学校教育的作用

①学校教育能够对人施加有目的、有计划、有组织的影响。研究发现,儿童所接受的学校教育的总量与其智商分数呈正相关。

②在学校中,课堂教学的正确组织有利于学生各种能力的发展。

③丰富学生的校内外学习内容,能够对学生的智力发展起到直接的促进作用。

### 3. 人的主观能动性

①智力的发展离不开个体自身的努力,即人的主观能动性。一个人越是积极地运用自身的能力去解决各类问题,抓住各种能够自我提升的机会,其潜能就越有可能充分地表现出来。

②坚强的意志对智力的发展具有重要意义:如果一个人刻苦努力,积极拼搏,具有广泛的兴趣和强烈的求知欲,其智力就可能得到发展。

③智力的发展还受到自我分析和自我评价能力的影响。善于自我评价的人能发现自己的优势和劣势,努力提高自己,强化自己的优势。

> **本节小结**
>
> 智力的发展既存在普遍规律,又存在个体差异,个体差异体现在智力水平的个体差异、表现早晚的差异、智力结构的差异以及性别差异方面;智力的形成与发展受遗传、环境和教育以及人的主观能动性等多种因素的影响。

## 名词总结

| | | | |
|---|---|---|---|
| 能力 | 智力 | 能力倾向 | 成就 |
| 知识 | 技能 | 才能 | 独立因素说 |
| 二因素说 | 群因素说 | 三维智力结构理论 | |
| 智力层次结构理论 | | 流体智力和晶体智力说 | |
| 多元智力理论 | | 智力三因素理论 | |
| 成功智力 | | 智力的PASS模型 | |
| 比奈-西蒙量表 | | 斯坦福-比奈智力量表 | |
| 韦克斯勒智力量表 | | 智力发展的一般趋势 | |
| 智力发展的个体差异 | | 影响智力发展的因素 | |

# 第十二章 人 格

## 知识导读

在现实生活中，人们会发现性格迥异的人，有人活泼开朗，有人婉约温柔，这些心理差异都是人格差异的表现。本章首先介绍了人格的概念和特性，描述了人格的结构以及气质与性格的关系；然后介绍了人格的理论，包括人格特质理论、精神分析的人格理论、人本主义理论和人格的社会学习理论；接着介绍了人格测评的几种方法；最后，为了更好地改善和塑造自我，分析了人格形成的生物学基础、后天环境以及自我等因素在人格形成和发展中的作用。

在心理学考研中，第一节的内容主要以单选题、多选题或简答题等形式进行考查，同学们尤其要注意区分人格的各个特性以及气质与性格区别；第二节是本章的高频考点，可以以单选题、多选题、简答题或案例分析的形式来考查，因此同学们要理解并记忆各个人格理论内容，其中人格特质理论在考试中是高频考点；第三节，同学们要了解常用的自陈量表测验以及投射测验，并掌握自陈量表和投射测验的优缺点，可以以选择题、名词解释、简答题等形式进行考查；第四节，自命题院校常以简答题或论述题的考查形式居多，同学们可以抓关键词理解记忆。

## 知识地图

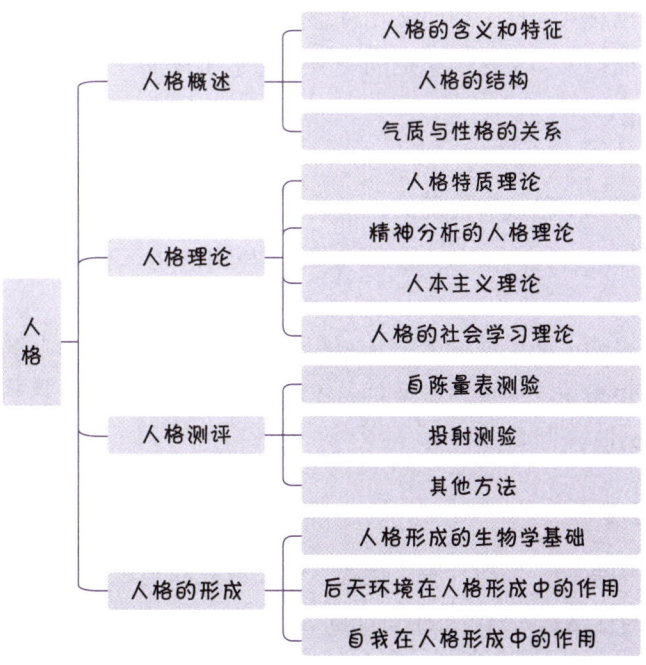

# 第一节 人格概述

## 知识点 1　人格的含义和特征 ★★

### 1. 人格的含义

人格是一个人稳定的心理特征与行为方式，是在遗传与环境的相互作用下形成的独特的心理和行为特征的总和。　》 TIPS ①

### 2. 人格的特征

（1）整体性

人格具有整体性，包含两层含义：

①人格是一个综合系统，代表了个体的整体精神面貌，任何一个方面都无法单独代表人格本身。

②完整的人格是一种自我统一的人格特征组合，受自我意识的调节，从而使得个体的心理与行为作为一个整体与其外部环境保持一致。　》 TIPS ②

（2）稳定性　》 TIPS ③

①在不同的时间、地点或情境下，人格具有一致性和持续性。

②人格具有可塑性，人格会随着个体的学习经验、生活经历等的变化发生缓慢变化。

（3）独特性

①人与人之间具有不同的气质、性格等特征，每个人都有自己的特点。

②人格具有独特性，也有共同性，相同文化背景的人群会具有一些共同或相似的人格特征，人类文化学家把同一文化塑造出来的共同人格特征称为群体人格。　》 TIPS ④

（4）社会性

人格是在社会环境的影响下形成和发展的，是人的生物学特性与社会文化相互作用的结果。　》 TIPS ⑤

（5）功能性

人格在一定程度上会影响人的生活方式，甚至会决定某些人的命运，因而是人生成败的根源之一。当面对挫折与失败，坚强者能发奋拼搏，懦弱者会一蹶不振。

## 知识点 2　人格的结构 ★★

人格是一个复杂的结构系统，包括气质、性格、认知方式和自我控制系统等，其中气质与性格是人格特征最鲜明的表现。

---

**TIPS ①**

①人格源于拉丁文中的persona，原意是"面具"。心理学将"面具"转意为"人格"，其中包含两层意思：一是指每个人在人生舞台上所扮演的角色是个体表现出来的外在行为特征，二是指隐藏在面具后的真实自我，即个体内在的特征。

②要注意与个性相区分：个性强调的是人的差异性；人格强调的是人的整体特性，包括差异性。个性相对于共性，世界上万事万物都有个性；人格只对人而言，对其他事物都不能用"人格"加以描述。

**TIPS ②**

例如，"精神分裂症"就是精神内部整体统一性丧失的结果，患者的思想、感情、意向等心理机能整体性丧失，行为表现不一致，与环境不协调。

**TIPS ③**

人格的稳定性表现为跨时间的持续性和跨情境的一致性，如"江山易改，禀性难移"；但是经历过人生的跌宕起伏之后，人格会有一些变化。

**TIPS ④**

例如，"人心不同，各如其面"就是人格独特性的表现；中华民族是一个勤劳的民族，是中国人共同的人格特征。

**TIPS ⑤**

人格既是社会化的对象，也是社会化的结果。

### 1. 气质

（1）气质的含义　　>> TIPS ⑥

①气质是个体生来就具有的心理活动的动力性特征，表现在心理活动强度、速度、灵活性与指向性等方面。

②气质具有先天性，受高级神经活动类型的影响。

（2）气质的类型

①体液说 / 现代气质类型学说

古希腊医生希波克拉底提出了体液说，认为人体内有黄胆汁、血液、黏液和黑胆汁四种体液，由于配合比例的不同，形成了四种不同的气质类型：胆汁质、多血质、黏液质、抑郁质。罗马医生盖伦进一步发展了体液说。

a. 胆汁质

胆汁质的人情绪体验非常强烈、反应迅速、感情明显外露。他们的言语激烈、动作有力而又不易控制；理解与解决问题的灵活性强，但理解问题不深入；在行动上生机勃勃，工作表现顽强有力，但不太讲究方式，易急躁。

概括地说，胆汁质的人以精力旺盛、容易冲动、反应迅速为特征。　　>> TIPS ⑦

b. 多血质

多血质的人情绪易表露、易变化，情绪体验较强。他们容易接受新事物，思维灵活，反应迅速，注意容易转移；易适应变化的生活环境，喜欢与人交往，但容易轻率行事。

概括地说，多血质的人以活泼好动、敏捷、灵活多变为特征。　　>> TIPS ⑧

c. 黏液质

黏液质的人情绪的兴奋性不强，变化缓慢，善于克制自己，情绪不易外露。他们喜欢沉思，注意稳定且转移困难，对任何问题都需要较多时间的考虑，对已经习惯的工作往往表现出很高的热情和毅力，不易适应新环境。

概括地说，黏液质的人以安静稳重、忍耐沉着、反应迟缓为特征。　　>> TIPS ⑨

d. 抑郁质

抑郁质的人情绪体验深刻，有高度的敏感性，很少表露自己的感情，但对生活中遇到的波折容易产生忧郁的情感，且持续时间较长。他们善于观察和体验一般人所觉察不出的事物的细微差别；很少表现自己，不喜欢与人交往，有孤独感。　　>> TIPS ⑩

概括地说，抑郁质的人以情感深刻稳定、细致敏感、缄默迟疑

**TIPS ⑥**

人们在日常生活中所说的气质是指个体言谈举止的风格或方式，带有社会评价色彩；心理学中的气质是由神经结构和机能决定的心理活动的动力特征，是人格中来自遗传的部分，是形成人格的"原料"，与人们平时所说的脾气近似。例如，孩子一出生就表现出气质的差异，有些爱哭好动，有些平稳安静。

**TIPS ⑦**

胆汁质的典型代表人物如《水浒传》中的李逵、《三国演义》中的张飞。

**TIPS ⑧**

多血质的典型代表人物如《红楼梦》中的王熙凤、《三国演义》中的曹操。

**TIPS ⑨**

黏液质的典型代表人物如《西游记》中的沙和尚、《水浒传》中的林冲。

**TIPS ⑩**

抑郁质的典型代表人物如《红楼梦》中的林黛玉。

为特征。

②巴甫洛夫的高级神经活动类型说

巴甫洛夫基于高级神经活动的特性解释了人的气质类型，他依据神经过程的兴奋过程和抑制过程的强度、平衡性和灵活性，将高级神经活动划分为兴奋型、活泼型、安静型、抑制型。

a. 神经活动的兴奋过程和抑制过程的强度是指大脑皮质神经元承受持久刺激的能力。》TIPS ⑪

b. 平衡性是指兴奋过程和抑制过程的强度是否相当。》TIPS ⑫

c. 灵活性是指从一种神经过程转换为另一神经过程的速度。》TIPS ⑬

高级神经活动类型与四种气质类型的对比如表12-1所示。

》TIPS ⑭

表12-1　高级神经活动类型与四种气质类型的对比

| 体液说 | 气质类型说 | 高级神经活动过程 | 高级神经活动类型 |
|---|---|---|---|
| 黄胆汁 | 胆汁质 | 强、不平衡 | 不可遏制型/兴奋型 |
| 血液 | 多血质 | 强、平衡、灵活 | 活泼型 |
| 黏液 | 黏液质 | 强、平衡、不灵活 | 安静型 |
| 黑胆汁 | 抑郁质 | 弱 | 抑制型 |

③阴阳五行说

a. 我国春秋战国时期的医书《黄帝内经》按阴阳的强弱，将人分为太阴、少阴、太阳、少阳和阴阳平和五种类型。

b. 在人格类型的划分上，阴阳五行说与神经类型说、气质类型说有许多相似的地方，如表12-2所示。

表12-2　阴阳五行说与神经类型说、气质类型说的比较

| 学说 | 类型 | | | | |
|---|---|---|---|---|---|
| 阴阳五行说 | 太阳之人 | 少阳之人 | 阴阳平和 | 少阴之人 | 太阴之人 |
| 神经类型说 | 兴奋型 | 中间型 | | | 抑制型 |
| 气质类型说 | 胆汁质 | 多血质 | | 黏液质 | 抑郁质 |

④T型人格

美国心理学弗兰克·法利提出了T型人格。法利认为，T型人格的个体好冒险、爱刺激，热衷于追求一切激动人心的刺激。

a. T型人格分为T+型人格和T-型人格两种：当冒险行为朝向健康、积极、创造性和建设性的方向发展时，就是T+型人格；当冒险行为具有破坏性质时，就是T-型人格。

有的人在强烈刺激作用下或持久工作时，仍能保持神经系统正常的功能。例如，小明连续熬夜加班，依旧能高效工作，小莫却很快疲惫不堪。这是强度的不同。

例如，小明在演讲时既兴奋投入，又能很好地抑制紧张，小英过于兴奋难以自控。

例如，有的人脑筋转得快；有的人一根筋，认死的事，总是不变。

要注意现代气质类型与高级神经活动类型的对应关系，单选题中经常涉及，结合它们的关系，也能更好地把握四种气质类型说的关键特点。不平衡的只有"胆汁质"，兴奋压倒了抑制，兴奋过头，因此导致"容易冲动"。"多血质"和"黏液质"都是平衡的，但是"多血质"的转化速度快，所以主要特点是"敏捷、灵活多变"；"黏液质"在兴奋和抑制状态转化速度慢，所以主要特点是"安静稳重、反应迟缓"。"抑郁质"是兴奋和抑制的外部表现都很弱，内心体验很强烈，所以典型特点是"深刻稳定、细致敏感"。

b. T+型人格分为体格T+型和智力T+型：极限运动员代表了体格T+型，这种运动员通过身体运动（如攀岩、登山等）来实现追求新奇、不断刷新纪录的动机；科学家或思想家代表了智力T+型，他们的冒险精神主要表现在科学技术的探新上。

⑤ A-B型人格

福利曼和罗斯曼描述了A-B人格类型，用以研究人格和工作压力的关系。

A型人格的主要特点：性情急躁、经常与他人发生竞争，遇到挫折时容易表现出敌意，时间紧迫感强、生活常处于紧张状态，社会适应性差。具有这种人格特征的人易患冠心病。

B型人格的主要特点：性情不温不火、举止稳当，对工作和生活的满足感强，喜欢慢步调的生活节奏。 ≫ TIPS ⑮

**2. 性格** ≫ TIPS ⑯

（1）性格的含义

①性格是指个人对现实的稳定的态度以及与之相应的行为方式。

②性格主要是后天形成的，是人格中体现个体社会性的主要方面，具有道德评价的含义，有好坏之分。

③性格是人格结构中具有核心意义的心理品质，体现了人的本质属性，并最能够表征一个人的道德行为特征。

（2）性格的结构

性格是由许多特征组成的复杂心理结构，具有态度、意志、情绪、理智四个方面的基本特征。

①性格的态度特征：指表现在对现实态度方面的特征，人对客观现实总是予以一定的态度。 ≫ TIPS ⑰

②性格的意志特征：人在确定目的并为达到目的进行自我调节、自我监控时表现出来的性格特征。 ≫ TIPS ⑱

③性格的情绪特征：人在情绪的稳定性、对情绪的控制力上表现出来的性格特征。 ≫ TIPS ⑲

④性格的理智特征：人在认知活动过程中表现出来的性格特征。 ≫ TIPS ⑳

（3）性格的类型

斯普兰格依据人类社会文化生活的六种形态，将人划分为六种性格类型，不同的性格类型具有不同的价值观成分。奥尔波特依据这种划分编制了价值观研究量表。 ≫ TIPS ㉑

①经济型：这种性格类型的人注重实效，其生活目的是追求利润和获得财富。

②理论型：这种性格类型的人表现出探究世界的乐趣，能客观、

**TIPS ⑮**

阴阳五行说、T型人格和A-B型人格在《普通心理学》第六版都已删除。考生可稍作了解。

**TIPS ⑯**

性格在希腊语中的意思是"雕刻"或"印记"，后来转意为"由外界环境影响造成的、深层的人格特质"。例如，吝啬、贪婪常被看作不好的性格特征，而宽容、友好常被看作好的性格特征。

**TIPS ⑰**

态度包括积极和消极的两个方面，它是性格结构的"灵魂"，不同程度的影响其他的性格特征。

**TIPS ⑱**

一个人的行动目的是否明确，自制力强还是弱，遇到困难是勇敢顽强还是慌张冲动，都体现了性格的意志特征。

**TIPS ⑲**

例如，有的人容易激动，有的人比较稳定；有的人情绪持续时间长，有的情绪来势汹汹却转瞬即逝。

**TIPS ⑳**

例如，在记忆方面存在主动记忆和被动记忆的人，在思维方面存在深思型和粗浅型的人。

**TIPS ㉑**

记忆口诀："经理美力会教"——经理很美丽又很会教人。

冷静地观察事物，尊重客观规律，重视科学探索，其生活目的是追求真理。

③审美型：这种性格类型的人对现实生活不太关注，富有想象力，其人生价值是感受事物之美。

④权力型：这种性格类型的人倾向于权力意识和权利享受，支配性强，其生活目的在于满足自己的权力欲望。

⑤社会型：这种性格类型的人关怀他人，助人为乐，愿意奉献社会，其人生目的在于奉献社会。

⑥宗教型：这种性格类型的人信奉宗教、相信神的存在，把信仰视为人生的最高价值。

### 3. 认知方式

（1）认知方式的含义

认知方式又称认知风格，是个体所偏爱使用的信息加工方式。认知方式的不同体现了人格特征的不同。

（2）认知方式的类型

①场独立－场依存性　　　　　　　　　　　　　》TIPS ㉒

威特金在垂直视知觉的系列研究中发现了认知方式的个体差异，即场独立性和场依存性的差异。

a. 场独立性的人在信息加工中倾向于依据个人的内在参照，自我与非我的心理分化程度高，对他人提供的社会线索不敏感，行为是非社会定向的。

b. 场依存性的人在信息加工中倾向于依据外在参照，自我与非我的心理分化程度低，对他人提供的社会线索敏感，优先注意自己所拥有的社会人际关系等。

测量的主要方式是隐蔽图形测验或镶嵌图形测验，即把一个简单的图形镶嵌在一个复杂的图形中，让人们在复杂的图形中找出简单的图形，根据人们找出简单图形的成绩与速度判断场独立性和场依存性。

②冲动性－沉思性

由卡根等提出的，这两种认知风格的差异表现在个体对问题的思考速度上。可以使用匹配熟悉图形测验进行测量。

a. 冲动性的个体反应时间短，精确度低，分析问题时多采用整体性策略。

b. 沉思性的个体反应时间长，但精准度高，分析问题时多采用细节性策略。

③同时性－继时性

由达斯根据脑功能的研究进行区分。达斯认为，左脑优势的个

**TIPS ㉒**

这两种方式的差异表现在人对外部环境（"场"）的不同依赖程度上。整体来说，场独立性与场依存性没有好坏之分。

体表现出继时性的加工风格，而右脑优势的个体表现出同时性的加工风格。

　　a.同时性认知风格的加工特定是在解决问题时，采取宽视野的方式，同时考虑多种假设并兼顾到各种可能性，其解决问题的方式是发散性的。许多数学操作、空间问题的操作都属于这一种加工方式；

　　b.继时性认知风格的加工是在解决问题时，能一步一步地对问题进行分析，每一个步骤只考虑一种情况，各个步骤在时间上有明确的先后顺序。言语操作和记忆都属于继时性加工。

### 4.自我控制系统

①自我控制系统是人格中的自我整合系统，包括自我认知、自我体验与自我调节。

　　a.自我认知：对自己的感知与理解。

　　b.自我体验：伴随自我认知而产生的内心体验，是自我在情感上的表现，如自尊、自卑等。

　　c.自我调节：自我在行为上的表现，是自我对行为的调控。

②自我控制系统保证了人格的完整、协调与统一。

③在自我控制中，意志是一种核心的人格力量，代表人格功能最高级和最完整的形式，负责协调认知、情感、动机等过程的不同"子功能"，以实现特定的目标。

## 知识点 3　气质与性格的关系 ★★

### 1.性格不同于气质

①气质具有先天性，与人的高级神经活动类型密切相关；而性格是后天形成的，是人在活动中与环境相互作用的结果，反映了人的社会性。

②气质的可塑性小，不容易改变；而性格的可塑性大，社会实践活动与环境对性格的影响大。

③气质是人的行为动力特征，与行为内容无关，没有好坏与善恶之分，不具有道德评价的意义；而性格关系到人的行为内容，表现了人与社会的关系，因而具有道德评价的意义。

### 2.性格与气质的密切联系

①气质影响性格的表现：

　　a.不同气质类型的个体可以表现相同的性格特征，气质赋予这些相同的性格特征以独特性。

　　b.相同气质类型的个体也可以表现出不同的性格特征。

①同样都是表现为勤奋的性格特征，但多血质更兴高采烈、充满活力，而黏液质的个体则更从容不迫。

②同样是抑郁质的个体，有些人的性格特征表现为勤于思考，有些人的性格特征表现为嫉妒、猜疑。

②气质影响某些性格的形成与发展。　　　　　　　>> TIPS ㉔

③性格会在一定程度上掩盖或改造气质：

a. 个体的经历与历练会对自然属性决定的气质产生影响。

b. 性格较为成熟的个体还可以主动调节自己的适应性，有意识地掩饰气质属性的弱势。　　　　　　　　　　　　>> TIPS ㉕

**本节小结**

人格是一个人稳定的心理特征与行为方式，是在遗传与环境的相互作用下形成的独特的心理和行为特征的总和；人格具有整体性、稳定性、独特性、社会性和功能性五个特征；人格是一个复杂的结构系统，包括气质、性格、认知方式和自我控制系统等；气质与性格既有区别又有联系。

## 第二节　人格理论

### 知识点 1　人格特质理论 ★★★

特质理论强调特质是构成人格的基本结构单元，人格的差异主要表现为量的差异。特质理论为人格的测评与实证研究提供了理论基础，大大推进了人格的实证研究。　　　　　　　　>> TIPS ①

**1. 奥尔波特的人格特质理论**

（1）特质的含义

奥尔波特认为，特质是人格的结构单元。他首次对特质进行了描述与分类。在他看来：

①特质是一种潜在的反应倾向，使个体能以相同的方式对不同的刺激进行反应。　　　　　　　　　　　　　　>> TIPS ②

②特质具有相对固定的反应模式，其发生频率、引发刺激情境的范围与反应强度具有稳定性。

③特质具有概括性，或者说特质是一种行为图式或者行为模式，驱使个体对一组广泛的刺激或者刺激情境做出较为一致的反应。

④特质具有独特性，能描述个体的人格差异。

（2）特质的分类

①奥尔波特区分了两种特质：共同特质与个人特质。

a. 共同特质：指在某一社会文化下，大多数群体或者一个群体共有的、相同的特质。

b. 个人特质：指个体身上所独具的特质。

②后来，奥尔波特将个人特质改为个人倾向，分为首要倾向、中心倾向及次要倾向。

**TIPS ㉔**

例如，对胆汁质的人来说，需要经过极大的克制和努力才能形成自制力的性格特征，而对于抑郁质的人来说，则比较容易。

**TIPS ㉕**

例如，经受长期的挫折逆境可能会使多血质的个体形成自卑、孤僻的性格，从而掩盖了原有的活泼好动的气质特征。

**TIPS ①**

特质理论试图用少量的核心特质对人格进行描述，并对特质进行分类，探讨特质之间的关系。与之对应的是类型理论，类型理论主要用来描述一类人与另一类人的心理差异，即人格类型的差异，人格类型理论有三种：单一类型理论、对立类型理论和多元类型理论，这部分内容在第六版已经删除。

**TIPS ②**

例如，一个拥有诚实特质的人，捡到钱包会归还，考试中不会作弊，驾车不会违章，等等。

a. **首要倾向**：占绝对优势的行为倾向，具有极强的普遍性和渗透性。个人的绝大部分行为受此倾向的影响。　>> TIPS ③

b. **中心倾向**：普遍性与渗透性要略弱于首要倾向，一般人具有 5~10 个中心倾向。　>> TIPS ④

c. **次要倾向**：指描述人格特征所必要的，但不是关键特征，其普遍性和渗透性最弱。　>> TIPS ⑤

③奥尔波特用自己独创的方法——个人记述法进行了人格测评。

### 2. 卡特尔的人格特质理论

（1）共同特质和独特特质

卡特尔继承与发展了奥尔波特的分类，认为存在共同特质和独特特质。

（2）表面特质和根源特质　>> TIPS ⑥

①**表面特质**：指从外部行为能直接观察到的特质，是根源特质的表现形式。

②**根源特质**：行为的内在根源，是个体人格结构中重要的组成部分，支配着人的一贯行为。

每一个表面特质都由一个或多个根源特质引起，一个根源特质能影响几个表面特质。

卡特尔通过因素分析的方法提取出了 16 种根源特质，卡特尔基于 16 种根源特质编制了 16 种人格因素问卷（简称卡特尔 16PF）。

（3）体质特质和环境特质

根源特质可区分为体质特质和环境特质两类。

①**体质特质**由先天的生物因素决定，如兴奋性、情绪稳定性等。

②**环境特质**由后天的环境因素决定，如焦虑、有恒性等。

（4）动力特质、能力特质和气质特质　>> TIPS ⑦

这三类特质处于卡特尔人格模型的最底层，它们同时受到遗传和环境的影响。

①**动力特质**：指具有动力特征的特质，它使人趋向某一目标，是个体行为的驱动力。

②**能力特质**：决定人如何有效完成预定目标的特质，包括流体智力和晶体智力。

③**气质特质**：决定一个人情绪反应的速度与强度的特质。

### 3. 艾森克的人格特质理论

（1）艾森克提出了人格结构的四层次模型

①最下层**特殊反应层**是日常观察到的反应，偶然性与随机性较大，属于误差因子。

**TIPS ③**

例如，多愁善感可以说是林黛玉的首要倾向，狡猾奸诈可以说是曹操的首要倾向。

**TIPS ④**

例如，林黛玉的清高、率直、聪慧、孤僻、内向、抑郁、敏感等都属于她的中心倾向。

**TIPS ⑤**

例如，一个人在外面很粗鲁，而在自己的母亲面前很顺从，这里的"顺从"就是他的次要倾向。

**TIPS ⑥**

一个有想象力的人往往富有原创性，且好奇心强，敢于改革，具有创造才能，因此，"想象力丰富"是一个根源特质。

**TIPS ⑦**

在《普通心理学》第六版当中，卡特尔的人格特质理论中的表面特质和根源特质、体质特质和环境特质、动力特质、能力特质和气质特质都已删除。

②上一层**习惯反应层**是由反复进行的日常反应形成的，常与某一情境下的行为有关，属于**特殊因子**。

③再上一层是**特质层**，是由习惯反应形成的，具有比较强的概括性，属于**群因子**。

④最上层是**类型层**，由特质形成，影响范围很大，属于**一般因子**。
≫ TIPS ⑧

（2）艾森克的人格维度模型

①艾森克在卡特尔的研究基础上用因素分析法找到了三种更高水平的特质类型，并由此提出了三因素人格维度模型，这三个维度具体如下：

a. 外向与内向维度

反映的是人的活动性指向和强度。**高分者的外倾性更高**，典型特征是开朗、冲动，注意力指向外部世界，有广泛的社会接触并经常参加群体活动；**低分者的外倾性更低**；典型特征是安静、退缩、内省，注意力指向内部，不喜欢社交。

b. 神经质与情绪稳定性维度

反映的是人的情绪的稳定性。**高分者的情绪不稳定**，典型特征是在情绪上容易过度反应，表现出容易焦虑、喜怒无常、容易激动，不易恢复平静；**低分者的情绪稳定**，典型特征是稳重、温和，不易焦虑，情绪反应缓慢且轻微，很少会情绪失控，容易自我克制。

c. 精神质与超我机能维度

高分端为高精神质，高精神质者一方面表现出攻击、冷漠、自私、冲动、反社会等负面特点，另一方面也表现出高创造性、坚强等特点；低分端为超我机能，这一类型的个体表现出温柔、善感、仁慈、有正义感、关心他人等特点。
≫ TIPS ⑨

②艾森克根据这三个因素把人格分为四种类型，并编制了艾森克人格问卷（EPQ）；不同类型的人格特点与四种基本气质类型是相对应的，如表12-3所示。

**表12-3 艾森克人格类型与气质类型的对应**

| 人格类型 | 气质类型 |
| --- | --- |
| 不稳定外向型 | 胆汁质 |
| 稳定外向型 | 多血质 |
| 稳定内向型 | 黏液质 |
| 不稳定内向型 | 抑郁质 |

**4. 人格的五因素模型**

①麦克雷和科斯塔提出了人格五因素模型（FFM），认为人格中

**TIPS ⑧**

①外倾是一种类型，是基于对观察到的社交性、活泼性、活动性、武断性、感觉寻求等特质的内部联系而抽象出来的；每一种特质又是从各种习惯反应中抽象出来的；而每一种习惯反应又是从各种特殊情境中所观察到的特殊反应抽象出来的。

②例如，偶然看到小英在聚会上疯狂跳舞（特殊反应层），她的习惯化行为是只要有时间就会与朋友打电话闲聊、喝咖啡消遣（习惯反应层），原来是她拥有好交际的特质（特质层），本质上她是一个外倾的人（类型层）。

③这部分内容，在彭聃龄的《普通心理学》第六版本中已经删除，但梁宁建的《心理学导论》中仍有介绍，故保留在此助于同学们了解学习。

**TIPS ⑨**

精神质又称倔强性，并非暗指精神病，其在所有人身上都不同程度地存在。

存在五个主要的独立因素，每一类特质都包含六个方面，反映了人格的不同特点。

a. 开放性：具有想象、审美、情感、行动、思辨、价值观等特质；反映了个体对不熟悉环境的容忍性和探索性，积极寻求经验。

b. 尽责性：显示了能力、秩序、责任感、追求成就、自律、审慎等特质；反映了个体对目标导向的动机和行为组织。

c. 外倾性：表现出热情、乐群、果断、活跃、寻求刺激、积极情绪等特质；反映了人际交往的密度和+数量、对刺激的需求以及获得快乐的能力。

d. 宜人性：具有信任、坦诚、利他、顺从、谦逊、同情心等特质；反映了个体对他人的态度、与他人和睦相处的程度。

e. 神经质：具有焦虑、敌意、抑郁、自我意识、冲动性、脆弱性等特质；反映了个体的情绪调节能力和情绪稳定性程度。

②将五因素的英文单词的首字母连起来就是 OCEAN，因此，五因素模型通俗地被称为 OCEAN 模型，即人格海洋模型；基于这个模型，科斯塔等编制了五因素人格问卷，修订版的人格问卷 NEO-PI-R 被广泛接受，用于人格的评定。　　　　　　　　>> TIPS ⑩

### 知识点 2　精神分析的人格理论 ★★★

精神分析理论是由弗洛伊德创立的一种关注潜意识的心理动力理论。

#### 1. 弗洛伊德的人格理论

（1）人格结构　　　　　　　　　　　　　　　　>> TIPS ⑪

①弗洛伊德早期认为，人格由意识、前意识和潜意识三个部分构成。

a. 意识：位于人格的表层，是人对客观现实的自觉反映，是人清醒地觉知到的思想与情绪等，是可以观察到的心理现象。

b. 前意识：介于意识与潜意识之间，是没有浮现出意识表面的心理现象，但可以通达意识的心理内容。前意识的内容会不断出现在意识中，而意识中的内容又会不断回到前意识中。

c. 潜意识：也叫无意识，是人格结构最深层和最强有力的部分，是那些被排斥到意识之外的内容，代表那些深藏于心的、不可通达的部分，包括人的各种原始冲动与本能及不合伦理的各种欲望等。潜意识是人的心理与行为的动力源泉，这是精神分析的人格理论的核心观点。

②后期，弗洛伊德提出人格结构是由本我、自我和超我构成的。

a. 本我：由生物本能和欲望组成，遵循快乐原则，要求立刻满

**TIPS ⑩**

①记忆口诀："神人外开尽"——神经质－宜人性－外倾性－开放性－尽责性，做神仙的人格外尽职尽责。

②有研究发现，五种人格特质并不是完全相互独立的，其可以进一步抽取出两个高阶因子，即宜人性、尽责性与神经质共同组成一个因子，反映了个体在情绪、动机方面保持稳定和避免干扰的能力与倾向，被命名为稳定性或 α 因子；外倾性与开放性共同组成一个因子，反映了个体在认知和行为方面对新奇事物灵活探究及参与的能力与倾向，被命名为可塑性或 β 因子。

**TIPS ⑪**

人格结构和人格发展的相关内容在本套书《发展心理学》当中有详细介绍和解析，需要考发展心理学科目的同学们，建议结合本套书《发展心理学》进行理解学习。关于人格动力和自我防御机制的内容在 312 统考真题中有涉及，因此在这里以梁宁建的《心理学导论》为参考进行了补充介绍。

足本能的欲望。本我为人的活动提供能量，这种能量被称为力比多，源自人的本能。本我的冲动是潜意识的，个体不能觉察到，但它是人们行为的内在动力。

b. 自我：在调节本我与外界的关系中形成的现实的我，遵循现实原则，满足本我的欲望与需要。

c. 超我：从自我中发展而来的道德化了的自我，遵循道德原则，包括良心（个人的道德标准）和自我理想（个人目标和抱负的源泉）

人格结构的三个部分处在相互抗衡中，健康人的自我既要与现实保持联系，又要防止本我和超我过分操纵人格。

（2）人格发展

弗洛伊德以身体的不同部位获得性冲动的满足为标准，将人格发展分为五个时期：口唇期、肛门期、性器期、潜伏期和生殖期。

（3）人格动力

人格动力是指驱使个体进行特征性行为活动的内在原因。

弗洛伊德认为，在人格结构中的本我、自我和超我之间，当各自目的不一而产生冲突时，就导致了个体的焦虑，并形成了一些相应的行为。

弗洛伊德把焦虑分为以下三种：

①**现实性焦虑**：个体感知到由现实环境中确实存在的、真实的原因，包括已经发生的和将要发生的事所引起的情绪反应。 》TIPS ⑫

②**神经性焦虑**：个体担心**自我**无法控制**本我**的冲动而导致的焦虑。 》TIPS ⑬

③**道德性焦虑**：个人在良心上感到自己的行为和思想违背道德标准而产生的焦虑。其一般是因超我受到了约束而产生的不安、羞愧和羞耻感。 》TIPS ⑭

（4）心理防御机制

焦虑是一种相当痛苦的负性情绪，为降低和消除焦虑，个体会潜意识地采取心理防御机制。

心理防御机制是为保护自我免受冲突、内疚或焦虑等潜意识反应的自我心理保护，主要的防御机制如下：

①**压抑（潜抑）作用**：指个体将意识不能接受的欲念、情感、冲动经验和记忆，从意识层面放逐到潜意识中，使意识无所觉知，以避免产生焦虑、恐惧和愧疚等体验。 》TIPS ⑮

②**投射作用**：指把自己内心不能接受的冲动、欲望和思想在潜意识中转移到他人或周围的事物上，使之脱离自我，以减轻焦虑，避免痛苦，并求得内心的慰藉。 》TIPS ⑯

③**转移作用（移置）**：指将一种引起焦虑的冲动投注改换为另

例如，走在路上突然遇到歹徒持刀伤人、想到马上就要考试，这些真实环境中发生的都属于现实性焦虑。

神经性焦虑是由自我和本我的冲突产生的，人有时不能战胜自己的某些欲望或冲动，如有的人总是在担心自己无法控制的不合时宜的性冲动或越轨行为。

道德性焦虑是由自我和超我的冲突产生的，如果自我的行为不符合超我的要求，超我就会对自我进行惩罚，从而产生道德上的焦虑。例如，一个在别人面前为了自己的面子而歪曲了事实的真相时，体会到了羞耻和愧疚，就属于道德性焦虑。

例如，遭受过战争的士兵不记得当时的情形了。

这是一种以己度人的认知机制。例如，善良的人总是认为全世界的人都是善良的，心眼多的人认为全世界人人都有心机。

一种不引起焦虑的冲动投注，即当自己的需要（某人或某物）无法直接获得满足时，转移对象以间接的方式投注于另外的对象（某人或某物）加以满足。　　　　　　　　　　　　　　» TIPS ⑰

④自居作用（认同）：指个体潜意识地向某个对象模仿的过程，以使自己在心理上产生一种归属感。　　　　　　　　» TIPS ⑱

⑤升华作用：指个体将不为社会许可的本能冲动或欲望，如性欲冲动、攻击冲动等转化为符合社会标准的或许可的目标、对象或行为上。　　　　　　　　　　　　　　　　　　» TIPS ⑲

⑥文饰作用（合理化）：指用一种自我能接受、超我能宽恕的理由来代替自己行为的真实动机或理由，用于为自己的错误或失败寻找辩护托词，而不承认自己的理性不能容忍的行为的真正动机、需要和欲望，以避免自己精神上的痛苦。　　　　　　» TIPS ⑳

文饰作用分为两种：第一种是酸葡萄文饰作用，即当自己希望达到的某种目的未能达到时，就否认这个目的所具有的价值和意义。第二种是甜柠檬文饰作用，即因未达到预定的目的，便抬高自己现状的价值和意义。

⑦反向作用：指在个体的潜意识中，把某些不被允许的内心冲动、欲望转化为某种相反的行为，以加强超我的力量，减轻和消除不断增强的自我焦虑。　　　　　　　　　　　　　» TIPS ㉑

⑧退化（退行）作用：指个人遇到挫折时，以较其年龄为显得幼稚的行为来应付现实的困境。　　　　　　　　　　» TIPS ㉒

⑨否认：个体有意识地否认某种痛苦的现实或重新解释有关个人痛苦的事实，借以减轻自己内心的焦虑和痛苦。　　　» TIPS ㉓

**2. 荣格的分析心理学**

（1）人格结构

荣格认为人格既是一个复杂多变的结构，又是一个层次分明、相互作用的结构，由意识（自我）、个体潜意识（情结）和集体潜意识（原型）三个层次组成。

荣格在弗洛伊德理论的基础上，把人格分为意识、个体潜意识和集体潜意识。　　　　　　　　　　　　　　　　　　» TIPS ㉔

①意识

意识是人格中唯一能够被个体觉知的部分，随着感觉、思维、情感、直觉这四种心理机能的发展而逐渐发展起来。

意识在个性化过程中产生出的新因素，即"自我"，自我是意识的核心，使个体适应环境并与环境保持联系，从而使个体的机能运转正常。

例如，某职员在公司里面受了气，回家把气撒在自己的亲人身上。

例如，认同某个明星来建立自我价值感。

例如，一个有暴力倾向的少年通过努力训练成为拳击手。

例如，想吃冰激淋但怕发胖，这时候告诉自己吃一次冰激淋并不会发胖。

例如，嘲笑同性恋的男性可能是在防御自己潜在的同性恋倾向。

例如，一个成年人在面试中，紧张地吃手指。

例如，掩耳盗铃就是一种否认机制。

荣格扩展了无意识的概念，在荣格看来，无意识并不限于个体独特的生活经验，还包括了整个人类共有的基本心理事实，即集体潜意识。集体潜意识是人们从祖先遗传下来的潜在记忆痕迹。

②个体潜意识

个人潜意识是潜意识的表层，包括那些被个体遗忘的记忆、知觉以及被压抑的经验。

荣格认为，个体潜意识并不像弗洛伊德的潜意识概念中的性欲和罪恶，而是个体的记忆仓库或一个输入系统，它与自我之间有着双向的往来。

荣格用情结来说明个人潜意识的内容，情结是一组具有情绪色彩的观念，并不断地出现在个体的现实生活中而引起高度重视。

>> TIPS ㉕

③集体潜意识

集体潜意识是遗传的，为集体共同具有，它反映了人类进化过程中演化的精神产物，是世世代代反复经验的结果，也是人类必须对某些事物做出特定反应的先天遗传倾向。

集体潜意识的内容主要是原型，它以特定的潜在的意象方式对外界进行反应，所有原型的组合构成集体潜意识。原型包括： >> TIPS ㉖

a. 人格面具：位于人格的最外层，是指个体在公共场所环境里的外在表现，它既是一个人公开的一面，又是一种适应目的在于要给他人一个良好印象，以便得到社会的认可。

b. 阴影：是人格中最隐蔽、最深奥、最深入的部分，即黑暗的自我。

c. 阿尼玛和阿尼姆斯：阿尼玛是男子人格中的女性原型或原型意向。阿尼姆斯是女性人格中的男性原型。

d. 真我：是统一、组织和秩序的原型。它是集体潜意识中的一个核心的原型。

（2）人格类型

①两种人格倾向：内、外倾

荣格根据两种态度或倾向性，把人划分为内倾型和外倾型。

a. 内倾型的人，心理活动指向自己的内部世界，喜欢安静，富于幻想，对事物的本质和活动结果感兴趣。

b. 外倾型的人好社交，为人活泼、开朗，对外部世界的各种事物感兴趣。

荣格认为每个人都不是绝对内倾或外倾的，许多人是介于两者之间的中间类型，或某种态度类型相对占优。

②四种心理机能

思维、情感、感觉和直觉。

③八种人格类型

荣格把两种态度与四种功能结合起来，划分出了八种不同的人格类型。

**TIPS ㉕**

例如，一位女孩总是喜欢找年龄比自己大的男友。在荣格的理论中，这是因为在她的成长过程中缺乏父亲角色的爱护，虽然这个经验已经被遗忘，但形成了"父亲情结"，影响了她的思想和行动。

**TIPS ㉖**

集体潜意识说的是人一生下来，就带着祖祖辈辈遗传下来的某些经验，这些经验为个体提供了一套预先形成的模式。例如，婴儿一生下来就具有对黑暗的恐惧。这些经验在人们身上以原型的形式体现。

a. 外倾思维型：这种人格类型的人尊重客观规律和伦理法则，不感情用事。

b. 外倾感情型：这种人格类型的人对事物的评价往往感情用事，容易凭主观判断来衡量外界事物的价值。

c. 外倾感觉型：这种人格类型的人以具体事物为出发点，容易凭借感觉来估量生活的价值，遇事不假思索，随波逐流，但善于应付现实。

d. 外倾直觉型：这种人格类型的人以主观态度探求各种现象，不接受过去的经验，只憧憬未来，容易悲观失望。

e. 内倾思维型：这种人格类型的人不关心外部价值，以主观观念决定自己的思想，感情冷淡，好独断，偏执，易被人误解。

f. 内倾感情型：这种人格类型的人情绪稳定，不露声色。

g. 内倾感觉型：这种人格类型的人不能深入事物的内部，在自己与事物之间常插入自己的感觉。

h. 内倾直觉型：这种人格类型的人不关心外界事物，脱离实际，好幻想。

**3. 阿德勒的个体心理学**　　　　　　　》TIPS ㉗

（1）自卑感与追求优越

阿德勒认为，每个人生下来就存在着身心缺陷，每个人总是带有不同程度的自卑感，就会产生补偿缺陷的要求，一方面表现出对缺陷的补偿，另一方面，有时甚至会超额补偿，即不但补偿自己的某些缺陷，还要发展出自己的优点并追求优越。

阿德勒认为，追求优越是统一人格的核心和总目标，是人生命中的基本事实，这种天生的内驱力将人格汇成一个总目标，使人力图成为一个没有缺陷的"完善的人"。

（2）生活风格与创造性自我

阿德勒把个体在克服自卑感、追求优越的过程中形成的独特反应模式称为生活风格。

创造性自我是人格塑造中一种有意义的主动力量，是个体按自己选定的方式建立起来的独特的生活方式。

阿德勒提出了四种生活类型。

①控制型：以伤害他人为乐，认为只有凌驾在他人之上才有安全感。

②索取型：娇生惯养，依赖他人，只知索取，不知风险，是常见的生活风格。

③回避型：沉迷幻想，回避困难，害怕失败，也难以成功。

④社会型：敢于面对现实，乐于助人和奉献社会，是阿德勒提

**TIPS ㉗**

阿德勒的身体存在一定的缺陷，他在家里排名老二，常年面对自己优秀的大哥，因而产生了自卑感。后来他通过努力证明了自己，由此提出了个体心理学理论。阿德勒认为，每个人都曾有过自卑的感觉，为了克服自卑感，就要追求优越，而每个人追求优越的方式不一样，由此形成了生活风格，产生了四种不同的生活类型。在形成自己生活风格的过程中，每个人都会通过自己的经验和选择来塑造自己的人格，这就是创造性自我。后来，有人批判阿德勒只专注自己的"一亩三分地"，过于狭隘。因此，阿德勒又提出了社会兴趣的概念，也就是说人除了关注自身，还会为美好社会贡献自己的力量。

倡的健康的生活风格。

（3）社会兴趣

社会兴趣是人类和谐生活、友好相处和渴望建立美好社会生活的需要，是个体形成关心社会、公共意识的精神的标志。

阿德勒认为，每个人都具有一种为他人、为社会的自然倾向，有无社会兴趣是衡量个体是否健康的主要标准。

### 知识点 3　人本主义理论 ★★★

人本主义理论强调人类特有的特性，尤其是自由意志与个人发展的潜能，其中较有影响的心理学家是马斯洛和罗杰斯。

他们对人性持有乐观的态度，假定人能够克服自身原始的、动物性的遗传特性，并在很大程度上是理性的，人有能力决定自己的行为与命运。

**1. 马斯洛的自我实现理论**　≫ TIPS ㉘

①马斯洛强调自我实现，认为自我实现了的人格才是最健康的，人格发展是一个自我实现的过程。

a. 自我实现指的是个体希望自己的潜力能够得到发挥，能够做适合自己做的事，能够成为自己希望成为的人。

b. 自我实现的体验是一种高峰体验，即自我实现的人所体验到的是一种心灵上的完满感、幸福感。

②马斯洛认为自我实现者有以下特征。

a. 对现实有清晰、有效地认识并和现实保持舒适的关系。

b. 简单、自然。

c. 以问题为中心，而不是以自我为中心。

d. 具有超然独立的性格。

e. 具有自主性，在自然条件和文化环境中能保持相对的独立性。

f. 具有持续的欣赏力，能够充分体验自然和人生中的一切美好的东西，对日常生活永远保持新鲜感。

g. 具有高峰体验，这是人感受到的一种强烈的、心醉神迷的狂喜或敬畏的情绪体验。马斯洛认为所有人都具有享受高峰体验的潜在能力，但只有自我实现者更有可能拥有这种体验。

h. 对人充满爱心。

i. 拥有有质量的友谊。

g. 具有民主精神。自我实现者谦虚待人，尊重别人的权利和个性，善于倾听不同的意见。

k. 能区分手段与目的，不会为达到目的而不择手段。

l. 有创造力，能在某个方面有独到之处和创造性。

**TIPS ㉘**

马斯洛一开始对取得特殊成就的人的生活经历具有浓厚的兴趣，因此他研究了许多名人，如爱因斯坦、林肯、罗斯福等，后面又研究了许多艺术家和作家。在研究的过程中，马斯洛发现成功并不是名人的专利，不论你是学生、名人，还是家庭妇女，都能够使自己的生活美满、充实，并有创造性。马斯洛把这种充分发挥个人潜能的过程称为自我实现。

m. 幽默、风趣。

n. 反对盲目遵从，对随意附和他人的观点和行为十分反感，他们认为人必须有自己的主见，认定的事情就应坚持去做，而不应顾及传统的力量或舆论的压力。

### 2. 罗杰斯的人格理论

罗杰斯认为，每个人都生活在自己的主观世界里，个人的主观世界决定了他的行为方式。

（1）自我概念

①罗杰斯强调自我的形成和发展就是人格的形成与发展。自我或自我概念是一个人对自己的天性、独特的特质和典型行为的信念的集合。

②罗杰斯认为，自我概念是个体能够意识到的，没有深藏在潜意识中。当自我概念与知觉的、内在的经验协调一致时，他便是一个整合的、真实而适应的人；反之，他就会经历或体验到人格的不协调状态。

③自我概念有两种：一种是真实的自我，即较符合现实的自我形象；另一种是理想的自我，即期望实现的自我形象。这两种自我的和谐与接近程度直接影响心理健康，如果两者相差太远，就会削弱一个人的心理幸福感，影响人格健康。

（2）无条件的积极关注

①罗杰斯用"无条件地积极关注"来解释自我发展的机制。所谓无条件的积极关注，是一种没有预设条件的被积极关注的体验，即使在自我行为不够理想时，他也仍觉得自己会受到父母或他人真正的尊重、理解和关怀。

②罗杰斯认为，在自我发展过程中，最重要的是在婴幼儿时期能够得到无条件地积极关注。

 >> TIPS

罗杰斯创立的以人为中心疗法（来访者中心疗法）强调咨询师的真诚一致、无条件积极关注、同理心（共情）是咨询效果起作用的三个重要因素。

### 知识点 4  人格的社会学习理论 ★★

社会学习理论也称社会认知理论。

#### 1. 交互决定

班杜拉主张交互决定论，即个人的内部因素（如期望、信念、自我效能）、行为、环境三者相互作用，从而影响人格的形成。 >> TIPS

班杜拉认为，人不仅对环境做出行为反应，还会积极创建和改造自己的环境，个人的内部因素决定了哪些环境会被知觉、被组织和解释，以及被付诸何种行为；行为的产生反过来也会影响个人的内部因素及其创建或改造环境的方式。

#### 2. 自我效能感

①在影响人格的众多因素中，班杜拉特别强调自我效能感对行为的影响。

②较高的自我效能感会给个体带来积极的适应结果，如养成好的学习习惯，降低工作压力等。

### 3. 观察学习

①当一个人的反应受到所观察的他人的影响时，观察学习就产生了，被观察的他人叫作榜样。班杜拉认为，人的行为模式的特点是由榜样塑造的。

②影响观察学习发生的条件主要有以下几个：

a. 榜样的特征。人们倾向于模仿自己喜欢或者尊敬的人，那些有魅力的人也常常成为人们模仿的对象。

b. 观察者的特征。那些自信心低或者自尊水平低的人更容易产生模仿。

c. 榜样的行为结果，即是否获得奖励。如果人们观察到榜样的行为能带来积极的结果，就更有可能模仿。

**本节小结**

不同心理学家对人格及其发展问题的探讨形成了自己的人格理论。人格理论是心理学家用来解释人格的一套假设体系或参考框架，包括人格特质理论、精神分析的人格理论、人本主义理论、人格的社会学习理论等。人格特质理论包括奥尔波特、卡特尔、艾森克的人格特质理论以及人格的五因素模型；精神分析的人格理论包括弗洛伊德、荣格和阿德勒的理论；人本主义理论以马斯洛和罗杰斯的理论为代表；人格的社会学习理论主要以班杜拉的理论为代表。

## 第三节 人格测评

### 知识点 1 自陈量表测验 ★★

#### 1. 自陈量表的含义

自陈量表又称自陈问卷，是让被试依据自己的实际情况，对自己的人格特征进行评价的一种方法。

#### 2. 常用的自陈量表

（1）卡特尔16种人格因素问卷

①卡特尔依据归纳出的16种根源人格特质编制，由187个题目组成，适用于16岁以上的青少年及成人。

②问卷的每个题目均有三个可供选择的回答，要求被试如实选择一个答案。

（2）艾森克人格问卷

①艾森克人格问卷分为儿童（7~15岁）版和成人（16岁以上）版，各包括88个题目。

②艾森克人格问卷包括E、N、P、L四个分量表，分别用来测量外倾性、神经质、精神质三种高级特质以及被试作答时的掩饰性。

③艾森克人格问卷的所有题目采用是否选项，被试需根据自己的实际情况判断是否符合题目所描述的情况。

（3）五因素人格问卷

①五因素人格问卷由科斯塔和麦克雷于1985年编制，后于1992年完成修订版(NEO-PI-R)，每个因素都包括6个层面，共30个层面，由240个题目组成，测量个体的开放性、尽责性、外倾性、宜人性和神经质五个人格特质。

②五因素人格问卷的所有题目都使用李克特5级评分法，从非常不符合到非常符合。

（4）明尼苏达多相人格问卷（MMPI）

① MMPI 由美国明尼苏达大学教授哈萨威和麦克金里于1942年编制，主要依据精神病学的经验效标对个体进行病理人格特质或人格障碍诊断，可鉴别强迫症、精神分裂症等。

② MMPI-2 包括10个临床量表和4个效度量表。

A. 10个临床量表：疑病（HS）、抑郁（D）、癔病（Hy）、精神病态（Pd）、男性化/女性化（Mf）、偏执（Pa）、精神衰弱（Pt）、精神分裂症（So）、轻躁狂（Ma）与社会内向（Si）量表。

B. 4个效度量表：疑问（Q）、说谎（L）、诈病（F）与校正（K）量表。

③ MMPI 的所有题目均采用是否选项，被试需根据自己的实际情况判断是否符合题目所描述的情况。

**3. 自陈量表测验的评价**

自陈量表测验施测简单、直接，计分方便，解释相对容易，但其有效性易受制于被试在测验中有意或无意的表现。例如，被试的虚假作答或选择居中选项等因素会影响自陈量表人格测验的信度和效度。

### 知识点 2  投射测验 ★★

**1. 投射测验的含义**

投射测验以弗洛伊德精神分析的人格理论为依据。

投射测验是向被试呈现模棱两可的刺激材料(如墨迹)，要求被试自由解释，使他们在不知不觉中将自己的动机、情绪、态度等投射出来，然后由主试对其反应进行分析，从而推出被试的人格特征的方法。

>> TIPS ①

画人、画树和画房子以及沙盘游戏，都属于投射测验。

**2. 常用的投射测验**

（1）罗夏墨迹测验

①罗夏墨迹测验由瑞士精神医学家罗夏于1921年编制。

②罗夏墨迹测验由 10 张墨迹图片组成，其中 5 张是黑白图片，墨迹的深浅不一，2 张是黑色加红色的墨迹图片，3 张是彩色的墨迹图片。

③施测时，每次给被试呈现一张墨迹图片，要求他们描述所看到的内容，通过分析被试的反应，如墨迹部位、内容等，来推断被试潜在的无意识动机和欲望。

（2）主题统觉测验

①主题统觉测验由美国心理学家摩根和莫瑞编制。

②全套测验由 19 张模棱两可的图片构成，另有 1 张空白图片，图片内容多为人物，也有部分景物，不过每张图片中都至少有一个人物。主试给被试逐一呈现图片，要求被试根据图片编出一个故事，通过分析被试自编的故事来推测其欲望和动机。

③主题统觉测验没有客观的评分系统，信度、效度均偏低，但用于测量人格特定层面（成就、归属和权力）时是有效的。

**3. 投射测验的评价**

（1）投射测验的优点

①测量目的具有掩蔽性，减小了被试伪装的可能，可以揭示用其他方法不能揭示的人格特点。

②使用墨迹图或其他图片，便于对没有阅读能力的人进行测验。

（2）投射测验的局限性

①开放式作答对施测者的要求较高，给计分、评分增加了难度，测验的结果难以进行定量分析。

②相比于自陈量表人格测验，投射测验的信度和效度均偏低。

③只适用于个别施测，需要耗费大量时间。

### 知识点 3　其他方法 ★

**1. 行为观察法**

（1）分类

行为观察法包括直接观察法和评定量表法。

①**直接观察法**：在观察前把所要观察的重要行为进行分类，并预先罗列好。观察时对这些行为进行核查，记录这些行为是否出现过以及出现的次数。

②**评定量表法**：要求观察者对被观察者的某种行为或特质做出评价。评定量表有多种形式，可以用数字加以量化，也可以用文字进行描述。

（2）情境压力测验

①含义：情境压力测验属于行为观察法的一种，采用特别设计

的一种情境，**使被试产生压力**，然后由主试观察、记录被试是如何应对的，从而了解被试的人格特征。有代表性的情境压力测验有军事情境测验和无领导小组情境测验等。

②评价：情境压力测验的优势在于可以从实际情境中观察被试的行为反应，**不易作假**，但被试的行为反应会随情境的不同而变化，所以仅在一种情境下观察得到的结果不一定可靠。另外，施测和评定过程对主试的要求较高，相比于其他测验而言，实施起来费时费力。

### 2. 形容词列表法

（1）含义

形容词列表法要求被试从一份描述人格特质的形容词表中如实选出符合自己的词语，再交由施测者分析、评定。

（2）评价

测验可能会受社会期望或教育期望的影响，被试不会完全按照真实的情况回答，从而使测验结果有偏差。

### 3. Q 分类法

Q 分类法是由美国心理学家斯蒂芬逊创立的一种测验，它根据研究目的，对要研究的心理与行为特征加以分析，形成若干个陈述语句或单词，将其写在卡片上或绘制成有关图片，即 Q 分类材料。测试时，主试要求被试按一定的标准对 Q 分类材料依据个人的赞同**程度进行等级评定**，然后通过分析被试对 Q 分类材料的等级评定来考察其有关的心理与行为变化。

Q 分类法主要用于研究个体行为态度的变化、成员间的关系、自我概念等。

---

**本节小结**

人格测评是为了确定人格特征而编制或设计的心理测验工具与方法。人格测评的方法有自陈量表测验、投射测验、行为观察法、形容词列表法和 Q 分类法等。自陈量表是让被试依据自己的实际情况，对自己的人格特征进行评价的一种方法；常用的人格自陈量表包括卡特尔 16 种人格因素问卷、艾森克人格问卷、五因素人格问卷、明尼苏达多相人格问卷。投射测验是向被试呈现模棱两可的刺激材料（如墨迹），要求被试自由解释，使他们在不知不觉中将自己的动机、情绪、态度等投射出来，然后由主试对其反应进行分析，从而推出被试的人格特征的方法；代表性的投射测验有罗夏墨迹测验与主题统觉测验。本节内容在心理测量学中有详细的介绍，需要考心理测量学的同学们，建议结合本套书中的《心理测量学》进行理解学习。

## 第四节　人格的形成

### 知识点 1　人格形成的生物学基础 ★★

生物学因素是人格形成和发展的物质基础，基因、神经生物等生物学因素是人格形成的前提。

**1. 人格的基因基础**

①行为遗传学的研究者以同卵双生子、异卵双生子为对象开展了大量研究，为人格差异的基因基础提供了依据。

②研究表明，人格特质约有一半的变异是由基因引起的。

**2. 人格的神经生理基础**

神经生理尤其是脑的结构和功能与人格特质密切相关。

（1）艾森克的观点

①艾森克认为，内、外倾性与神经唤醒相联系，内倾者的大脑的上行网状激活系统的活动水平比外倾者高，即内倾者的大脑皮质基线唤醒水平高，外倾者的大脑皮质基线唤醒水平低。

②因此，内倾者表现出内倾行为是因为他们需要控制较高的皮质唤醒水平，外倾者表现出外倾行为是为了提高他们大脑皮质的唤醒水平。

（2）格雷的强化敏感性理论

①大脑中存在两种生理系统：一种是行为激活系统，对奖励信号敏感，控制着趋近行为；另一种是行为抑制系统，对惩罚、失败与不确定的线索敏感，控制着行为抑制或者回避行为。

②格雷认为，人格特质上的差异在于他们的行为激活系统与行为抑制系统的敏感性不同。

a. 行为激活系统敏感者对奖励反应强烈，对积极情绪敏感，倾向于接近刺激；他们在趋近目标时，抑制行为的能力低，因此它负责冲动性这一人格维度。

b. 行为抑制系统敏感者对惩罚、失败或新奇事物反应敏感，也对消极情绪（如焦虑、害怕等）敏感，因此它负责焦虑这一人格维度。

有研究发现，**多巴胺的活动水平与外倾性相联系**，神经质与较低水平的 5-羟色胺相联系，而神经质与更高水平的去甲肾上腺素相联系。

### 知识点 2　后天环境在人格形成中的作用 ★★

人格是生物学因素与环境因素共同影响的结果，后天的环境因素在人格形成中同样具有重要作用。

人格形成的后天环境因素包括家庭环境、学校环境、社会文化环境等。

### 1. 家庭环境

家庭是个体成长的第一个社会化场所，早期的家庭环境对个体人格的塑造具有重要影响。

家庭环境包括父母的教养方式、家庭结构的功能、父母关系的质量、亲子关系的质量等，对儿童期人格的形成起着重要作用。

①父母的教养方式是影响人格发展的重要因素。 >> TIPS ①

a. 采用专制型教养方式的父母对孩子有过多的支配和控制，会使孩子形成消极、被动、依赖、服从、懦弱，甚至不诚实的人格特征。

b. 采用放纵型教养方式的父母对孩子放任过多而管束不足，会使孩子变得任性、幼稚、固执、骄横、自私，缺乏独立性、耐心和挫折容忍力。

c. 采用民主型教养方式的父母对孩子常常是望之、管之、教之、爱之。父母与孩子在家庭中处于平等、和谐的氛围中，父母尊重孩子，给孩子一定的自主权和积极正确的指导，尊重孩子的独立性，采用说理、循循善诱的教育方式对待孩子。在这种家庭中成长的孩子通常成熟、独立、友善、合群，具有积极的人格品质，如活泼、快乐、直爽、自立、彬彬有礼、善于交往、富于合作、思维活跃。

②家庭结构的健全性、父母之间的婚姻质量等是影响儿童人格形成与发展的非常重要的因素。

a. 离异家庭的儿童常常有更多的抑郁、焦虑等情绪问题，在整个青少年时期和成年早期伴有一定的学业困难及心理痛苦。

b. 父母长期的婚姻冲突比离婚本身更具有破坏性，在这样家庭成长的孩子有很多情绪冲突和问题行为。

### 2. 学校环境

学校是学生的重要场所，学生通过与教师和同学的互动体验着社会和人际关系，并进行客观的自我评价。

教师的言传身教、师生关系、同伴关系都会影响个体的人格发展。

（1）师生关系

教师以自身的人格魅力潜移默化地影响着学生人格的发展，学生会在潜意识里将教师作为行为楷模和精神偶像，教师的一言一行都会对学生的人格塑造产生影响。

（2）同伴关系

在学校环境中，同伴关系是影响个体人格发展的重要方面。同

---

**TIPS ①**

教养方式的类型可以参考本套书中的《发展心理学》进行理解学习。

伴关系中的合作和感情共鸣使儿童获得了关于社会的广阔视野。

良好的同伴关系有助于儿童共情、关怀、亲社会行为、坚持主见和领导能力的发展。

同伴拒绝会使儿童体验到强烈的孤独感，并在青少年期或成年早期更容易出现严重的心理障碍。

在学校教育中，培养学生的人格品质更是核心的教育目标之一。

良好的品格是人的核心素养，学校的课程教学、德育、心理健康教育等各种教育教学活动都会为学生优秀品格的形成提供帮助，促进学生健全人格的形成。

**3. 社会文化环境**

①每个人都处在稳定的社会文化环境中，文化对人格的影响非常重要。

②社会文化塑造了社会成员的人格特征，使其具有相似性。

③社会文化环境主要包括大众传媒、社会风气、文化因素以及个体经历的社会生活事件等。

### 知识点 3　自我在人格形成中的作用 ★★

自我主观因素是人格形成和发展的内部因素，任何环境都是基于已有的心理发展水平和心理活动才能发挥作用的。

在人格的发展过程中，自我的调控和建构作用支配着个体的言行举止，并通过表情、语言、行为等表达出来。

个体对自己、他人和情境的认知是其人格发展的重要影响因素。

> **本节小结**
>
> 人格是基因等生物学因素与家庭、学校、社会文化环境等因素共同塑造的，同时自我因素在其中起着非常重要的作用。

## 名词总结

| | | |
|---|---|---|
| 人格 | 整体性 | 稳定性 |
| 独特性 | 社会性 | 气质 |
| 现代气质类型学说 | | 高级神经活动类型说 |
| 性格 | 认知方式 | 场独立－场依存性 |
| 冲动性－沉思性 | | 同时性－继时性 |
| 共同特质 | 个人特质 | 首要倾向 |
| 中心倾向 | 次要倾向 | 表面特质 |
| 根源特质 | | 艾森克的人格维度模型 |

人格五因素模型　　现实性焦虑　　　神经性焦虑
道德性焦虑　　　　自我防御机制　　个体潜意识
集体潜意识　　　　　　　　　　　自卑感与追求优越
生活风格与创造性自我　　　　　　社会兴趣
自我实现理论　　　自陈量表　　　投射测验

# 参考文献

[1] 彭聃龄. 普通心理学 [M]. 6 版. 北京：北京师范大学出版社，2023.

[2] 彭聃龄. 普通心理学 [M]. 5 版. 北京：北京师范大学出版社，2019.

[3] 彭聃龄. 普通心理学（修订版）[M]. 北京：北京师范大学出版社，2008.

[4] 梁宁建. 心理学导论 [M]. 上海：上海教育出版社，2006.

[5] 黄希庭. 心理学导论 [M]. 3 版. 北京：人民教育出版社，2015.

[6] 游旭群. 普通心理学 [M]. 北京：高等教育出版社，2015.

[7] 叶奕乾. 普通心理学 [M]. 4 版. 上海：华东师范大学出版社，2010.

[8] 王甦. 认知心理学 [M]. 北京：北京大学出版社，1992.

[9] 孟昭兰. 情绪心理学 [M]. 北京：北京大学出版社，2005.

[10] 津巴多. 心理学与生活 [M]. 北京：人民教育出版社，2016.

[11] 津巴多. 普通心理学 [M]. 7 版. 北京：机械工业出版社，2017.

[12] 卡隆. 心理学导论 – 思想与行为之路 [M]. 郑钢，等，译. 北京：中国轻工业出版社，2017.

[13] 韦登. 心理学导论 [M]. 高定国，等译. 北京：机械工业出版社，2017.

[14] 迈尔斯. 心理学 [M]. 黄希庭，等译. 9 版. 北京：人民邮电出版社，2017.

[15] 西尔格德. 心理学 [M]. 洪光远，等译. 北京：世界图书出版社，2011.